油藏数值模拟中的线性代数求解方法

吴淑红　张晨松　王宝华　冯春生　许进超　编著

石　油　工　业　出　版　社

内 容 提 要

本书主要针对油藏数值模拟中的典型线性代数方程组的求解问题，重点介绍适用于全隐式离散的线性代数求解算法，包括油藏数值模拟的常用模型、离散方法、线性求解方法（包括不完全 LU 分解、多重网格法、多阶段预处理方法等）以及线性方程求解算法在现代计算环境（多核 CPU）下的实现。

本书适用于从事油藏数值模拟研究工作者及工程师阅读，也可供油气田开发相关专业的科研人员参考。

图书在版编目（CIP）数据

油藏数值模拟中的线性代数求解方法/吴淑红等编著．—北京：石油工业出版社，2020．11

ISBN 978-7-5183-4139-9

Ⅰ．①油…　Ⅱ．①吴…　Ⅲ．①油藏数值模拟　Ⅳ．①TE319

中国版本图书馆 CIP 数据核字（2020）第 132263 号

出版发行：石油工业出版社

（北京安定门外安华里 2 区 1 号　100011）

网　址：www.petropub.com

编辑部：（010）64523562　图书营销中心：（010）64523633

经　销：全国新华书店

印　刷：北京中石油彩色印刷有限责任公司

2020 年 11 月第 1 版　2020 年 11 月第 1 次印刷

787×1092 毫米　开本：1/16　印张：11

字数：260 千字

定价：80．00 元

前言 /PREFACE

油藏数值模拟是油气藏开发方案编制、生产动态预测和开发调整的必要技术手段，在油气田高效开发和提高采收率过程中发挥着日益重要的作用，已成为油气田开发中不可或缺的工具。目前我国多数油气田已处于开发中后期，新增探明区块也多属于低渗透、复杂断块、非常规油气藏等难动用油气田，开发过程中面临层系井网调整、化学驱、CO_2驱、热采、压裂增产、非常规井设计等一系列技术难题；同时，一些老油田由于开发历史长、综合调整措施次数多，地下岩石和流体的物性已经发生了较大的变化。如何利用油藏数值模拟技术，有效地模拟复杂的油、气、水运移规律，优化开发方案和调整方案设计，实现最大程度地提高单井产量和油气采收率，对保证我国的石油安全具有重要意义。

油气藏数值模拟是通过对石油开采过程中的多孔介质多相流建立数学模型并实现数字化仿真的一种技术。它是一个以石油地质、油藏工程、采油工艺等专业知识为基础，涉及渗流力学、几何造型、计算数学、并行计算、软件工程和可视化等多学科交叉的综合专业技术，是油藏进行分析和管理的主要工具。它通过对地质描述，生产数据，油、气、水等地下流体物性参数等资料进行综合分析和精确计算，在空间上可以定量地描述油气田的全貌，时间上可重现油田开发历史，从而对开发效果做出科学评价。

确定剩余油分布是制订老油田二次和三次开发方案的基础。相对富集部位的准确预测、井网的合理重组、开发指标的预测和采收率指标的计算等，都需要精细量化剩余油的分布，这就需要大量增加数值模拟的网格节点数，并提高历史拟合的精度，特别是需要把历史拟合技术精细到分层的历史拟合。随着油藏描述技术的不断进步，大量的地震、地质、测井、动态生产数据可供油藏工程师用来建立越来越精细的数值模型。目前，很多油田的几何模型的水平方向网格尺寸为100m量级，高分辨率的油藏模型的网格尺寸则可达25m甚至更小。对大型油田来说，这意味着需要模拟计算千万甚至更多网格单元的模型，无疑是对现有数值求解技术和模拟器软件的一个巨大挑战。

油藏模拟的数学模型由多个非线性偏微分方程耦合而成，其本质困难在于方程系数强间断性、方程的非线性性、方程之间的强耦合性、空间和时间上的多尺度性等多个方面。过去，受到计算机的运算速度、存储空间及油藏描述技术等条件的限制，油藏的数值模型往往是建立在大尺度物性参数的基础上，数值结果反映的是平均的油藏性质。油藏地质的非均质性在描述油藏行为中起着至关重要的作用，大尺度建模一般不能精确地反映这种非均质性，而是把它集中归结为平均化的岩石性质。而油田开发后期的剩余油研究方案制订，需要油藏工程师使用更加精细的数值模型。

油藏数值模拟过程中需要求解大规模的线性代数方程组。在油藏数值模拟计算（特别是全隐式求解）中，求解线性代数方程组的时间往往占据了整个计算时间的80%以上；而且随着问题规模的增大，这个比例还会增大。对于黑油模型来说，由于压力偏微分方程具有椭圆方程特征，而饱和度方程具有双曲方程特征，加之井的作用，使得一般的方法很难有稳定的求解效果；而非均匀网格、自适应网格、油藏断层等因素更加大了 Jacobian 方程求解的难度。这些困难将随着问题规模的增大，变得越来越严重。由于离散方程的条件数与网格尺寸有关，网格尺寸越小，则矩阵条件越坏，线性方程组的求解难度也越大。模拟大规模甚至超大规模的数值模型对线性求解算法及其软件的性能提出了更高的要求。

与此同时，计算机的运算速度和存储空间较 20 世纪已实现飞跃，计算机的计算速度正以“十年千倍”的增速发展，硬件为高分辨率油藏数值模拟提供了可能。但是，虽然半导体制造工艺水平的不断发展，进入 21 世纪后，CPU 芯片单位面积上晶体管数量的增长速度明显放缓；单个计算核心受到各种硬件的限制已经不再增长，还有下降的趋势。这意味着以往的串行算法和代码必须进行修改甚至重新设计。此外，当前计算机架构下平均每核心占用的内存逐年下降，当考虑多核并行算法时，内存使用和带宽竞争显得更加激烈。用现有的数值算法求解超大规模问题时常出现内存不足、求解速度慢、甚至不收敛等现象。因此设计求解大规模或者超大规模的串行与并行高效、稳健的数值算法就显得十分迫切。

针对大规模油藏数值模拟中典型线性代数方程组的求解问题，在中国石油天然气股份有限公司的支持下，笔者团队历时五年进行调研、技术攻关并总结实践经验，设计了用于求解此类线性方程组的快速辅助空间预优算法，并将其用于实际油田数值模拟中，与传统求解器相比，该算法在运算效率上得到了显著提高。经验表明：一些“低成本”的代数多重网格法结合特定的磨光算法，对压力方程起到了非常稳健的求解效果；另外，由于多重网格法对各种频率误差的减小效果，其得到的近似解往往会对提高非线性迭代的稳定性有所帮助；同时，考虑到离散多采用上游加权来处理对流项，可调整磨光顺序以提高求解效率。

本书针对油藏数值模拟中典型线性代数方程组的求解问题，重点介绍了适用于全隐式离散的线性代数求解算法，包括油藏数值模拟的常用模型、离散方法、线性求解方法（包括不完全 LU 分解、多重网格法、多阶段预处理方法等）以及线性方程求解算法在现代计算环境（多核 CPU）下的实现。

本书各章编写人员如下：第一章由吴淑红和范天一编写；第二章由吴淑红和李巧云编写；第三章由吴淑红和李小波编写；第四章由王宝华编写；第五章由王宝华和张晨松编写；第六章由王宝华和许进超编写；第七章由王宝华和李华编写；第八章由王宝华和冯春生编写。

由于笔者水平有限，书中难免有不当之处，敬请读者批评指正。

目录 /CONTENTS

第一章　油藏数值模拟概述

油气资源属于一次性的开采资产，进入 21 世纪以来，我国已投入开发的油气田多数已经进入开发的中后期，油气井产量快速递减；而新发现油气藏的整装程度和油气品位却越来越低、地质构造和流体属性越来越复杂、勘探生产成本增加。因此，通过油藏数值模拟技术虚拟实施各种开发设计方案，再现油气田的开采动态是定量预测投资、评价开发方案和提高油气采收率的必然趋势，也是目前优化油气资源的资产价值最有效的工具。油藏数值模拟就是利用计算机来求解描述油藏中油、气、水等地下流体渗流过程的数学模型，从而得到能够反映油藏动态的数值解，也就是得到压力、饱和度、温度和产量等关于时间和空间的函数，是开发地质、油藏工程、渗流力学、计算数学和软件工程等多学科研究成果的综合体现，属于典型的石油科学、应用数学和计算机技术等方面的交叉学科（皮斯曼等，1982；韩大匡，陈钦雷，闫存章，1993）。

根据国际能源署（IEA）的统计数据，世界范围内通过一次采油和二次采油获得的油气藏平均采收率普遍为 35%～40%；通过热采、注气、注聚合物、化学驱等提高石油采收率（EOR）技术，采收率可以达到 50%左右甚至更高。各种提高采收率技术的广泛使用对于满足日益增长的能源需求起到了很大帮助。

油藏数值模拟技术起步于 20 世纪 50 年代，至 70 年代后期，该技术逐渐走向成熟，形成了基于黑油模型、组分模型、混相驱模型、热采模型等各种模拟器。90 年代之后，随着计算机硬件、可视化技术、三维地质模型技术、偏微分方程数值解法和并行处理技术的快速发展，油藏数值模拟技术已从单一的油藏工程工具渗透到整个油气开发过程中，现代油藏数值模拟器向多功能集成、一体化耦合和高性能并行计算等方向发展。随着油藏数值模拟技术的不断发展和完善，它已经成为油藏工程师进行油田开发方案设计和油田开发动态分析等工作不可缺少的有力工具（张烈辉，2005；Peaceman，2018）。

油藏数值模拟的主要内容包括油、气、水等地下流体渗流数学模型建立、数值模型建立和计算机模型建立等三部分。用户按一定的要求把描述油藏的原始数据及各种控制信息输入到计算机内，经过上述几步处理可以得到所需要的、具有一定精度的计算结果。

第一节　常用数学模型

在油藏开采中发生的物理过程主要是多相流体的流动和质量的转移。在水、油和气三相流体的流动中，流体受到重力、毛细管力及黏滞力等外力的影响，相与相之间（特别是气相与油相之间）发生质量交换，而且一些相会影响其他相的流动（杨胜来，魏俊之，2004）。数学模型不仅要考虑各种力的作用和相态间质量交换，而且必须精确地描述油藏的非均质性和几何形状等，才能较好地描述油藏中流体的流动运动规律。在油藏工程研究中使用的数学模型十分丰富，常用的主要有单相渗流、两相渗流、黑油模型、组分模型、双重介质模型、热力驱模型和化学驱模型等（哈利德·阿齐兹，安东尼·赛特瑞，2004；Chen 等，2006）。伴随着复杂类型油气藏（低渗透、高含水、复杂岩性油气藏等）开发的日益深入和提高采收率技术的推广使用，油藏数值模拟所依据的渗流理论和数学模型变得越来越复杂：一方面表现为油藏地质模型更加精细，数值模拟网格更加复杂；另一方面油藏开采井的数目更多、井的类型更加多样化（吴锡令，2004）。

在油藏数值模拟中，需要根据油藏的地质特点（如油藏类型、几何形状、地质资料数据等）及井的工作制度来选择合适的数学模型，才能高效地模拟所要研究的实际问题。数学模型中的偏微分方程组所描述的通常是某一类物理过程所普遍遵循的基本规律，加上相应的边界条件和初始条件就构成了描述油藏油、气、水渗流过程的数学模型。建立数学模型是进行计算机数值模拟的基础。为建立一个数学模型，首先要对所研究的主要物理过程有较清楚的认识，然后利用物理现象所遵循的客观规律及油藏内渗流的基本规律，写出描述这一过程的偏微分方程（组）。在对一些复杂问题建立数学模型时，为了使问题易于研究或容易求解，还常常需要对物理过程做一定的简化和假设。一个好的数学模型，应该使所做出的简化和假设尽可能地符合实际情况。

第二节　油藏数值模型建立

一、离散方法

数学模型建立后，需要建立数值模型。数值模型建立需经过离散化、线性化及线性代数方程组求解三个部分。其中的第一步是通过离散方法将描述油藏内油、气、水渗流的连续问题即偏微分方程组转化为代数方程组。数值离散方法主要由网格生成技术和离散化技术两部分组成。

网格生成是油藏数值模拟的一个重要环节，它将空间上连续的计算区域划分成许多子区域，并由此确定每个子区域中的计算自由度。网格划分的质量高低将直接影响模拟的结果，合理的油藏数值模拟网格应能精细表征储层的非均质性以及断层、尖灭等构造细节，不损失过多的地质信息，网格应尽量满足正交性以尽可能减小因网格引入的数值误差。在油藏数值模拟中常用的网格类型包括块中心网格、径向网格、角点网格及混合网格；一些非结构网格，如PEBI网格和自适应网格等，也逐渐被油藏数值模拟软件所采用。复杂区域上的自动网格生成一直是油藏数值模拟的最主要瓶颈和热点之一。

油藏数值离散方法主要包括有限差分法和有限体积法。有限差分法（Finite Difference Methods）直接将微分方程问题变为代数方程组问题，数学概念直观、表达简单，是一种成熟的数值方法。有限差分法将求解区域划分为差分网格，用有限的网格节点代替连续求解域，把控制方程中的导数用网格节点上函数值的差商代替，从而建立以网格节点上的值为未知数的代数方程组。构造差分法的方式有很多种，常用的基本差分表达式主要有三种：一阶向前（向后）差分、一阶中心差分和二阶中心差分等。通过将时间和空间的几种不同差分格式进行组合，可以得到不同的差分计算格式。有限体积法（Finite Volume Methods）又称控制体积法，其基本思路是:将计算区域划分为一系列不重复的控制体积,并使每个网格点周围有一个控制体积;将待解的微分方程对每一个控制体积积分,便得出一组离散方程,其中的未知数是网格点上因变量的数值。由有限体积法得到的离散解,要求在任意一个控制体因变量的积分守恒(局部守恒性)。

二、线性化方法

油藏数值模拟中的多相渗流方程组常常是强非线性的,偏微分方程组的各项系数如传导系数和对时间导数项的系数本身就是未知变量。这种非线性偏微分方程在时空离散之后,得到的仍然是非线性差分方程组,还要利用 Newton–Raphson 方法(牛顿—拉普森方法,常被简称为牛顿法)及其变形,对非线性差分方程组进行线性化处理。经过离散和线性化后,可以得到线性代数方程组问题:

$$\boldsymbol{A}\boldsymbol{u}=\boldsymbol{f} \tag{1-1}$$

其中 $\boldsymbol{A}$ 是非奇异的 $N\times N$ 的矩阵,右端项 $\boldsymbol{f}\in\mathbb{R}^N$,$\boldsymbol{u}=\boldsymbol{A}^{-1}\boldsymbol{f}\in\mathbb{R}^N$ 是需要求解的未知数,使用记号:

$$\boldsymbol{A}=\begin{pmatrix} a_{11} & a_{12} & \cdots & a_{1N} \\ a_{21} & a_{22} & \cdots & a_{2N} \\ \vdots & \vdots & \ddots & \vdots \\ a_{N1} & a_{N2} & \cdots & a_{NN} \end{pmatrix},\quad \boldsymbol{u}=\begin{pmatrix} u_1 \\ u_2 \\ \vdots \\ u_N \end{pmatrix},\quad \boldsymbol{f}=\begin{pmatrix} f_1 \\ f_2 \\ \vdots \\ f_N \end{pmatrix}$$

由于微分算子本身的局部性,从偏微分方程离散得到的系数矩阵 $\boldsymbol{A}$ 通常为稀疏矩阵,油藏数值模拟中所采用的渗流模型、网格类型和数量、井、非相邻连接、网格排序等因素都会直接影响到系数矩阵 $\boldsymbol{A}$ 的形态(图 1-1)。

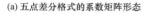

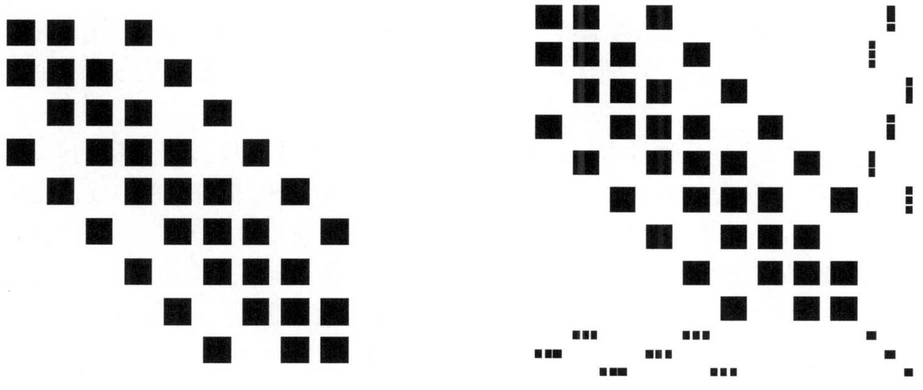

(a) 五点差分格式的系数矩阵形态　　(b) 井耦合条件下的系数矩阵形态

图 1-1　油藏数值模拟常见的稀疏矩阵形态

渗流模型要求的未知量主要是相压力及相饱和度,求得压力和饱和度后,可计算出其他的开发指标如产量、含水率等。在油藏数值模拟的数值求解中对系数(通常为时间的瞬态变量,即与时间相关)的处理存在隐式与显式之分。隐式方法是指求解过程中的任一时间步的求解变量采用当前时间节点的值,但由于该点的值并未解出,因此无法将其显式解析表达,只能"隐藏"于方程中联立求解;显式解法则是对各个系数项采用前一时间步的值。根据隐式程度的不同,数值求解方法可分为隐式压力显式饱和度法(Implicit Pressure Explicit Saturation, IMPES)、同步求解法(Simultaneous Solution,SS)、顺序求解法(Sequential Solution,SEQ)、全隐式方法(Fully Implicit Method,FIM)等。全隐式方法具有稳定性强、对时间步长的约束弱以及适合求解强非线性问题等特点,是当前主流商业油藏数值模拟器中常用的求解方法。

三、线性求解方法

随着油藏渗流数学模型日益复杂和精细,渗流模型数值离散后形成的线性方程组的规模增大、性态变坏,变得越来越难求解。在油藏数值模拟计算中(特别是全隐式方法中),求解线性方程组往往占据了整个计算时间的 80%以上;而且随着油藏数值模拟问题规模的增大,这个比例会变得越来越大。因此,提高线性代数方程组的求解速度是降低油藏数值模拟时间、提高油藏数值模拟效率的最有效的途径。

求解大型(数百万阶,甚至更大规模)稀疏线性代数方程组是油藏数值模拟的核心内容之一,也是模拟性能瓶颈之一。它直接决定了油藏模拟器的求解能力和速度。求解线性代数方程组的方法主要有直接法和迭代法两大类,每一类都有丰富的文献(谷同祥,2015;Timothy,2006)。由于篇幅所限,本书无法对这些算法及理论进行详细描述,而只针对油藏工程师进行简要介绍。

直接法是以 Gauss 消元法为基础的一类方法,即对原方程组经过一定的运算处理后,逐个消去部分变量,最后得到一个与原方程等价的便于依次求解的方程组,最后解出各个变量的值。如果不考虑计算时可能产生的舍入误差,可以认为直接解法是一种精确的方法。Gauss 消元法及由其改进或变形得到的选主元消去法、三角分解法等目前仍是通过计算机求解线性方程组的常用有效方法。不过,当求解未知量个数较多时,Gauss 消元法耗费的资源较多,从内存和计算速度方面考虑在大规模油藏数值模拟中很少采用该方法。因此本书中,将主要讨论迭代法。

迭代法是通过构造一个收敛序列,使得序列的极限值收敛于原方程组解的方法。迭代法的发展主要分为两个阶段:第一个阶段是在 20 世纪 50—70 年代前期出现的线性定常迭代法,如 Jacobi 方法、Gauss-Seidel 方法、SOR 方法及其改进与加速形式,但对于大规模的线性方程组,这些方法的收敛速度很慢,有时甚至不收敛;第二个阶段开始于 20 世纪 70 年代中期,其典型特征是克雷洛夫(Krylov)子空间迭代法结合高效预条件方法(或称为条件预优方法)。Krylov子空间迭代法具有存储量小、计算代价小、程序设计简单且易于并行等优点,适合求解大型稀疏线性方程组,已经在油藏数值模拟中得到广泛应用。

最为人所熟知的 Krylov 子空间方法是共轭梯度(Conjugate Gradient 或简称 CG)方法,该方法能够求解对称(半)正定线性方程组,它将式(1-1)转化为等价最优化问题:

$$\min_{\boldsymbol{x}\in\mathbb{R}^n}\varepsilon(\boldsymbol{x}) = \min_{\boldsymbol{x}\in\mathbb{R}^n}\left(\frac{1}{2}\boldsymbol{x}^{\mathrm{T}}\boldsymbol{A}x - \boldsymbol{f}^{\mathrm{T}}\boldsymbol{x}\right) \tag{1-2}$$

该方法利用迭代产生一系列方向向量来更新迭代解及残向量，虽然产生的序列会越来越大，但是却只需要存储少数的向量。此后，由 CG 方法扩展出能够求解对称非正定线性问题和实正定问题的扩展 CG 方法、ORTHOMIN 方法及广义共轭梯度法（GCG）等，其中 ORTHOMIN 方法在 20 世纪 80 年代后期广泛应用于油藏数值模拟中（Saad，2003）。20 世纪 80 年代，出现了广义最小残量（GMRES）法以及双共轭梯度（BiCGStab）法。这两种方法不要求线性方程组的系数矩阵是对称正定的，对于大规模方程，其存储量和计算量低，且具有广泛的适用性和较强的稳定性，目前已被广泛地应用于大规模稀疏线性方程组的求解中。

虽然 Krylov 子空间方法是求解大型线性方程组的常用方法，但其收敛速度依赖于系数矩阵 $\boldsymbol{A}$ 的谱分布，$\boldsymbol{A}$ 的谱分布越集中，迭代法收敛速度越快；$\boldsymbol{A}$ 的谱分布分散时，一般收敛速度很慢，甚至不收敛，因此需要对系数矩阵进行预优。这种预条件技术能够优化系数矩阵，使系数矩阵的谱聚集，有效解决迭代法的稳定性和收敛性问题，是迭代法研究中的热点问题之一，对预条件后得到的线性方程组 Krylov 子空间迭代求解已经成为油藏数值模拟的主流求解方法。

对油藏数值模拟的问题而言，构造预条件子通常有两种途径：一种途径是利用纯代数方法，如矩阵分裂型预条件、多项式预条件、不完全分解预条件等（Meijerink，Vorst，1977；Weiss，2001）。如 1977 年 Meijerink 和 Vorst 提出的不完全 Cholesky 分解共轭梯度（ICCG）算法，有效地改善了线性系统的性质，推动了 Krylov 子空间算法在实际问题中的应用。

另一种途径是从问题的特点出发，通过利用较多原问题物理与解析信息来构建预条件子，一般情况下，原问题信息利用得越多，构建的预条件子越有效。如 20 世纪 80 年代中期，Wallis 等利用 Jacobian 矩阵各个块（压力块和饱和度块）的不同特点，提出了限制压力残量（Constrained Pressure Residual，CPR）预条件方法（Wallis 等，1985；Wallis，1993），这种方法目前已经成为油藏数值模拟中流行的预条件方法。实践证明，根据渗流模型数学物理特点设计的预条件方法能够快速、精准地求解油藏数值模拟中的大型线性方程组，目前已经成为各种油藏模拟器的首选数值计算方法。本书的后续章节将详细介绍 Krylov 子空间方法、不完全 LU 分解法以及根据渗流模型特点设计的多阶段预处理方法等油藏数值模拟的解法。

第三节　油藏数值模拟软件框架

根据油藏数值模拟的数值模型，将所研究的问题和求解方法按照一定的计算机语言规则编制为运算程序，并最终形成计算机软件。对于不同的数学模型，所使用的求解方法不一样，这又影响到软件编制所采用的数据结构和其他技巧。更为重要的是：在给定成本、进度的前提下，如何开发出具有适用性、有效性、可靠性、可理解性、可维护性、可重用性、可移植性等符合现代软件工程规范的油藏数值模拟软件，是一个浩大的系统工程，需要用系统化的、规范化的、可定量的过程化方法去开发和维护这些软件。

综合上述几个油藏数值模拟的步骤，得到如图 1-2 所示的油藏数值模拟器的主体结构图。在图 1-2 中输入数据处理与输出数据处理分属于前、后处理模块，其中输入的参数主要包括油藏地质参数、流体物性参数、岩心分析资料、单井和分层分区的生产数据和相关测试资料、油田建设和经济分析数据等；输出数据处理主要包括二维和三维生产动态、剩余油分布等方面的显示。在主模拟器中,通过输入基础数据(油藏属性参数、岩石属性参数及流体属性参数等)和井的工作制度建立数学模型、离散数学模型、线性化处理得到大型线性方程组,最后求解这个方程组得到油田的生产动态及地层压力变化。

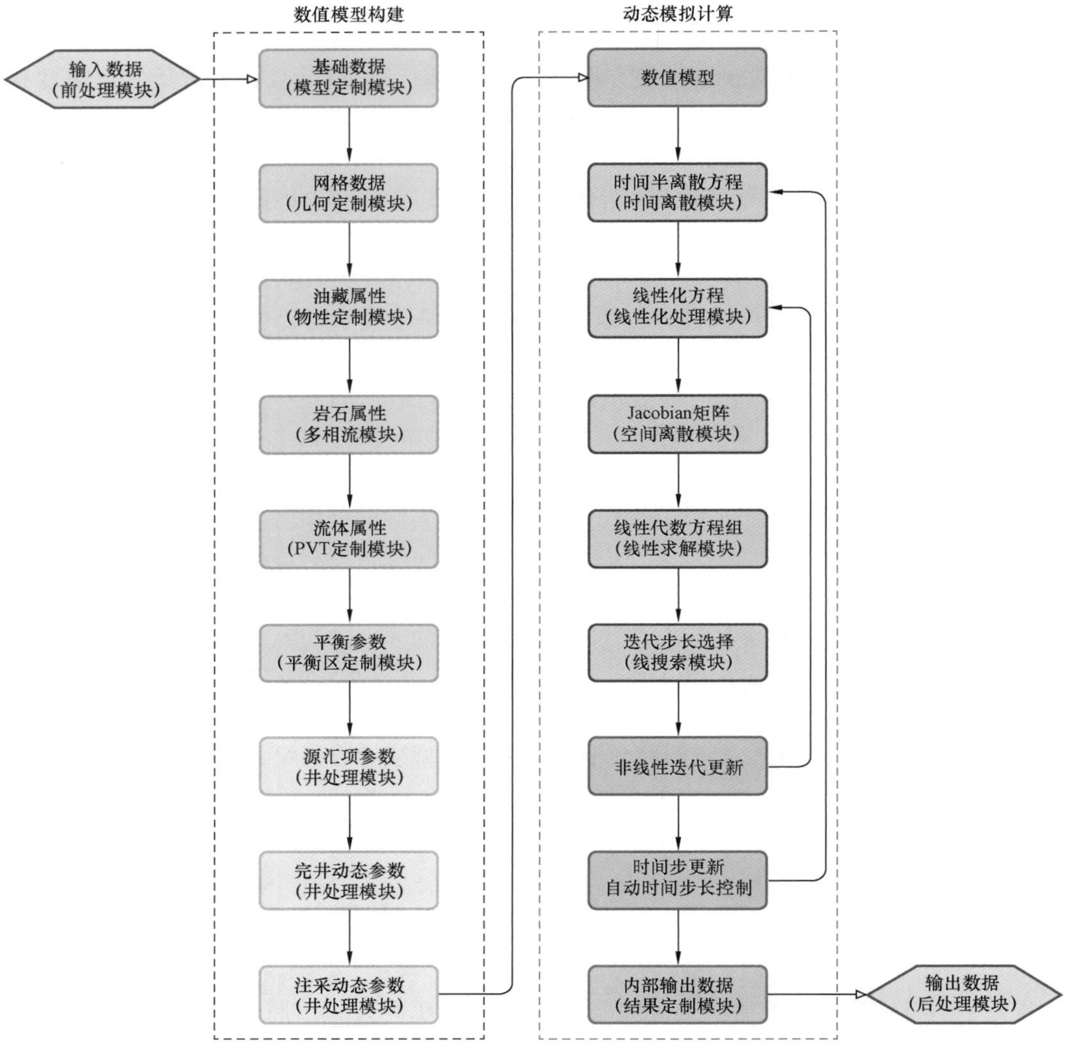

图 1-2　全隐式黑油模拟器主体结构图

随着油气开采技术的不断进步,日益增多的地质模型和地质统计方法为油气开采区域提供了百万至千万量级的网格点数据,使得油藏模拟逐渐向精细化方向发展,对大规模高效油藏数值模拟的需求日趋紧迫。借助高性能并行计算机(或集群)进行大规模油藏数值模拟已取得显著成效。

目前高性能工作站主要基于 SMP 技术(Symmetric Multi-Processing,又称为对称多处理技术),一个计算机上汇集了一组多个中央处理单元(多核),所有 CPU 共享内存子系统以及总线结构,常简称为多核工作站,在 SMP 架构中,一台电脑由多个处理器运行操作系统的单一复本，并共享内存和其他系统资源，多采用 OpenMP 编程模式。所有的处理器都可以平等地访问内存、输入输出和外部中断。在对称多处理系统中，系统资源被系统中所有 CPU 共享，工作负载可以均匀地分配到所有可用处理器之上。系统将任务队列对称地分布于多个 CPU 之上，从而极大地提高了整个系统的处理能力。本书的后续章节将对基于 OpenMP 并行环境下一些求解算法进行初步探讨。

第二章　油藏数值模拟中的数学模型

本章首先讨论油藏内岩石的物性参数（如岩石的孔隙度、渗透率等）、流体的物性参数（如流体的黏度、PVT属性等）、多相流体的相互作用（如相对渗透率），以及与油藏数值模拟相关的一些其他基础知识，然后讨论油、气、水单相渗流和油水两相渗流模型，最后给出油藏数值模拟标准的黑油模型和组分模型。

第一节　岩石的物性参数

本节介绍多孔介质的一些基本性质，如孔隙度和渗透率定义等。

一、孔隙度与可压缩性

所有具有工业价值的油气藏中，其地层都具有一定的孔隙度。岩石的孔隙度是指孔隙体积与岩石总体积之比，是岩石所含空洞空间的一个度量，记为 ϕ。

$$\phi = (V_b - V_g)/V_b = V_p/V_b \tag{2-1}$$

式中　ϕ——孔隙度；

V_b——岩石总体积；

V_g——固体颗粒体积；

V_p——孔隙体积。

岩石压缩系数 C_R 是指岩石孔隙体积随压力 p 变化而产生的变化率，即：

$$C_R = \frac{1}{\phi}\frac{\partial \phi}{\partial p} \tag{2-2}$$

对式（2-2）积分后，即可得到：

$$\phi = \phi^0 e^{C_R(p-p^0)} \tag{2-3}$$

其中 p^0 为参考压力（一般取为大气压或初始油藏压力），ϕ^0 为参考压力 p^0 对应的孔隙度。对式（2-3）进行泰勒展开并略去高阶小量，可得：

$$\phi \approx \phi^0[1 + C_R(p - p^0)] \tag{2-4}$$

式（2-4）反映了孔隙度随孔隙中所含流体的压力增大而增加。在油藏开采过程中，随着油藏压力下降，孔隙压力也会下降，孔隙度较初始值减少。

二、毛细管压力

由于存在毛细作用，在两相界面的两侧存在压力差 p_c。毛细管压力是饱和度的函数，油水之间的毛细管压力与水相饱和度的典型关系可如图 2-1 所示。毛细管压力依赖于润湿相流体的饱和度与饱和度变化的方向(驱替或吸渗曲线)。开始驱替所需要的 p_{cb} 值称为“启动压力”。用压力梯度不能再驱替出润湿相时的饱和度值称为“束缚水饱和度”。图 2-1 中横坐标 S_w 为水的饱和度,纵坐标 p_c 为毛细管压力差,p_{cb} 为启动压力,S_{wc} 为水的束缚饱和度,S_{nc} 为残余油饱和度。

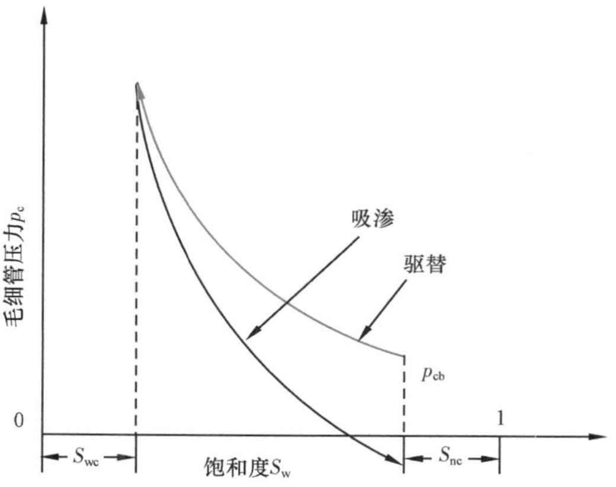

图 2-1 毛细管压力随饱和度变化规律示意图

三、渗透率

渗透率 K(或绝对渗透率)是指油气藏中的岩石允许流体在其中通过的能力,通过实验来测定,可以表达为:

$$K = \frac{Q\mu L}{A\Delta p} \tag{2-5}$$

式中 Q——在压差 Δp 下,通过岩心的流量,cm^3/s;

μ——通过岩心的流体黏度,mPa·s;

L——岩心长度,cm;

A——岩心截面积,cm^2;

Δp——流体通过岩心前后的压力差,MPa。

岩石渗透率是岩石的自身性质,受储层形成环境、成岩作用、岩石结构等因素影响,它取决于岩石的孔隙结构,与所通过的流体性质无关。绝对渗透率不能表达多相流体在岩石中的渗流特性。

第二节 流体的物性参数

一、黏度

黏度是流体流动难易程度的一种度量。黏度与剪应力的关系决定了流体的流变特性:如果流体黏度与流速无关,流体称为牛顿流体;反之称为非牛顿流体。对于浓度较稀的流体(气体),分子之间的距离很大,流动阻力较小。相比而言,稠度大的流体由于分子间距离较小,流动阻力大。通常情况下,气体黏度比液体的要低。

黏度的两种表示方法为:动力黏度 μ 和运动黏度 ν,满足关系式:

$$\mu = \rho\nu \tag{2-6}$$

其中 ρ 为流体密度。动力黏度 μ 常出现在达西流动方程中,该方程用于计算流体在多孔介质中的流动速度。黏度是温度和压力的函数；在等温油藏中，只需要关心压力对流体黏度的影响。水是微可压缩流体，压力变化时水的黏度变化较小或几乎保持不变；而气体是可压缩流体，其黏度在低压下很小，随压力的增大而增大，如图 2-2 所示。

脱气原油的黏度与压力的关系与水的类似，当油和气同时存在时需要考察质量转移对黏度的影响。图 2-3 表示原油黏度的变化情况。

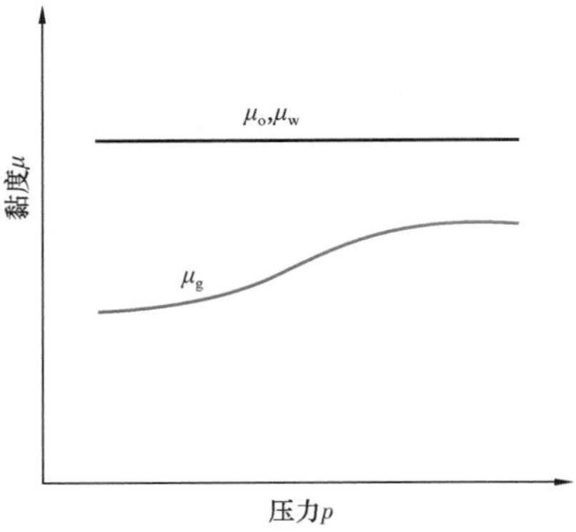

图 2-2　水、脱气原油（死油）和气体的黏度与压力的关系

μ_w—水的黏度；μ_o—脱气原油的黏度；μ_g—气体的黏度

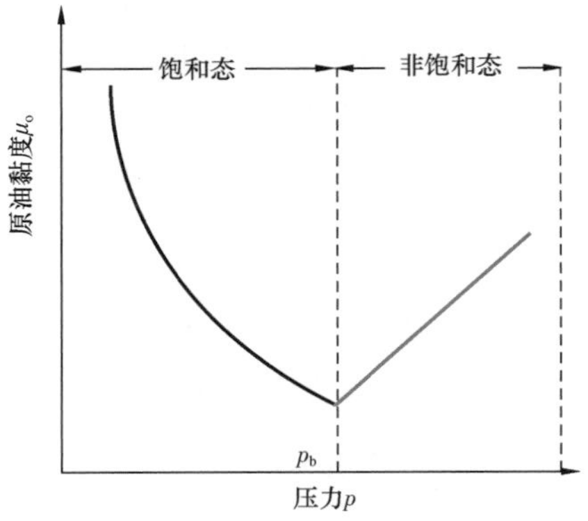

图 2-3　原油黏度曲线

p_b—泡点压力

烃类系统处于泡点状态时的压力称为泡点压力（p_b）。泡点压力是油藏饱和状态与非饱和状态相互转换时压力的临界值。当油藏压力 p 大于 p_b 时（$p_b<p$），油藏处于未饱和状态（只有油相存在）。当 $p=p_b$ 时，第一个气泡从油相中脱离出来。随着油藏压力降至 p_b 以下，大量气体释出，形成游离的气体。在该压力区域（$p\leqslant p_b$），油藏处于饱和状态，这时油、气两相共存。由于溶解气在油层中析出会消耗能量、增加阻力、增加地下原油黏度，可能会导致石油采收率降低，因此在开发过程中应当尽量维持油层压力高于泡点压力，避免溶解气体析出。

对于饱和油区域（$p<p_b$），油相的黏度和密度都随压力变化而变化，当压力降低时，气体从油相中释出，从而导致油相黏度随油藏压力的下降而增大。对于非饱和油区域（$p>p_b$），当压力降低时，由于溶解气油比保持恒定，油组分的密度随压力从 p 降低至 p_b 而减小，油相黏度随压力降低而减小。

对于变泡点系统，如果油相处于饱和状态，那么油相黏度就沿图 2-4 中的实线变化；一旦油相变为不饱和时，油相黏度将沿图中某一条虚线变化，这取决于其相应的泡点压力 p_{bi}（$i=1,2,\cdots$）的大小。

二、溶解气油比

溶解气油比（R_{so}）是在给定油藏压力和油藏温度条件下溶解在单位体积地面油中的气量，其定义如下：

$$R_{so}(p,T)=V_{gs}/V_{os} \tag{2-7}$$

其中 V_{gs} 和 V_{os} 分别为标准状态下气和油的体积。溶解气油比是地层油中溶解天然气量的一个量度指标,溶解气油比越大,油中溶解的气量也越多,反之则越少。

在油藏温度和油藏原始压力条件下的溶解气油比称为原始溶解气油比,通常以 R_{si} 表示。当地层压力为泡点压力 p_b 以上时,原始溶解气油比也是泡点压力下的溶解气油比。当地层压力降低至泡点压力以下时,溶解气油比将随着压力的降低而减少。图 2-5 给出了在油藏温度和常泡点压力下的油藏中压力和溶解气油比 R_{so} 的变化关系。

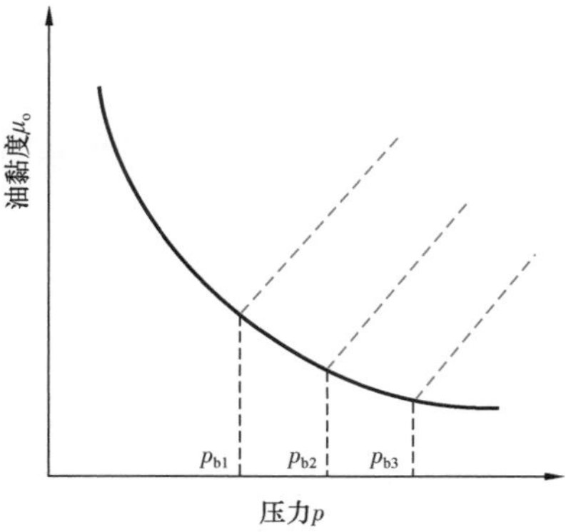

图 2-4　变泡点原油的黏度

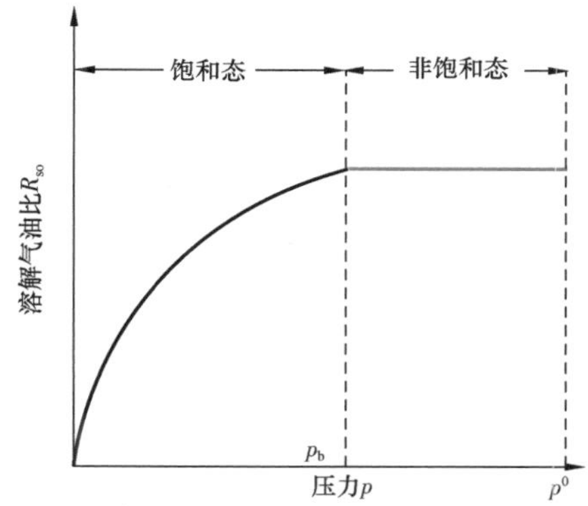

图 2-5　溶解气油比曲线

在一次开采过程中,一般油藏开始处于非饱和状态,此时的油藏压力大于 p_b($p_b<p<p^0$),随着开采的进行,油藏压力下降,压力下降到泡点压力 p_b 之前,油藏中没有气体从油相中释出,溶解气油比是一个恒定常数。当压力下降至 $p=p_b$(泡点压力)时,气体开始从油相中脱离出来,形成自由气。

三、流体的 PVT 特性

α 相的体积系数 B_α(α=o,w,g)是指该相在油藏压力和油藏温度下所占的体积 V_α 与标准状态下所占体积 $V_{\alpha s}$ 之比。

$$B_\alpha = V_\alpha / V_{\alpha s} \qquad (\alpha = o,w,g) \tag{2-8}$$

对于单相流体(水、气或脱气原油),式(2-8)可以表示成密度形式:

$$B_\alpha = \rho_{\alpha s} / \rho_\alpha \qquad (\alpha = o,w,g) \tag{2-9}$$

式中　$\rho_{\alpha s}$——标准状态下 α 相的密度;

ρ_α——油藏状态下 α 相的密度。

对于微可压缩流体,如水和脱气原油,地层体积系数可近似表示为:

$$\begin{aligned} B_\alpha &= B_\alpha^0 / [1 + C_\alpha(p - p^0)] \\ &= 1/[1 + C_\alpha(p - p_s) - C_{T\alpha}(T - T_s)] \qquad (\alpha = o,w,g) \end{aligned} \tag{2-10}$$

式中　p^0——地层体积系数为 B_α^0 时的压力;

C_α——第 α 相流体的压缩系数；

$C_{T\alpha}$——第 α 相流体的热膨胀系数；

p_s, T_s——标准状态下的压力和温度。

水相的 PVT 特性包括水的密度与盐度的经验关系、水的可压缩性、水的黏度以及黏度随压力的变化率。一般将水的压缩系数和水相黏度视为常数，并且变化非常微弱，如图 2-6 所示。

油相中溶解有气体时，有：

$$B_o = (\rho_{os} + R_{so}\rho_{gs})/\rho_o \tag{2-11}$$

式中 R_{so}——溶解气油比。

油藏压力 p 高于泡点压力 p_b 时，即原油处于非饱和状态，油相的地层体积系数可由式(2-12)表示：

$$B_o = B_{ob}[1 - C_o(p - p_b)] \tag{2-12}$$

式(2-11)和式(2-12)联立可得：

$$R_{so} = \{B_{ob}[1 - C_o(p - p_b)]\rho_o - \rho_{os}\}/\rho_{gs} \tag{2-13}$$

油相的 PVT 特性包括油相的可压缩性、计算油相的泡点压力的经验公式、泡点压力与气体溶解率、油相体积系数、油相的黏度以及油相压缩系数之间的函数关系等。图 2-7 给出了油的体积系数随压力的变化特征，横坐标为压力 p，纵坐标为油的体积系数 B_o，其定义为在油藏条件下测量与标准状况下油组分的体积之比。

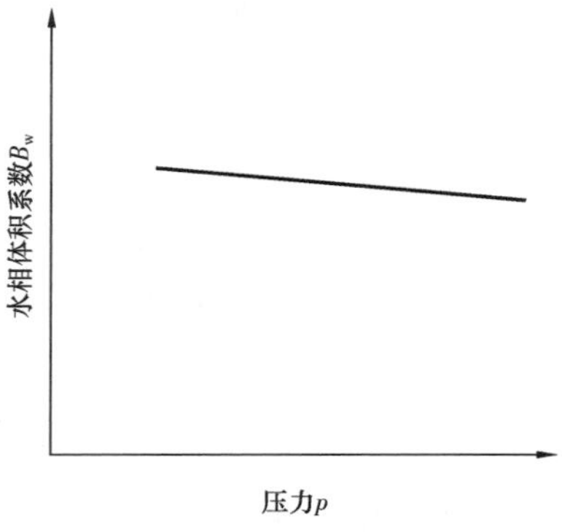

图 2-6 水的 PVT 特性曲线

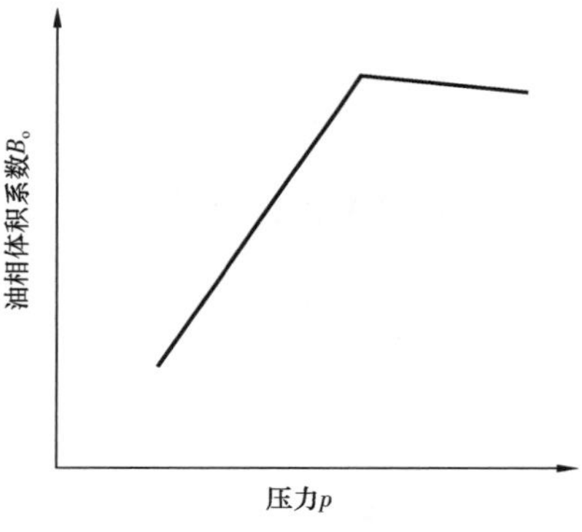

图 2-7 油的 PVT 特性曲线

气相的地层体积系数可表示为：

$$B_g = (C_g T p_s)/(T_s p) \tag{2-14}$$

式中 C_g——气的压缩系数；

T, T_s——油藏地层条件和标准状态的温度；

p, p_s——油藏地层条件和标准状态的压力。

气相的 PVT 特性包括气相的体积系数、黏度随压力的变化函数等。图 2-8 给出了气相体积系数随压力的变化特征，横坐标为压力 p，纵坐标为气相体积系数 B_g，其定义为在油藏条件下测量与标准状况下气组分的体积之比。

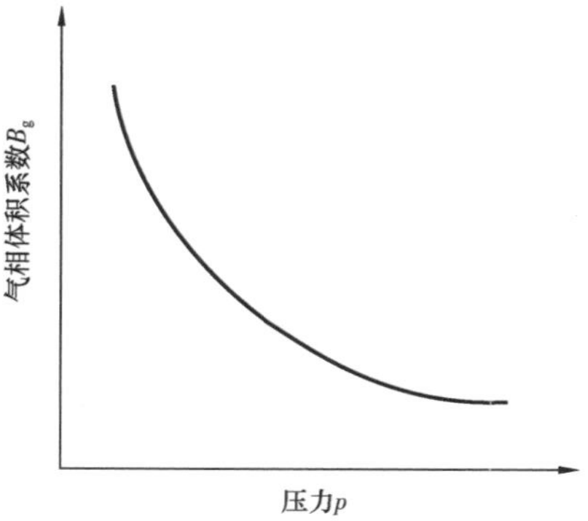

图 2-8　气的 PVT 特性曲线

四、多相流的物性参数

实际油藏多是油水、油气甚至油气水共存。特别是在注水油藏中更是油水共存并流，当油藏压力局部或整体低于饱和压力时，油藏中会出现油、气、水三相共存并流。为了表述含多相流体的岩石渗流特性，引入有效渗透率、相对渗透率等多相流动的物性参数。为避免符号的混乱，用大写字母 W、O、G 的下标分别表示水、油、气三个组分，用小写字母 w、o、g 的下标分别表示水、油、气三相。

有效渗透率 K_{eff}是当多相流体共存时，岩石对其中某一相流体的通过能力，它既与岩石自身的属性有关，又和各相流体饱和度及其在孔隙中的分布有关（King，1989）。相对渗透率是指多相流体共存时，每一相流体的有效渗透率（K_{eff}）与岩石绝对渗透率（K）之间的比值，即：

$$K_r = K_{eff}/K \tag{2-15}$$

式中　K_r——相对渗透率。

油相、水相和气相的相对渗透率分别为：

$$K_{ro} = K_o/K, K_{rw} = K_w/K, K_{rg} = K_g/K \tag{2-16}$$

其中 K_{ro}，K_{rw}和 K_{rg}分别为油相、水相和气相的相对渗透率，K_o，K_w和 K_g分别为油相、水相和气相的有效渗透率，K 为岩石绝对渗透率。

在多相条件下，流体的饱和度也称为相饱和度。相饱和度（S）定义为该相占据多孔介质孔隙空间的体积分数。假设两种流体不能互溶，而且两相间不存在物质转移（如油水两相问题）。在两相流中，一种流体较另一种流体更能润湿孔隙介质，就称这种流体是润湿相流体（用下标“wet”表示），而另一种流体称为非润湿相流体（用下标“nwet”表示）。一般来说，相对于油和气，水是润湿相；而相对于气，油是润湿相。如果两种流体一起充满孔隙空间，那么

$$S_{wet} + S_{nwet} = 1 \tag{2-17}$$

式中　S_{wet}，S_{nwet}——润湿相和非润湿相的饱和度。

由于小孔隙中两种流体的界面张力和界面弯曲率会引起非润湿相流体的压力高于润湿相流体的压力，这两个压力之间的差为毛细管压力：

$$p_c = p_{nwet} - p_{wet} \tag{2-18}$$

实验表明，式（2-18）中毛细管压力 p_c 一般是润湿相饱和度 S_{wet}的单值函数。

在两相流体同时流动时，一种流体会阻碍另一种流体的运动，因此有效渗透率小于或等于绝对渗透率，也就是说相对渗透率的值小于或等于 1，即：

$$\left.\begin{aligned} K_{r,nwet} &= K_{nwet}/K \leqslant 1 \\ K_{r,wet} &= K_{wet}/K \leqslant 1 \end{aligned}\right\} \tag{2-19}$$

式中 $K_{r,nwet}, K_{r,wet}$——非润湿相和润湿相的相对渗透率；

K_{nwet}, K_{wet}——非润湿相和润湿相的有效渗透率。

岩石中某一相流体的相对渗透率主要是该相流体饱和度的函数。举例来说，图 2-9 为油水系统中水驱油典型相对渗透率曲线，其中水开始流动时的饱和度值称为束缚水饱和度 S_{wc}。而当被驱替相停止流动时，流体的饱和度 S_{nc} 值称为残余油饱和度。

以油水两相为例，相对渗透率的解析表达式如下：

$$K_{rw} = K_{rwro}\left(\frac{S_w - S_{wc}}{1 - S_{orw} - S_{wc}}\right)^{n_w}, K_{row} = K_{rocw}\left(\frac{1 - S_{orw} - S_w}{1 - S_{orw} - S_{wc}}\right)^{n_{ow}}$$

$$K_{rog} = K_{rocw}\left(\frac{1 - S_{wc} - S_{org} - S_g}{1 - S_{wc} - S_{org}}\right)^{n_{og}}, K_{rg} = K_{rgro}\left(\frac{S_g - S_{gr}}{1 - S_{wc} - S_{org} - S_{gr}}\right)^{n_g} \tag{2-20}$$

式中 K_{rw}, K_{ro}, K_{rg}——水相、油相、气相的相对渗透率；

K_{rwro}, K_{rgro}——残余油饱和度下水相、气相的相对渗透率；

K_{rocw}——束缚水饱和度下油相的相对渗透率，是温度的函数；

K_{row}, K_{rog}——水油两相、气油两相时油相的相对渗透率；

S_{wc}, S_{gr}——束缚水饱和度、残余气饱和度；

S_{orw}, S_{org}——水油两相时、气油两相时的残余油饱和度；

S_w, S_g——水饱和度、气饱和度；

n_w, n_{ow}, n_{og}, n_g——相关系数。

三相流的相对渗透率，一般给出水相和气相的相对渗透率与它们饱和度之间的关系，然后再由斯通公式(Stone, 1970)求出油相的相对渗透率。图 2-10 是一个典型的三相相对渗透率分布图。

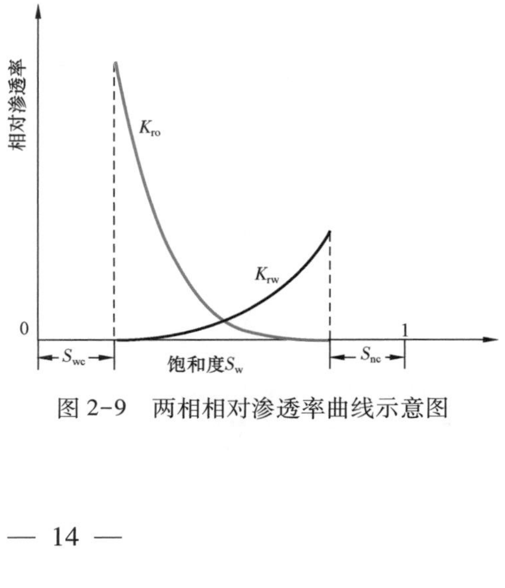

图 2-9 两相相对渗透率曲线示意图

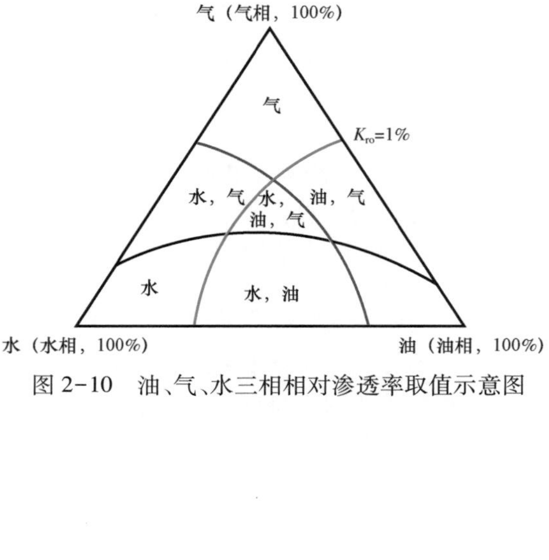

图 2-10 油、气、水三相相对渗透率取值示意图

黏度的倒数称为流度(McCain William,1990),它是表征流体通过连通孔隙空间能力大小的物理量,黏度越大、流度越小。多相流中,某一相的流度定义为有效相渗透率与相黏度的比值,油、气和水的流度分别为:

$$\left.\begin{aligned} \lambda_o &= K_o/\mu_o \\ \lambda_w &= K_w/\mu_w \\ \lambda_g &= K_g/\mu_g \end{aligned}\right\} \tag{2-21}$$

式中 μ_α——α 相流体的黏度(α=o,g,w)。

第三节 单相渗流模型

一、达西定律

单一的均匀流体在多孔介质中的渗流问题,称为单相渗流问题。流体在多孔介质中的渗流运动遵循达西定律(Darcy,1856),一维单相渗流的达西公式(忽略重力作用)可表示为:

$$v = \frac{Q}{A} = -\frac{K}{\mu}\frac{\mathrm{d}p}{\mathrm{d}x} \tag{2-22}$$

式中 v——流速;

Q——体积流量;

A——流体渗流的截面积;

K——油藏孔隙介质沿压力梯度方向的绝对渗透率;

μ——流体黏度;

p——压力;

x——长度;

$\frac{\mathrm{d}p}{\mathrm{d}x}$——沿 x 方向的压力梯度,负号表明压力是沿流动方向下降的。

在三维空间中,上述达西定律的微分形式为:

$$\left.\begin{aligned} v_x &= -\frac{K}{\mu}\frac{\partial p}{\partial x} \\ v_y &= -\frac{K}{\mu}\frac{\partial p}{\partial y} \\ v_z &= -\frac{K}{\mu}\frac{\partial p}{\partial z} \end{aligned}\right\} \tag{2-23}$$

其中 v_x,v_y和 v_z分别是流速 v 在 x 方向、y 方向和 z 方向上的分量。若考虑到重力因素,达西定律的微分形式变为:

$$
\left.\begin{aligned}
v_x &= -\frac{K}{\mu}\left(\frac{\partial p}{\partial x} - \rho g\frac{\partial D}{\partial x}\right)\\
v_y &= -\frac{K}{\mu}\left(\frac{\partial p}{\partial y} - \rho g\frac{\partial D}{\partial y}\right)\\
v_z &= -\frac{K}{\mu}\left(\frac{\partial p}{\partial z} - \rho g\frac{\partial D}{\partial z}\right)
\end{aligned}\right\} \tag{2-24}
$$

式中 ρ——流体的密度；

g——重力加速度；

D——由某一基准面算起的深度(假设垂直向下方向为正)。

达西公式(2-24)可写成向量微分算子的形式：

$$
v = -\frac{K}{\mu}(\nabla p - \rho g \nabla D) \tag{2-25}
$$

其中∇为梯度算子，即：

$$
\nabla p = \left(\frac{\partial p}{\partial x},\frac{\partial p}{\partial y},\frac{\partial p}{\partial z}\right)^{\mathrm{T}}
$$

$$
\nabla D = \left(\frac{\partial D}{\partial x},\frac{\partial D}{\partial y},\frac{\partial D}{\partial z}\right)^{\mathrm{T}}
$$

二、单相渗流的数学模型

多孔介质中的渗流过程遵循物质守恒定律，即单位时间内流进某一体积单元(控制体)的流体质量减去流出该单元的流体质量，等于该单元内流体质量的变化。因此，可由流过控制体的质量流量建立微分方程，在渗流场中取一个六面体的微小体积单元(图2-11)，该单元体的中心点坐标为(x, y, z)，长为Δx、宽为Δy、高为Δz，其每一侧面的质量流速均以其侧面中心点的质量流速代替。

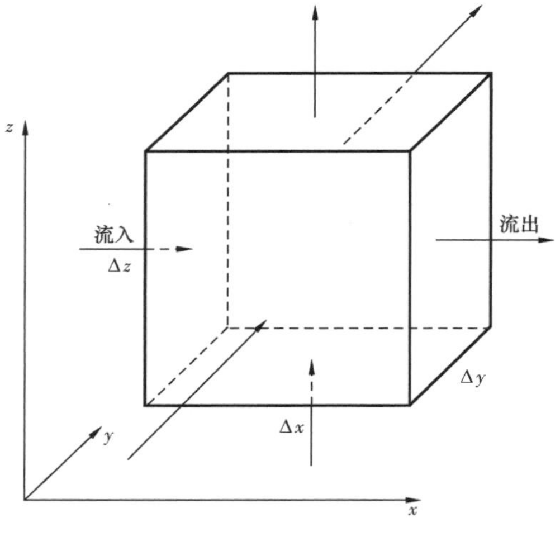

图 2-11　直角坐标系下的三维体积单元

首先在x方向上，假设流体由左侧流入，由右侧流出。流体流量等于流速乘以单元的截面积，而左侧面的面积是$\Delta y\Delta z$，所以单位时间内由左侧面流入单元的流体质量为：

$$
\Delta y\Delta z\,(\rho v_x)_{x-\frac{\Delta x}{2},y,z} \tag{2-26}
$$

由右侧流出的质量为：

$$
\Delta y\Delta z\,(\rho v_x)_{x+\frac{\Delta x}{2},y,z} \tag{2-27}
$$

其中ρ为流体密度，下标$(x-\Delta x/2, y, z)$和$(x+\Delta x/2, y, z)$分别为单元体左侧面和右侧面中心点的坐标。因此 x 方向上流体质量的变化为：

$$\Delta y\Delta z\left(\rho v_x\right)_{x-\frac{\Delta x}{2},y,z}-\Delta y\Delta z\left(\rho v_x\right)_{x+\frac{\Delta x}{2},y,z} \tag{2-28}$$

同理，y 方向上流体质量的变化为：

$$\Delta x\Delta z\left(\rho v_y\right)_{x,y-\frac{\Delta y}{2},z}-\Delta x\Delta z\left(\rho v_y\right)_{x,y+\frac{\Delta y}{2},z} \tag{2-29}$$

z 方向上流体质量的变化为：

$$\Delta x\Delta y\left(\rho v_z\right)_{x,y,z-\frac{\Delta z}{2}}-\Delta x\Delta y\left(\rho v_z\right)_{x,y,z+\frac{\Delta z}{2}} \tag{2-30}$$

如果多孔介质及流体是可压缩的，那么单位时间内单元体中流体质量的变化应为单元体内孔隙体积和流体密度随时间的变化率，即：

$$\Delta x\Delta y\Delta z\,\frac{\partial(\phi\rho)}{\partial t} \tag{2-31}$$

其中，ϕ 是岩石孔隙度。

综合式(2-28)、式(2-29)、式(2-30)和式(2-31)，可得：

$$\begin{aligned}\Delta x\Delta y\Delta z\,\frac{\partial(\phi\rho)}{\partial t}=&\,\Delta y\Delta z\left[\left(\rho v_x\right)_{x-\frac{\Delta x}{2},y,z}-\left(\rho v_x\right)_{x+\frac{\Delta x}{2},y,z}\right]+\\&\,\Delta x\Delta z\left[\left(\rho v_y\right)_{x,y-\frac{\Delta y}{2},z}-\left(\rho v_y\right)_{x,y+\frac{\Delta y}{2},z}\right]+\\&\,\Delta x\Delta y\left[\left(\rho v_z\right)_{x,y,z-\frac{\Delta z}{2}}-\left(\rho v_z\right)_{x,y,z+\frac{\Delta z}{2}}\right]\end{aligned} \tag{2-32}$$

将式(2-32)两侧同时除以体积 $\Delta x\Delta y\Delta z$，并取极限 $\Delta x\to 0,\Delta y\to 0,\Delta z\to 0$，可得：

$$\frac{\partial(\phi\rho)}{\partial t}=-\frac{\partial(\rho v_x)}{\partial x}-\frac{\partial(\rho v_y)}{\partial y}-\frac{\partial(\rho v_z)}{\partial z}=-\nabla\cdot(\rho v) \tag{2-33}$$

将达西公式(2-24)代入式(2-33)中，得到单相渗流质量守恒方程：

$$\frac{\partial(\phi\rho)}{\partial t}=\nabla\cdot\left[\frac{K\rho}{\mu}(\nabla p-\rho g\,\nabla D)\right] \tag{2-34}$$

式(2-34)是流体渗流过程中所遵循的基本规律之一。

引入维数因子 $\alpha(x,y,z)$，即当一维时 $\alpha(x,y,z)=\Delta y(x)\Delta z(x)$、二维时 $\alpha(x,y,z)=\Delta z(x,y)$、三维时：$\alpha(x,y,z)=1$。

式(2-34)可写成：

$$\alpha\,\frac{\partial(\phi\rho)}{\partial t}=\nabla\cdot\left[\frac{\alpha K\rho}{\mu}(\nabla p-\rho g\,\nabla D)\right] \tag{2-35}$$

考虑注入和采出(源汇)，式(2-35)可写为：

$$\alpha\,\frac{\partial(\phi\rho)}{\partial t}=\nabla\cdot\left[\frac{\alpha K\rho}{\mu}(\nabla p-\rho g\,\nabla D)\right]+\alpha q \tag{2-36}$$

其中 q 表示注入(或采出)项，也称源(或汇)项；注入时符号为正、采出为负。

三、单相渗流的一些特殊情形

式(2-36)为包含源汇项的一般单相渗流模型。在实际应用中,可根据流体密度与压力之间的变化关系来简化该模型方程。如果油层厚度和倾角都比较小时,可以忽略重力项影响,此种情况对应着水平流动。此时式(2-36)可写成:

$$\frac{\partial(\phi\rho)}{\partial t}=\nabla\cdot\left(\frac{K\rho}{\mu}\nabla p\right)+q \tag{2-37}$$

1. 不可压缩流体的单相渗流数学模型

当不考虑油藏流体和岩石的压缩性时,即 ρ 和 ϕ 皆为常数,此时

$$\frac{\partial(\phi\rho)}{\partial t}=0 \tag{2-38}$$

式(2-37)就可以写成:

$$-\nabla\cdot\left(\frac{K}{\mu}\nabla p\right)=q \tag{2-39}$$

其中 $K>0$,$\mu>0$,式(2-39)为一种二阶椭圆型偏微分方程,是研究不可压缩流体的常用方程。

如果地层是均质且各向同性的,则渗透率 K 是一个常数,且黏度 μ 也是常数,式(2-39)可以被简化为:

$$-\nabla\cdot\nabla p=q\text{ 或 }-\Delta p=q \tag{2-40}$$

式(2-40)是单相渗流压力方程的最简单形式,即著名的 Poisson 方程,其中 Laplace 算子 Δ 可被展开为:

$$\Delta p=\frac{\partial^2 p}{\partial x^2}+\frac{\partial^2 p}{\partial y^2}+\frac{\partial^2 p}{\partial z^2}$$

2. 微可压缩流体的数学模型

式(2.37)的左端可展开为:

$$\frac{\partial(\phi\rho)}{\partial t}=\rho\frac{\partial\phi}{\partial t}+\phi\frac{\partial\rho}{\partial t}=\left(\rho\frac{\partial\phi}{\partial p}+\phi\frac{\partial\rho}{\partial p}\right)\frac{\partial p}{\partial t} \tag{2-41}$$

在等温条件下,定义流体的压缩系数 C 如下:

$$C=\frac{1}{\rho}\frac{\partial\rho}{\partial p} \tag{2-42}$$

当油藏流体为油或水等微可压缩性流体时,C 可作为常量处理,即:

$$\frac{\partial\rho}{\partial p}=C\rho \tag{2-43}$$

当假设岩石也是微可压缩的时，有：

$$\frac{\partial \phi}{\partial p} = \phi^0 C_R \tag{2-44}$$

将式（2-41）、式（2-43）和式（2-44）代入式（2-37），得到：

$$\phi \rho C_f \frac{\partial p}{\partial t} = \nabla \cdot \left(\frac{K\rho}{\mu} \nabla p \right) + q \tag{2-45}$$

其中油层综合压缩系数 $C_f = C + \frac{\phi^0}{\phi} C_R$。

易见式（2-45）是一个抛物型方程，是忽略重力时微可压缩流体在非均匀多孔介质中渗流基本方程式的一般形式。

3. 可压缩流体的数学模型

对于气体渗流，气体为可压缩流体，同时气体的重力项很小，常可忽略不计，式（2-37）对于气体仍然适用。下面推导气体渗流方程在均质地层中的简化形式。

假定：（1）渗透率均质且各向同性；（2）孔隙度为常数，即 $C_R = 0$。则式（2-37）可写为：

$$\frac{\phi}{K} \frac{\partial \rho}{\partial t} = \nabla \cdot \left(\frac{\rho}{\mu} \nabla p \right) + \frac{q}{K} \tag{2-46}$$

根据气体状态方程，有：

$$\rho = \frac{pM}{ZRT} \tag{2-47}$$

式中 M——分子量；

Z——天然气压缩因子；

R——气体常数；

T——热力学温度。

将式（2-47）代入式（2-46）可得：

$$\frac{\phi}{K} \frac{\partial}{\partial t} \left(\frac{p}{Z} \right) = \nabla \cdot \left(\frac{p}{\mu Z} \nabla p \right) + \frac{q}{K} \tag{2-48}$$

当通过多孔介质的流体是理想气体时，$Z = 1$，而且 μ 为常数，则式（2-48）可被简化为：

$$\frac{\phi \mu}{K} \frac{\partial p}{\partial t} = \nabla \cdot (p \nabla p) + \frac{q}{K} \tag{2-49}$$

在理想气体中 $C_g = \frac{1}{p}$，且由于 $2p \nabla p = \nabla p^2$，代入式（2-49）得到：

$$\frac{\phi \mu C_g}{K} \frac{\partial p^2}{\partial t} = \Delta p^2 + \frac{q}{K} \tag{2-50}$$

式（2-50）为单相可压缩流体的渗流方程，通常用于气藏开发中。

第四节 两相渗流模型

在油田开发过程中，最常见的是多孔介质内的两相或多相流体同时流动，如注水开发过程中的油水两相流动或气藏开发中的气水两相流动等。

一、模型建立

假定各相流动是由压力的作用引起的，则单相流达西公式(2-24)可以被推广到两相流的情况：

$$\left.\begin{aligned} v_{\mathrm{nwet}} &= -\frac{KK_{\mathrm{r,nwet}}}{\mu_{\mathrm{nwet}}}[\nabla p_{\mathrm{nwet}} - \rho_{\mathrm{nwet}} g \nabla D] \\ v_{\mathrm{wet}} &= -\frac{KK_{\mathrm{r,wet}}}{\mu_{\mathrm{wet}}}[\nabla p_{\mathrm{wet}} - \rho_{\mathrm{wet}} g \nabla D] \end{aligned}\right\} \tag{2-51}$$

在两相流中，各相在单位时间内单元体中流体质量的变化是孔隙度、密度和饱和度乘积的变化率，即：

$$\left.\begin{aligned} &\frac{\partial(\phi\rho_{\mathrm{nwet}}S_{\mathrm{nwet}})}{\partial t}\Delta x\Delta y\Delta z \\ &\frac{\partial(\phi\rho_{\mathrm{wet}}S_{\mathrm{wet}})}{\partial t}\Delta x\Delta y\Delta z \end{aligned}\right\} \tag{2-52}$$

由于两相都遵守各自的物质守恒定律，可将单相流的微分方程式(2-36)推广为描述两相流的微分方程组：

$$\left.\begin{aligned} \alpha\frac{\partial(\phi\rho_{\mathrm{nwet}}S_{\mathrm{nwet}})}{\partial t} &= \nabla\cdot\left[\frac{\alpha KK_{\mathrm{r,nwet}}\rho_{\mathrm{nwet}}}{\mu_{\mathrm{nwet}}}(\nabla p_{\mathrm{nwet}} - \rho_{\mathrm{nwet}} g \nabla D)\right] + \alpha q_{\mathrm{nwet}} \\ \alpha\frac{\partial(\phi\rho_{\mathrm{wet}}S_{\mathrm{wet}})}{\partial t} &= \nabla\cdot\left[\frac{\alpha KK_{\mathrm{r,wet}}\rho_{\mathrm{wet}}}{\mu_{\mathrm{wet}}}(\nabla p_{\mathrm{wet}} - \rho_{\mathrm{wet}} g \nabla D)\right] + \alpha q_{\mathrm{wet}} \end{aligned}\right\} \tag{2-53}$$

其中下标 wet 和 nwet 分别代表润湿相和非润湿相。

二、定性分析

下面选取非润湿相的压力 p_{nwet} 和润湿相的饱和度 S_{wet} 作为式(2-53)的变量来分析两相流中压力和饱和度微分方程的性质。推导压力微分方程时，需要消去饱和度关于时间的微商项，将式(2-53)的左侧展开，得到：

$$\left.\begin{aligned} \alpha\frac{\partial(\phi\rho_{\mathrm{nwet}}S_{\mathrm{nwet}})}{\partial t} &= \alpha\left(S_{\mathrm{nwet}}\rho_{\mathrm{nwet}}\frac{\partial\phi}{\partial t} + \phi S_{\mathrm{nwet}}\frac{\partial\rho_{\mathrm{nwet}}}{\partial t} + \phi\rho_{\mathrm{nwet}}\frac{\partial S_{\mathrm{nwet}}}{\partial t}\right) \\ \alpha\frac{\partial(\phi\rho_{\mathrm{wet}}S_{\mathrm{wet}})}{\partial t} &= \alpha\left(S_{\mathrm{wet}}\rho_{\mathrm{wet}}\frac{\partial\phi}{\partial t} + \phi S_{\mathrm{wet}}\frac{\partial\rho_{\mathrm{wet}}}{\partial t} + \phi\rho_{\mathrm{wet}}\frac{\partial S_{\mathrm{wet}}}{\partial t}\right) \end{aligned}\right\} \tag{2-54}$$

毛细管压力 p_c 一般远远小于各相压力，简单起见，忽略毛细管压力的影响，令其为 0，即 $p_{\mathrm{nwet}}=p_{\mathrm{wet}}=p$。

将 $\frac{\partial\phi}{\partial t}=\phi^0 C_{\mathrm{R}}\frac{\partial p}{\partial t}$，$\frac{\partial\rho_{\mathrm{nwet}}}{\partial t}=\rho_{\mathrm{nwet}}C_{\mathrm{nwet}}\frac{\partial p}{\partial t}$，$\frac{\partial\rho_{\mathrm{wet}}}{\partial t}=\rho_{\mathrm{wet}}C_{\mathrm{wet}}\frac{\partial p}{\partial t}$，$S_{\mathrm{nwet}}=1-S_{\mathrm{wet}}$ 代入式(2-54)中得到：

$$\left.\begin{aligned}\alpha\frac{\partial(\phi\rho_{\mathrm{nwet}}S_{\mathrm{nwet}})}{\partial t}&=\alpha\rho_{\mathrm{nwet}}\left(\phi S_{\mathrm{nwet}}C_{\mathrm{f1}}\frac{\partial p}{\partial t}-\phi\frac{\partial S_{\mathrm{wet}}}{\partial t}\right)\\ \alpha\frac{\partial(\phi\rho_{\mathrm{wet}}S_{\mathrm{wet}})}{\partial t}&=\alpha\rho_{\mathrm{wet}}\left(\phi S_{\mathrm{wet}}C_{\mathrm{f2}}\frac{\partial p}{\partial t}+\phi\frac{\partial S_{\mathrm{wet}}}{\partial t}\right)\end{aligned}\right\}\tag{2-55}$$

其中，系数 $C_{\mathrm{f1}}=\frac{\phi^0}{\phi}C_{\mathrm{R}}+C_{\mathrm{nwet}}$，$C_{\mathrm{f2}}=\frac{\phi^0}{\phi}C_{\mathrm{R}}+C_{\mathrm{wet}}$。

对于微可压缩流体，密度在空间坐标上的变化很小，此时可忽略密度在空间上的变化。将式(2-55)代入式(2-53)中，并展开式(2-53)右端项，得到：

$$\alpha\left(\phi S_{\mathrm{nwet}}C_{\mathrm{f1}}\frac{\partial p}{\partial t}-\phi\frac{\partial S_{\mathrm{wet}}}{\partial t}\right)=\nabla\cdot\left(\alpha\frac{KK_{\mathrm{r,nwet}}}{\mu_{\mathrm{nwet}}}\nabla p\right)+\alpha\frac{q_{\mathrm{nwet}}}{\rho_{\mathrm{nwet}}}\tag{2-56a}$$

$$\alpha\left(\phi S_{\mathrm{wet}}C_{\mathrm{f2}}\frac{\partial p}{\partial t}+\phi\frac{\partial S_{\mathrm{wet}}}{\partial t}\right)=\nabla\cdot\left(\alpha\frac{KK_{\mathrm{r,wet}}}{\mu_{\mathrm{wet}}}\nabla p\right)+\alpha\frac{q_{\mathrm{wet}}}{\rho_{\mathrm{wet}}}\tag{2-56b}$$

将式(2-56)的上下两式求和，就得到压力微分方程：

$$\alpha\phi C_{\mathrm{f}}\frac{\partial p}{\partial t}=\nabla\cdot(\alpha\lambda_{\mathrm{T}}\nabla p)+\alpha Q_{\mathrm{t}}\tag{2-57}$$

其中 $C_{\mathrm{f}}=S_{\mathrm{nwet}}C_{\mathrm{f1}}+S_{\mathrm{wet}}C_{\mathrm{f2}}$，$\lambda_{\mathrm{T}}=K\left(\frac{K_{\mathrm{rnwet}}}{\mu_{\mathrm{nwet}}}+\frac{K_{\mathrm{rwet}}}{\mu_{\mathrm{wet}}}\right)$，$Q_{\mathrm{t}}=\frac{q_{\mathrm{nwet}}}{\rho_{\mathrm{nwet}}}+\frac{q_{\mathrm{wet}}}{\rho_{\mathrm{wet}}}$。可知式(2-57)为抛物型方程。

通过压力微分方程，求得压力变量后，再将其代回式(2-56b)即可得到关于饱和度的一个偏微分方程：

$$\alpha\phi\frac{\partial S_{\mathrm{wet}}}{\partial t}=\nabla\cdot\left(\alpha\frac{KK_{\mathrm{rwet}}}{\mu_{\mathrm{wet}}}\nabla p\right)+\alpha\frac{q_{\mathrm{wet}}}{\rho_{\mathrm{wet}}}\tag{2-58}$$

由于在微可压缩流体中 $S_{\mathrm{wet}}C_{\mathrm{f2}}\frac{\partial p}{\partial t}\ll\frac{\partial S_{\mathrm{wet}}}{\partial t}$，式(2-58)忽略了式(2-56b)左侧的第一项。由于相对渗透率 K_{rwet} 是饱和度 S_{wet} 的函数，故式(2-58)一般为双曲型方程。

注：这种先求压力变量后求饱和度变量的思想也可以在离散方法中得到应用，如油藏数值方法中的隐压显饱(IMplicit Pressure Explicit Saturation，IMPES)方法，被广泛应用在两相流的油藏数值模拟中。

第五节　三相渗流模型

油藏多孔介质中的多相渗流一般包含油、气、水三相流体的同时流动，在流动过程中还包含多种组分之间的质量转移，此时需要从组分的角度考虑建立平衡方程。本节主要讨论由油、气、水三组分构成三种流体相的黑油模型和挥发油模型。

一、黑油模型

在石油工程领域，“黑油”指的是主要由甲烷和重质组分组成的非挥发性或挥发性极低的原油。因其油质较重，色泽较深，故称之为黑油，用于描述这类油藏中流体渗流特征的数学模型被称为黑油模型。黑油模型是建立在油、气、水三组分物质守恒基础上的非线性偏微分方程组，也是目前油藏模拟中发展最完善、最成熟的模型，能够模拟常规油田的开发问题，是目前应用最广泛的模型之一（Breit，Mayer 和 Carmichael，1979；Chen，2000）。

黑油模型的基本假设条件：

（1）油藏中的渗流是等温渗流。

（2）油藏中的烃类可简化为油、气两个组分。油组分是地层原油在地面标准状况下经分离后所残存的液体，而气组分是指全部分离出来的天然气。因此，模型中考虑油组分、气组分、水组分三个拟组分。

（3）油藏中最多只有油、气、水三相，各相的渗流均遵守达西定律。水组分只存在于水相中，水相与油相、气相之间没有物质交换。

（4）在油藏中，油、气两种组分可能形成油、气两相，油组分完全存在于油相内，气组分由自由气和溶解气组成。当压力较大时，气组分可以溶解气的形式存在于油相中；当压力降低时，溶解在油相中的气组分可以从油相中分离出来，以自由气的形式存在，所以油相可视为油组分和气组分的组合。在常规黑油模型中，一般不考虑油组分向气相挥发的现象。

（5）气体的溶解和逸出是瞬间完成的，可以认为油藏中油、气两相瞬时地达到相平衡状态。

（6）油藏岩石是微可压缩的，且可能是各向异性的。

（7）油藏流体可压缩，且考虑渗流过程中重力、毛细管压力的影响。

由上述这些假设条件可知，黑油模型中气组分由自由气和溶解气组成，这使得油相与气相之间存在物质交换，此时地层内油相和气相的质量不再守恒。如果按组分来考虑物质守恒关系，则气组分无论是作为溶解气溶于油相，还是作为自由气溶于气相，其总质量不变，满足物质守恒关系。而对于油组分和水组分，根据假设它们只存在于各自的相中，不发生传质现象，因而仍满足物质守恒关系。

下面简要地给出黑油模型的推导过程。

按水组分、油组分和气组分的次序给出油藏内的物质守恒关系：

$$\left.\begin{aligned}\frac{\partial(\phi\rho_{w}S_{w})}{\partial t}&=-\nabla\cdot(\rho_{w}v_{w})+q_{W}\\\frac{\partial(\phi\rho_{Oo}S_{o})}{\partial t}&=-\nabla\cdot(\rho_{Oo}v_{o})+q_{O}\\\frac{\partial[\phi(\rho_{Go}S_{o}+\rho_{g}S_{g})]}{\partial t}&=-\nabla\cdot(\rho_{Go}v_{o}+\rho_{g}v_{g})+q_{G}\end{aligned}\right\}\tag{2-59}$$

其中，ρ_{Oo} 和 ρ_{Go} 分别表示油相中油组分和气组分的密度。

水、油和气三相的达西定律如下：

$$\left.\begin{aligned}v_{w}&=-\frac{KK_{rw}}{\mu_{w}}[\nabla p_{w}-\rho_{w}g\nabla D]\\v_{o}&=-\frac{KK_{ro}}{\mu_{o}}[\nabla p_{o}-\rho_{o}g\nabla D]\\v_{g}&=-\frac{KK_{rg}}{\mu_{g}}[\nabla p_{g}-\rho_{g}g\nabla D]\end{aligned}\right\}\tag{2-60}$$

最后将式(2-60)代入式(2-59)中，可得水、油、气三相渗流基本微分方程组，即黑油模型

$$\left.\begin{aligned}\frac{\partial(\phi\rho_{w}S_{w})}{\partial t}&=\nabla\cdot\left[\frac{KK_{rw}\rho_{w}}{\mu_{w}}(\nabla p_{w}-\rho_{w}g\nabla D)\right]+q_{W}\\\frac{\partial(\phi\rho_{Oo}S_{o})}{\partial t}&=\nabla\cdot\left[\frac{KK_{ro}\rho_{Oo}}{\mu_{o}}(\nabla p_{o}-\rho_{o}g\nabla D)\right]+q_{O}\\\frac{\partial[\phi(\rho_{Go}S_{o}+\rho_{g}S_{g})]}{\partial t}&=\nabla\cdot\left[\frac{KK_{ro}\rho_{Go}}{\mu_{o}}(\nabla p_{o}-\rho_{o}g\nabla D)+\frac{KK_{rg}\rho_{g}}{\mu_{g}}(\nabla p_{g}-\rho_{g}g\nabla D)\right]+q_{G}\end{aligned}\right\}\tag{2-61}$$

式(2-61)是以质量计的物质守恒方程。利用地层体积系数关系式(2-8)和式(2-9)可将式(2-61)转化为按地面标准状况下的体积表示的物质守恒方程。

由式(2-9)可得：

$$\left.\begin{aligned}\rho_{w}&=\frac{\rho_{Ws}}{B_{w}}\\\rho_{g}&=\frac{\rho_{Gs}}{B_{g}}\end{aligned}\right\}\tag{2-62}$$

因此可得：

$$\rho_o = \frac{R_{so}\rho_{Gs} + \rho_{Os}}{B_o} \tag{2-63}$$

将式(2-62)和式(2-63)代入质量守恒方程式(2-61)中并分别除以ρ_{Ws},ρ_{Os}和ρ_{Gs}，可得地面标准状况下的物质守恒方程：

$$\left.\begin{aligned}
\frac{\partial}{\partial t}\left(\frac{\phi S_w}{B_w}\right) &= \nabla\left[\frac{KK_{rw}}{B_w\mu_w}(\nabla p_w - \rho_w g\,\nabla D)\right] + \frac{q_W}{\rho_{Ws}} \\
\frac{\partial}{\partial t}\left(\frac{\phi S_o}{B_o}\right) &= \nabla\left[\frac{KK_{ro}}{B_o\mu_o}(\nabla p_o - \rho_o g\,\nabla D)\right] + \frac{q_O}{\rho_{Os}} \\
\frac{\partial}{\partial t}\left[\phi\left(\frac{S_g}{B_g} + \frac{R_s S_o}{B_o}\right)\right] &= \nabla\left[\frac{KK_{rg}}{B_g\mu_g}(\nabla p_g - \rho_g g\,\nabla D) + \frac{R_s KK_{ro}}{B_o\mu_o}(\nabla p_o - \rho_o g\,\nabla D)\right] + \frac{q_G}{\rho_{Gs}}
\end{aligned}\right\} \tag{2-64}$$

三相黑油模型方程(2-64)的中未知量为S_α和p_α(α=w,o,g)。为使方程完备还需引入以下三个辅助方程(本构关系)：

饱和度约束方程

$$S_o + S_g + S_w = 1 \tag{2-65}$$

毛细管压力方程

$$\left.\begin{aligned}
p_w &= p_o - p_{cow}(S_w) \\
p_o &= p_g - p_{cgo}(S_g)
\end{aligned}\right\} \tag{2-66}$$

其中$p_{cow}(S_w)$和$p_{cog}(S_g)$为离散意义下的已知函数。

注：如果油藏压力始终高于原油的泡点压力($p>p_b$)，油藏中无自由气存在时，而且没有向油藏中注入气体，则油藏泡点压力基本不变，可将原油性质处理成油相压力的函数。这时，三相渗流的黑油模型可简化成为油水两相渗流模型。

$$\left.\begin{aligned}
\frac{\partial}{\partial t}\left(\phi\frac{S_w}{B_w}\right) &= \nabla\cdot\left[\frac{KK_{rw}}{B_w\mu_w}(\nabla p_w - \rho_w g\,\nabla D)\right] + \frac{q_{W_s}}{B_w} \\
\frac{\partial}{\partial t}\left(\phi\frac{S_o}{B_o}\right) &= \nabla\cdot\left[\frac{KK_{ro}}{B_o\mu_o}(\nabla p_o - \rho_o g\,\nabla D)\right] + \frac{q_{O_s}}{B_o}
\end{aligned}\right\} \tag{2-67}$$

二、挥发油模型

一般来说，黑油模型适用于描述溶解气油比小于130m³/sm³，原油体积系数小于1.4m³/m³，API重度低于30°API的油藏。而当原油中含有高比例低碳烃，API重度大于45°API，油藏温度高于 120℃时,就需要考虑原油的挥发性(图 2-12),下面引入描述原油挥发性的参数得到挥发油模型(Chen,Huan 和 Ma,2006)。

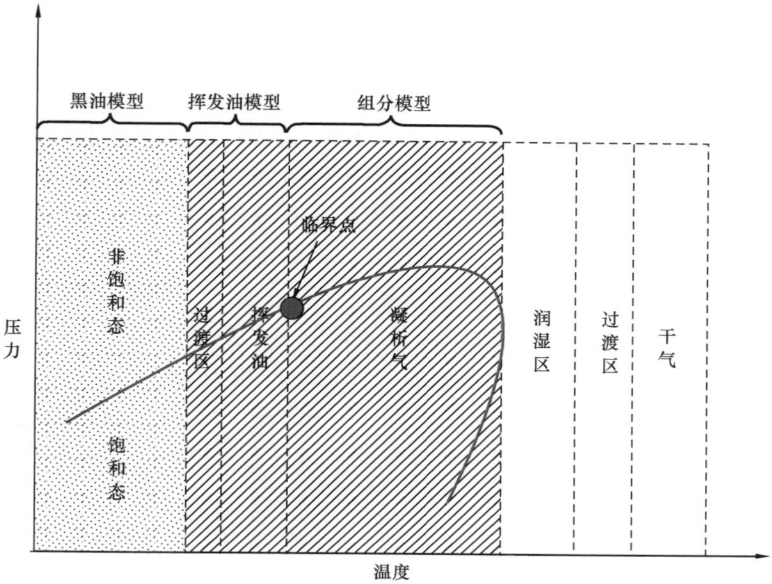

图 2-12　典型模型在 p—T 相图上的适用范围

假定气组分存在于气和油两相中,另假设油组分可蒸发为气相,即油组分在油和气两相中均存在,水组分只存在于水相中。在三相黑油模型方程式(2-67)的基础上引入油在气中的挥发度:

$$R_{\mathrm{v}}(p,T)=\frac{V_{\mathrm{Os}}}{V_{\mathrm{Gs}}} \tag{2-68}$$

可得挥发油模型

$$\left.\begin{aligned}
\frac{\partial}{\partial t}\left(\frac{\phi S_{\mathrm{w}}}{B_{\mathrm{w}}}\right)&=\nabla\left[\frac{KK_{\mathrm{rw}}}{B_{\mathrm{w}}\mu_{\mathrm{w}}}(\nabla p_{\mathrm{w}}-\rho_{\mathrm{w}}g\,\nabla D)\right]+\frac{q_{\mathrm{W}}}{\rho_{\mathrm{Ws}}}\\
\frac{\partial}{\partial t}\left[\phi\left(\frac{S_{\mathrm{o}}}{B_{\mathrm{o}}}+\frac{R_{\mathrm{v}}S_{\mathrm{g}}}{B_{\mathrm{g}}}\right)\right]&=\nabla\left[\frac{KK_{\mathrm{ro}}}{B_{\mathrm{o}}\mu_{\mathrm{o}}}(\nabla p_{\mathrm{o}}-\rho_{\mathrm{o}}g\,\nabla D)+\frac{R_{\mathrm{v}}KK_{\mathrm{rg}}}{B_{\mathrm{g}}\mu_{\mathrm{g}}}(\nabla p_{\mathrm{g}}-\rho_{\mathrm{g}}g\,\nabla D)\right]+\frac{q_{\mathrm{O}}}{\rho_{\mathrm{Os}}}\\
\frac{\partial}{\partial t}\left[\phi\left(\frac{S_{\mathrm{g}}}{B_{\mathrm{g}}}+\frac{R_{\mathrm{s}}S_{\mathrm{o}}}{B_{\mathrm{o}}}\right)\right]&=\nabla\left[\frac{KK_{\mathrm{rg}}}{B_{\mathrm{g}}\mu_{\mathrm{g}}}(\nabla p_{\mathrm{g}}-\rho_{\mathrm{g}}g\,\nabla D)+\frac{R_{\mathrm{s}}KK_{\mathrm{ro}}}{B_{\mathrm{o}}\mu_{\mathrm{o}}}(\nabla p_{\mathrm{o}}-\rho_{\mathrm{o}}g\,\nabla D)\right]+\frac{q_{\mathrm{G}}}{\rho_{\mathrm{Gs}}}
\end{aligned}\right\} \tag{2-69}$$

挥发油模型的本构关系与黑油模型的本构关系相同,即式(2-65)和式(2-66)仍成立。

第六节 组 分 模 型

随着石油工业向纵深发展，越来越多的挥发性油田和凝析气田被发现和开发。这类油气田不同于前面讨论的黑油性质的油田，流体中碳氢化合物的中间成分所占比重较大，油气性质不稳定，随压力降低会产生反凝析现象。在此类渗流系统中，每一组分都可能存在于油、气、水三相的某些相或某一相中；而且在一定条件下某一组分还可以从某一相态转移到另一相态，产生相间质量交换。如果按常规油藏的黑油模型模拟凝析气藏设计开发方案，会导致大量凝析油损失于地下，造成油环油和气顶凝析气互窜，降低采收率。

为了解决这类油气田的开发问题，常常需要建立组分模型，对油藏系统内每一流动相内的组分进行详细地研究。组分模型（compositional model）是以烃类体系中自然组分为基础描述地下流动和相平衡关系的，能够严格反映出油藏开采时各相中组分的瞬间变化。在组分模型中，通常将油藏分为油、气、水三相，将油藏流体分为 N 个组分，各个组分都可存在于油、气、水三相中的任何相中，任一组分 i 在各相中的分配关系遵从相平衡原理，其质量流速与该组分在三相中分布的质量分数有关。

令 C_{ij} 为第 $i(i=1,2,\cdots,N)$ 个组分在 $j(j=\mathrm{o},\mathrm{g},\mathrm{w})$ 相中的质量分数。因为 j 相的质量流速（单位时间通过单位面积的质量）是 $\rho_j v_j$，则其中的第 i 组分的质量流速就是

$$\sum_j C_{ij}\rho_j v_j \tag{2-70}$$

单位孔隙介质体积中第 i 组分的质量为

$$\phi \sum_j C_{ij}\rho_j S_j \tag{2-71}$$

与黑油模型类似，可以构造组分 i 的质量守恒方程

$$\sum_j \frac{\partial}{\partial t}(\phi C_{ij}\rho_j S_j) = -\nabla\left[\sum_j (C_{ij}\rho_j v_j)\right] + q_i \tag{2-72}$$

其中 q_i 为单位体积中注入的第 i 组分的质量速度。

设组分模型中各相的流动遵循达西定律：

$$v_j = -\frac{KK_{rj}}{\mu_j}(\nabla p_j - \rho_j g\nabla D) \tag{2-73}$$

将式(2-73)代入式(2-72)中即得到第 i 组分的基本渗流微分方程：

$$\sum_j \frac{\partial}{\partial t}(\phi C_{ij}\rho_j S_j) = \nabla\cdot\left[\sum_j \frac{C_{ij}\rho_j KK_{rj}}{\mu_j}(\nabla p_j - \rho_j g\nabla D)\right] + q_i \tag{2-74}$$

方程组(2-74)中共有 $3N+15$ 个未知数，分别为 $p_\mathrm{o},p_\mathrm{w},p_\mathrm{g}$；$S_\mathrm{o},S_\mathrm{w},S_\mathrm{g}$；$\rho_\mathrm{o},\rho_\mathrm{w},\rho_\mathrm{g}$；$\mu_\mathrm{o},\mu_\mathrm{w},\mu_\mathrm{g}$；$K_\mathrm{ro},K_\mathrm{rw},K_\mathrm{rg}$；$C_{1\mathrm{o}},C_{2\mathrm{o}},\cdots,C_{N\mathrm{o}}$，$C_{1\mathrm{w}},C_{2\mathrm{w}},\cdots,C_{N\mathrm{w}}$；$C_{1\mathrm{g}},C_{2\mathrm{g}},\cdots,C_{N\mathrm{g}}$。为求得组分模型的解，除基本渗流微分方程组(2-74)外，还需要下列辅助方程：

饱和度约束方程

$$S_o + S_g + S_w = 1 \tag{2-75}$$

质量分数约束方程

$$\sum_{i=1}^{N_c} C_{ij} = 1 \qquad (j = w, o, g) \tag{2-76}$$

密度参数方程

$$\left.\begin{aligned} \rho_o &= \rho_o(p_o, C_{1o}, C_{2o}, \cdots, C_{No}) \\ \rho_g &= \rho_g(p_g, C_{1g}, C_{2g}, \cdots, C_{Ng}) \\ \rho_w &= \rho_w(p_w, C_{1w}, C_{2w}, \cdots, C_{Nw}) \end{aligned}\right\} \tag{2-77}$$

黏度参数方程

$$\left.\begin{aligned} \mu_o &= \mu_o(p_o, C_{1o}, C_{2o}, \cdots, C_{No}) \\ \mu_g &= \mu_g(p_g, C_{1g}, C_{2g}, \cdots, C_{Ng}) \\ \mu_w &= \mu_w(p_w, C_{1w}, C_{2w}, \cdots, C_{Nw}) \end{aligned}\right\} \tag{2-78}$$

相对渗透率方程

$$\left.\begin{aligned} K_{rg} &= K_{rg}(S_g, S_o, S_w) \\ K_{ro} &= K_{ro}(S_g, S_o, S_w) \\ K_{rw} &= K_{rw}(S_g, S_o, S_w) \end{aligned}\right\} \tag{2-79}$$

毛细管压力方程

$$\left.\begin{aligned} p_g &= p_o - p_{cog}(S_g, S_o, S_w) \\ p_w &= p_o - p_{cow}(S_g, S_o, S_w) \end{aligned}\right\} \tag{2-80}$$

相平衡方程：在每两相之间对每一组分有一个平衡常数 K，这个平衡常数是该两相的相压力、组分和温度的函数。

$$\left.\begin{aligned} \frac{C_{ig}}{C_{io}} &= K_{igo} = f(T, p_o, p_g, c_{1o}, c_{2o}, \cdots, c_{No}, c_{1g}, c_{2g}, \cdots, c_{Ng}) \\ \frac{C_{ig}}{C_{iw}} &= K_{igw} = f(T, p_g, p_w, c_{1g}, c_{2g}, \cdots, c_{Ng}, c_{1w}, c_{2w}, \cdots, c_{Nw}) \end{aligned}\right\} \tag{2-81}$$

注：求解各组分在各相中的质量分数叫做闪蒸运算。在平衡常数给定的情况下，组分的质量分数可由求解 Rachford-Rice 方程得出。而一般情况下平衡常数需要用逸度方程求出。逸度需要用状态方程结合热力学基本定律求出，常用的状态方程有 Peng-Robinson 状态方程和 Soave-Redlich-Kwong 状态方程等。在组分模型中，闪蒸运算可能占总运算时间的比例很大（例如在 CO_2 驱替中）（Beggs 和 Robinson，1975；Peng 和 Robinson，1976）。

根据上面的讨论,式(2-74)加约束条件式(2-75)至式(2-81)共有 $3N+15$ 个。由此,给定定解条件后的组分模型是封闭的。由于本书中将主要讨论黑油模型的线性求解方法,所以将不对组分模型的数值求解方法展开讨论。

第七节 定解条件

要构成一个完整的数学模型,除了上面讨论的这些基本渗流质量守恒方程和流动方程之外,还需根据具体的情况确定边界条件和初始条件。边界条件和初始条件被统称为方程定解条件。

一、边界条件

油藏数值模拟中边界条件分为外边界条件和内边界条件两大类:外边界条件指油藏外边界所处的状态,内边界条件是指采出井或注入井所处的状态。

1. 外边界条件

实际油藏的外边界条件有以下三类:

1)定压边界条件

定压边界条件为给出外边界 Γ 上的压力为某一已知函数:

$$p_{\Gamma} = f_{\mathrm{p}}(x,y,z,t) \tag{2-82}$$

其中 p_{Γ} 是外边界 Γ 上的压力,$f_{\mathrm{p}}(x,y,z,t)$ 是给定的压力分布。这种边界条件在被称为第一类边界条件或称 Dirichlet 边界条件。当油藏边部边界和底部边界有非常活跃的水驱,在油田开发过程中可以保持油水边界上压力不降时,可以认为属于此类外边界条件。

2)定流量边界条件

定流量边界条件指外边界 Γ 上有一流量通过,若这个流量为一给定的已知函数,则有:

$$\left.\frac{\partial p}{\partial n}\right|_{\Gamma} = f_{\mathrm{q}}(x,y,z,t) \tag{2-83}$$

其中 n 为外法线方向,$f_{\mathrm{q}}(x,y,z,t)$ 为给定的流量函数。这种边界条件被称为第二类边界条件或称 Neumann 边界条件。

当流过边界上的流量为常数时,则可简化为:

$$\left.\frac{\partial p}{\partial n}\right|_{\Gamma} = C \tag{2-84}$$

其中 C 是一个常数。当油藏边界为不渗透边界,如尖灭、断层和圈闭时,常可认为满足第二类边界条件,而且此时 $C=0$。

3)混合边界条件

混合边界条件是前两类边界条件的混合形式,有:

$$\left(\frac{\partial p}{\partial n}+ap\right)\Bigg|_{\Gamma}=f_{\mathrm{q}}(x,y,z,t) \tag{2-85}$$

其中 a 为正的常数。这种边界条件在油藏模拟中的应用比较少见。

2. 内边界条件

在油藏数值模拟中,内边界条件指的是对井的处理。尽管井的筒径很小,但却是整个油藏运动变化的源泉,因此是非常重要又难以处理的边界。在油藏开采中,至少会有一口井存在,井项处理的关键在于求得井底流压 p_{B} 和井产量 q 的时空变化规律。通常认为井底附近形成了一个径向流动区,因此可以将井及其附近的流动视为径向对称的,建立标准状态下的井项流动方程(Peaceman,1991):

$$q_{\mathrm{Ws}}=\sum_{j=1}^{N_{\mathrm{w}}}\sum_{m=1}^{M_{\mathrm{w}j}}WI^{(j,m)}\frac{K_{\mathrm{rw}}}{\mu_{\mathrm{w}}}[p_{\mathrm{bh}}^{(j)}-p_{\mathrm{w}}-\rho_{\mathrm{w}}g(D_{\mathrm{bh}}^{(j)}-D)]\delta(x-x^{(j,m)}) \tag{2-86a}$$

$$q_{\mathrm{Os}}=\sum_{j=1}^{N_{\mathrm{w}}}\sum_{m=1}^{M_{\mathrm{w}j}}WI^{(j,m)}\frac{K_{\mathrm{ro}}}{\mu_{\mathrm{o}}}[p_{\mathrm{bh}}^{(j)}-p_{\mathrm{o}}-\rho_{\mathrm{o}}g(D_{\mathrm{bh}}^{(j)}-D)]\delta(x-x^{(j,m)}) \tag{2-86b}$$

$$q_{\mathrm{Gs}}=\sum_{j=1}^{N_{\mathrm{w}}}\sum_{m=1}^{M_{\mathrm{w}j}}WI^{(j,m)}\frac{K_{\mathrm{rg}}}{\mu_{\mathrm{g}}}[p_{\mathrm{bh}}^{(j)}-p_{\mathrm{g}}-\rho_{\mathrm{g}}g(D_{\mathrm{bh}}^{(j)}-D)]\delta(x-x^{(j,m)}) \tag{2-86c}$$

其中 $\delta(x)$ 是 Dirac Delta 函数(当 $x=0$ 时,$\delta=1$;在其他点上,$\delta=0$),N_{w} 为井总数,$M_{\mathrm{w}j}$ 为第 j 口井的射孔总数,$p_{\mathrm{bh}}^{(j)}$ 为第 j 口井在井深 $D_{\mathrm{bh}}^{(j)}$ 处的井底流压,$x^{(j,m)}$ 是第 j 口井的第 m 个射孔完井段的中心点位置,井指数为:

$$WI^{(j,m)}=\frac{2\pi\overline{K}\Delta L^{(j,m)}}{\ln(r_{\mathrm{e}}^{(j,m)}/r_{\mathrm{w}}^{(j)})} \tag{2-87}$$

其中 $\Delta L^{(j,m)}$ 是第 j 口井的第 m 个射孔段的长度,$\overline{K}$ 为平均渗透率,$r_{\mathrm{w}}^{(j)}$ 是第 j 口井的井孔半径,$r_{\mathrm{e}}^{(j,m)}$ 是 $x^{(j,m)}$ 处的有效供油半径。

在油田实际生产中,井的边界条件可分为定产或定井底流压两类。

1)定产条件

当油藏内分布有油井或注水井时,由于井的半径与井距相比极小,所以可将井作为点汇或点源来处理。若给定井的产量为 q,则可在渗流基本方程内加一产量项 q(采出井 $q<0$,注入井 $q>0$)。定产条件与井的类别有关,对于采出井中的产气井定全井的产气量,产油井可定全井产油量和产液量两种,当给定总产液量时,其中各相的产量可根据井点饱和度对应的分流量值得到;对于注入井中的注水井,可以定注水量,注气井定注气量。以定油产量为例,式(2-86)中左侧 q_{Os} 已知,而右侧 p_{bh}^{j} 和 p_{o} 是未知量。对于每一口井,井底压力在不同的深度是相互联系的。

2)定井底流压条件

定井底流压边界条件指给定井底压力 p_{wf},即:

$$p\big|_{r_{\mathrm{w}}}=p_{\mathrm{wf}}(t) \tag{2-88}$$

当多层同时生产时，各层之间会发生层间干扰，只能给定井筒内与各层处于动平衡时的井底压力，需要从给定的井底压力计算出各地层的压力（Chen，Huan 和 Ma，2006）。

二、初始条件

初始条件是指油气藏在开发的初始时刻或某一时刻起，油藏内部各点的压力、各相饱和度及温度分布情况。当压力随时间变化时，还需要确定初始状态时的压力分布，如初始时刻油藏内的压力分布为某一已知函数 $p^0(x,y,z)$，即压力的初始条件为：

$$p(x,y,z,0)=p^0(x,y,z) \tag{2-89}$$

在油藏投入开发以前，油藏内的流体处于静平衡状态。此时，在单相区内油藏压力按液柱重量随深度的增加而增加，压力梯度为：

$$\frac{\mathrm{d}p}{\mathrm{d}D}=\gamma \tag{2-90}$$

在油水或油气过渡带及其附近地区，油藏各相的压力均按各相本身的压力梯度计算，同一点上不同相间的压力差即为油藏该点的毛细管压力。

在油水两相流动时，还需要知道水饱和度的初始分布：

$$S_\mathrm{w}(x,y,z,0)=S_\mathrm{w}^0(x,y,z) \tag{2-91}$$

三相流动时还要加上气相饱和度的初始分布：

$$S_\mathrm{g}(x,y,z,0)=S_\mathrm{g}^0(x,y,z) \tag{2-92}$$

这种饱和度的初始分布往往是根据油藏各点的毛细管压力值用毛细管压力曲线求得的。

常用符号见表 2-1。

表 2-1 常用符号列表

N	组分数
N_e	网格数
N_w	井数
D	深度
ϕ	岩石孔隙度
K	绝对渗透率
p_α	第 α 相的压力
S_α	第 α 相的饱和度
B_α	第 α 相的流体体积系数
T_α	第 α 相的传导率
γ_α	第 α 相的重力系数（$\gamma_\alpha=\rho_\alpha g$）
μ_α	第 α 相的黏度

续表

$K_{r\alpha}$	第 α 相的相对渗透率
q_{α}	第 α 相的井产量
ρ_{α}	第 α 相的密度
p_{cow}	油相和水相之间的毛细管压力
p_{cgo}	气相和油相之间的毛细管压力
p_{bh}	参考深度上的井压
R_{so}	溶解气油比

第三章　黑油模型的常用离散方法

对于一些简单的偏微分方程(组),可求解析解,但是对于油气藏模拟中复杂的数学模型,构造解析解几乎不可能实现,这就需要使用数值方法,即利用代数方程近似代替偏微分方程的方法。离散化是数值方法的重要组成部分,它是把连续的偏微分方程转化为一系列代数方程的有效途径。油藏模拟中常用的离散化方法包括:有限差分法、有限元法和有限体积法等。本章将重点讨论黑油模型中偏微分方程组的有限差分离散格式。在得到离散的代数方程后,需要求解线性代数方程组,相关的线性求解方法将在后续章节中介绍。

第一节　有限差分法

有限差分法是数值分析方法的一个重要分支,是求解偏微分方程的一种简单而有效的离散方法。它的基本思想是用差商代替原方程中的偏导数,形成代数关系式(代数方程组),以此近似计算函数关系式及其导数在一系列离散点的值。

一、空间离散的有限差分法

首先描述函数对于空间变量的一阶差商和二阶差商,它们分别是对一阶偏导数和二阶偏导数的数值逼近。

设函数 $f(x,y,z,t)$ 是空间变量 x,y,z 和时间变量 t 的函数。本节只介绍对于 x 方向的偏导数,对于 y 方向和 z 方向的空间偏导数可以用同样的方式近似表示。

1. 导数的差商逼近

首先考虑一阶偏导数的差商逼近。函数 $f(x,y,z,t)$ 对于变量 x 的一阶偏导数可由下面任意一种方法定义:

$$\left.\begin{aligned}\frac{\partial f}{\partial x}(x,y,z,t)&=\lim_{h\to 0}\frac{f(x+h,y,z,t)-f(x,y,z,t)}{h}\\\frac{\partial f}{\partial x}(x,y,z,t)&=\lim_{h\to 0}\frac{f(x,y,z,t)-f(x-h,y,z,t)}{h}\\\frac{\partial f}{\partial x}(x,y,z,t)&=\lim_{h\to 0}\frac{f(x+h,y,z,t)-f(x-h,y,z,t)}{2h}\end{aligned}\right\}\tag{3-1}$$

利用泰勒级数展开式可得:

$$f(x+h,y,z,t)=f(x,t,z,t)+\frac{\partial f}{\partial x}(x,y,z,t)h+\frac{\partial^2 f}{\partial x^2}(x^*,y,z,t)\frac{h^2}{2}\tag{3-2}$$

式(3-2)的最后一项为含有二阶导数的余项，$x<x^*<x+h$ 及 $h>0$ 为固定常数。因此，$\frac{\partial f}{\partial x}$可以被展开为：

$$\frac{\partial f}{\partial x}(x,y,z,t)=\frac{f(x+h,y,z,t)-f(x,y,z,t)}{h}-\frac{\partial^2 f}{\partial x^2}(x^*,y,z,t)\frac{h}{2} \tag{3-3}$$

如果忽略二阶余项，可得：

$$\frac{f(x+h,y,z,t)-f(x,y,z,t)}{h} \tag{3-4}$$

式(3-4)常称为向前差商。此差商以一阶精度逼近原导数$\frac{\partial f}{\partial x}$，即误差是 h 的有界常数倍，通常记为 $O(h)$。

同样，利用泰勒级数展开，可得：

$$\frac{\partial f}{\partial x}(x,y,z,t)=\frac{f(x,y,z,t)-f(x-h,y,z,t)}{h}-\frac{\partial^2 f}{\partial x^2}(x^{**},y,z,t)\frac{h}{2} \tag{3-5}$$

这里，$x-h<x^{**}<x$。如果忽略其二阶余项，可得：

$$\frac{f(x,y,z,t)-f(x-h,y,z,t)}{h} \tag{3-6}$$

式(3-6)常称为向后差商，向后差商同样以一阶精度逼近原来导数$\frac{\partial f}{\partial x}$。

利用泰勒级数展开到第三阶，得到如下两式：

$$f(x+h,y,z,t)=f(x,t,z,t)+\frac{\partial f}{\partial x}(x,y,z,t)h+\frac{\partial^2 f}{\partial x^2}(x,y,z,t)\frac{h^2}{2}+\frac{\partial^3 f}{\partial x^3}(x^*,y,z,t)\frac{h^3}{6} \tag{3-7}$$

和

$$f(x-h,y,z,t)=f(x,t,z,t)-\frac{\partial f}{\partial x}(x,y,z,t)h+\frac{\partial^2 f}{\partial x^2}(x,y,z,t)\frac{h^2}{2}-\frac{\partial^3 f}{\partial x^3}(x^{**},y,z,t)\frac{h^3}{6} \tag{3-8}$$

这里，$x<x^*<x+h$ 及 $x-h<x^{**}<x$。将式(3-7)和式(3-8)两端对应相减，并求出$\frac{\partial f}{\partial x}$，可得：

$$\frac{\partial f}{\partial x}=\frac{f(x+h,y,z,t)-f(x-h,y,z,t)}{2h}+O(h^2) \tag{3-9}$$

这里的差商

$$\frac{f(x+h,y,z,t)-f(x-h,y,z,t)}{2h} \tag{3-10}$$

称为中心差商。显然，中心差商以二阶精度逼近$\frac{\partial f}{\partial x}$。

下面考虑二阶偏导数的差商逼近。考虑二阶偏导数

$$\frac{\partial}{\partial x}\left(a(x,y,z,t)\frac{\partial f}{\partial x}\right) \tag{3-11}$$

其中 a 是一个关于自变量 x,y,z,t 的已知函数。

利用泰勒级数展开式(3-11)，以下近似式成立：

$$\left.\begin{aligned} a\frac{\partial f}{\partial x}\left(x-\frac{h'}{2},y,z,t\right) &\approx a\left(x-\frac{h'}{2},y,z,t\right)\frac{f(x,y,z,t)-f(x-h',y,z,t)}{h'} \\ a\frac{\partial f}{\partial x}\left(x+\frac{h''}{2},y,z,t\right) &\approx a\left(x+\frac{h''}{2},y,z,t\right)\frac{f(x+h'',y,z,t)-f(x,y,z,t)}{h''} \end{aligned}\right\} \tag{3-12}$$

利用式(3-12)上下两式构造差商，可得：

$$\begin{aligned} \frac{\partial}{\partial x}\left(a(x,y,z,t)\frac{\partial f}{\partial x}\right) \approx & \left[a\left(x+\frac{h''}{2},y,z,t\right)\frac{f(x+h'',y,z,t)-f(x,y,z,t)}{h''}-\right. \\ & \left. a\left(x-\frac{h''}{2},y,z,t\right)\frac{f(x,y,z,t)-f(x-h'',y,z,t)}{h''}\right]\Big/\left(\frac{h'+h''}{2}\right) \end{aligned} \tag{3-13}$$

式(3-13)以二阶精度逼近原导数，截断误差为 $O(h^2)$，这里 h 取为 h'和 h''中的较大者。

2. 一维 Poisson 方程的有限差分离散

由第二章的讨论可知，不可压单相渗流方程在均匀介质并且不考虑重力的情况下可退化为 Poisson 方程：

$$-\Delta u=f \tag{3-14}$$

下面以 Poisson 方程为例，分别给出其一维、二维和三维有限差分格式。

在一维情形下，齐次 Dirichlet 边界条件的 Poisson 方程可写为：

$$-\frac{\partial^2 u}{\partial x^2}=f \tag{3-15}$$

在区域[0,1]上，u 满足边界条件：

$$u(0)=u(1)=u_0$$

设均匀网格的单元尺寸为 h，见图 3-1。记 x_i 是第 i 个单元中心的坐标($i=1,\cdots,N$)，且 $f_i=f(x_i)$。

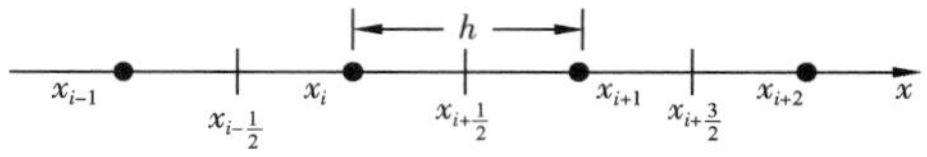

图 3-1 一维网格示意图

设数值解 u_i是对连续函数值 $u(x_i)$的近似。由中心差商公式(3-10)，可得一维 Poisson 方

程在 x_i 处的离散格式为：

$$-[(u_{i+1}-u_i)-(u_i-u_{i-1})]/h^2=f_i$$

经整理可得：

$$-u_{i+1}+2u_i-u_{i-1}=h^2f_i \tag{3-16}$$

如果 u_0, u_{N+1} 为给定的 Dirichlet 边界条件，则式(3-16)在 $i=1,\cdots,N$ 各点处离散可得具有 N 个未知量的线性方程组，系数矩阵具有三对角矩阵形式：

$$\begin{bmatrix} 2 & -1 & 0 & \cdots & 0 \\ -1 & 2 & -1 & \cdots & 0 \\ 0 & -1 & 2 & \cdots & 0 \\ \vdots & \vdots & \vdots & \ddots & \vdots \\ 0 & 0 & 0 & \cdots & 2 \end{bmatrix}_{N\times N}$$

3. 二维 Poisson 方程的有限差分离散

在二维区域 Ω：[0,1]×[0,1]中，Poisson 方程的 Dirichlet 边值问题为：

$$\left.\begin{aligned} -\frac{\partial^2 u}{\partial x^2}-\frac{\partial^2 u}{\partial y^2}=f \quad & \Omega \\ u=g \quad & \partial\Omega \end{aligned}\right\} \tag{3-17}$$

在二维一致网格上，设网格单元尺寸为 h。考虑式(3-17)在图 3-2 的单元中心 $x_{i,j}$ 处的离散格式。

和一维的记号类似，简记

$$u_{i,j}\approx u(x_i,y_j)$$

为式(3-17)近似解。使用中心差商代替式(3-17)中的微分，可得如下离散的代数方程：

$$-\frac{(u_{i+1,j}-u_{i,j})-(u_{i,j}-u_{i-1,j})}{h^2}-\frac{(u_{i,j+1}-u_{i,j})-(u_{i,j}-u_{i,j-1})}{h^2}=f_{i,j} \tag{3-18}$$

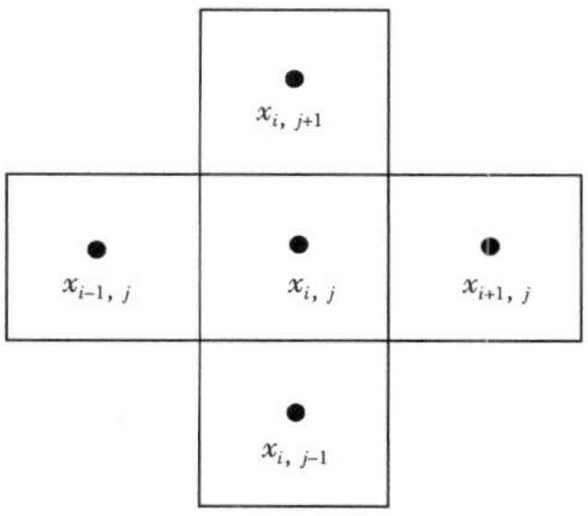

图 3-2　二维有限差分下标示意图

整理后，可得：

$$4u_{i,j}-u_{i+1,j}-u_{i,j+1}-u_{i-1,j}-u_{i,j-1}=h^2f_{i,j} \tag{3-19}$$

若考虑 Dirichlet 边界条件，则式(3-19)的系数矩阵对角元为 4，且有四条值均为−1 的带状非零元次对角线，其形态如图 3-3(b)所示。

4. 三维 Poisson 方程的有限差分离散

在三维区域 Ω：[0,1]×[0,1]×[0,1]上，Poisson 方程可展开为：

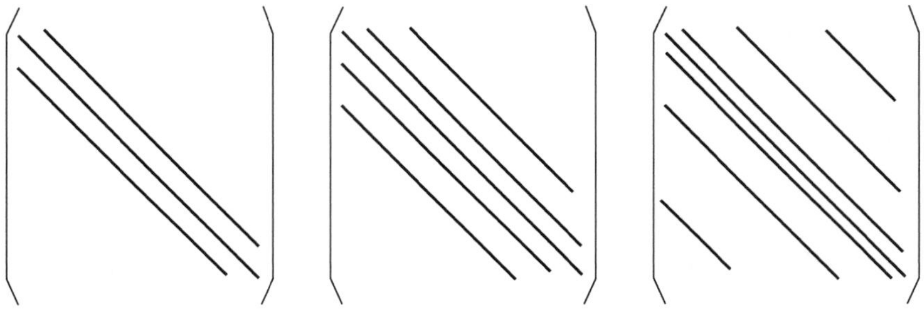

(a) 一维三点差分格式　　(b) 二维五点差分格式　　(c) 三维七点差分格式

图 3-3　有限差分法对应稀疏矩阵非零元分布示意图

$$\left.\begin{aligned} -\frac{\partial^2 u}{\partial x^2}-\frac{\partial^2 u}{\partial y^2}-\frac{\partial^2 u}{\partial z^2}=f \quad & \Omega \\ u=g \quad & \partial\Omega \end{aligned}\right\} \tag{3-20}$$

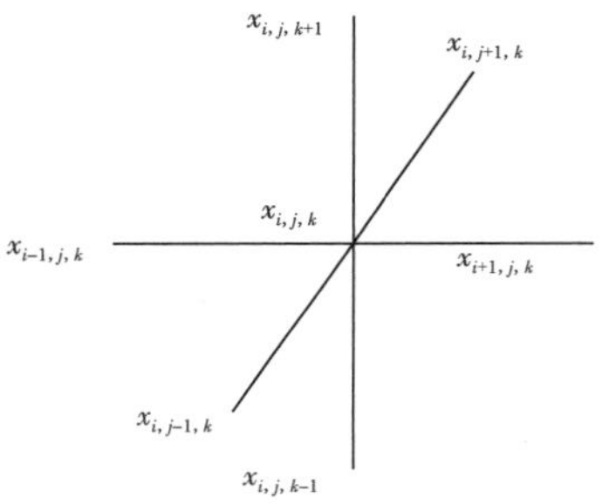

图 3-4　三维有限差分下标示意图

在三维均匀网格上，设网格单元尺寸为 h。考虑式(3-20)在图单元中心 $x_{i,j,k}$点处的离散。

同上文，简记 $u_{i,j,k}=u(x_i,y_j,z_k)$。使用中心差商代替式(3-20)式中的微分，得离散代数方程：

$$\begin{aligned} & -[(u_{i+1,j,k}-u_{i,j,k})-(u_{i,j,k}-u_{i-1,j,k})]/h^2- \\ & [(u_{i,j+1,k}-u_{i,j,k})-(u_{i,j,k}-u_{i,j-1,k})]/h^2- \\ & [(u_{i,j,k+1}-u_{i,j,k})-(u_{i,j,k}-u_{i,j,k-1})]/h^2=f_{i,j,k} \end{aligned} \tag{3-21}$$

经整理得：

$$6u_{i,j,k}-u_{i+1,j,k}-u_{i,j+1,k}-u_{i,j,k+1}-u_{i-1,j,k}-u_{i,j-1,k}-u_{i,j,k-1}=h^2 f_{i,j,k} \tag{3-22}$$

对于 Dirichlet 边界条件，式(3-22)的系数矩阵的对角元为 6，且有 6 条值为-1 的带状非零元。矩阵的形态可如图 3-3(c)所示。

二、时间离散的有限差分法

采取与空间离散类似的差分方法建立时间导数的离散格式，相应的向前差商、向后差商和中心差商为：

$$\left.\begin{aligned} \frac{\partial f}{\partial t}(x,y,z,t) &= \lim_{\Delta t\to 0}\frac{f(x,y,z,t+\Delta t)-f(x,y,z,t)}{\Delta t} \\ \frac{\partial f}{\partial t}(x,y,z,t) &= \lim_{\Delta t\to 0}\frac{f(x,y,z,t)-f(x,y,z,t-\Delta t)}{\Delta t} \\ \frac{\partial f}{\partial t}(x,y,z,t) &= \lim_{\Delta t\to 0}\frac{f(x,y,z,t+\Delta t)-f(x,y,z,t-\Delta t)}{2\Delta t} \end{aligned}\right\} \tag{3-23}$$

下面,以三维抛物型方程为例给出时间导数的离散格式,一维和二维情形可类似导出。考虑方程:

$$\frac{\partial p}{\partial t} = \nabla \cdot (a \nabla p) = f(x,y,z,t),(x,y,z) \in \Omega, t > 0 \tag{3-24}$$

其中 $a = \begin{pmatrix} a_1 & & \\ & a_2 & \\ & & a_3 \end{pmatrix}$ 和 f 是给定的关于 (x,y,z) 和 t 的函数。由第二章知,式(3-24)对应着微可压流体在多孔介质中的流动。取

$$p(x,y,z,0) = p^0(x,y,z) \tag{3-25}$$

为式(3-24)的初始条件。

设时间步 t^n 是一个实数序列,满足

$$0 < t^0 < t^1 < \cdots < t^n < t^{n+1} < \cdots$$

对于和时间有关的问题,从 t^0 时刻的初始解出发,可逐步求解在时间步 t^n 处的解。

设

$$\Delta t^n = t^{n+1} - t^n \qquad (n = 1,2,\cdots)$$

及

$$p^n_{i,j,k} = p(x_i, y_j, z_k, t^n)$$

对时间导数取不同的离散方式,将得到不同的求解方法。

1. 向前差商格式

向前差商格式是指用已知的 t^n 时间步的差商代替空间导数(在空间上使用中心差商,在时间上使用向前差商),也称为向前欧拉格式(Morton 和 Mayers,2005),是最简单的一种离散方法:

$$\frac{p^{n+1}_{i,j,k} - p^n_{i,j,k}}{\Delta t^n} - \frac{a^n_{1,i+\frac{1}{2},j,k}}{h^2_{1,i}}(p^n_{i+1,j,k} - p^n_{i,j,k}) + \frac{a^n_{1,i-\frac{1}{2},j,k}}{h^2_{1,i}}(p^n_{i,j,k} - p^n_{i-1,j,k}) - \frac{a^n_{2,i,j+\frac{1}{2},k}}{h^2_{2,j}}(p^n_{i,j+1,k} - p^n_{i,j,k}) +$$

$$\frac{a^n_{2,i,j-\frac{1}{2},k}}{h^2_{2,j}}(p^n_{i,j,k} - p^n_{i,j-1,k}) - \frac{a^n_{3,i,j,k+\frac{1}{2}}}{h^2_{3,k}}(p^n_{i,j,k+1} - p^n_{i,j,k}) + \frac{a^n_{3,i,j,k-\frac{1}{2}}}{h^2_{3,k}}(p^n_{i,j,k} - p^n_{i,j,k-1}) = f^n_{i,j,k} \tag{3-26}$$

在格式(3-26)中,$p^{n+1}_{i,j,k}$ 可以被显式求解,图 3-5(a)为向前欧拉法在二维情形下的表示。图中 $n+1$ 时间步的 $p^{n+1}_{i,j}$ 可由 p^n 直接计算得到,三维情形类似。

向前欧拉格式[式(3-26)]是条件稳定的,时间步长需要满足如下稳定性条件:

$$\Delta t\left(\frac{1}{h_1^2} + \frac{1}{h_2^2} + \frac{1}{h_3^2}\right) \leqslant \frac{1}{2}$$

这里时间步长 $\Delta t = \max\{\Delta t^n : n = 0,1,\cdots\}$。

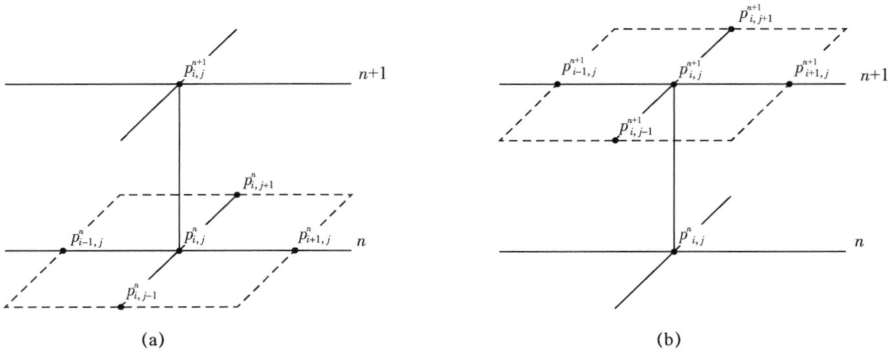

图 3-5　二维向前(a)和向后(b)欧拉法的离散变量依赖关系

2. 向后差商格式

如果用时间步 t^{n+1} 逼近空间导数,可得向后差商格式,也称为向后欧拉格式:

$$\frac{p^{n+1}_{i,j,k}-p^{n}_{i,j,k}}{\Delta t^{n}}-\frac{a^{n+1}_{1,i+\frac{1}{2},j,k}}{h^{2}_{1,i}}(p^{n+1}_{i+1,j,k}-p^{n+1}_{i,j,k})+\frac{a^{n+1}_{1,i-\frac{1}{2},j,k}}{h^{2}_{1,i}}(p^{n+1}_{i,j,k}-p^{n+1}_{i-1,j,k})-\frac{a^{n+1}_{2,i,j+\frac{1}{2},k}}{h^{2}_{2,j}}(p^{n+1}_{i,j+1,k}-p^{n+1}_{i,j,k})+$$
$$\frac{a^{n+1}_{2,i,j-\frac{1}{2},k}}{h^{2}_{2,j}}(p^{n+1}_{i,j,k}-p^{n+1}_{i,j-1,k})-\frac{a^{n+1}_{3,i,j,k+\frac{1}{2}}}{h^{2}_{3,k}}(p^{n+1}_{i,j,k+1}-p^{n+1}_{i,j,k})+\frac{a^{n+1}_{3,i,j,k-\frac{1}{2}}}{h^{2}_{3,k}}(p^{n+1}_{i,j,k}-p^{n+1}_{i,j,k-1})=f^{n+1}_{i,j,k} \quad (3-27)$$

式(3-27)给出了关于 $p^{n+1}_{i,j,k}$ 从时间步 n 到下一时间步 $n+1$ 的隐式方程,在每个时间步 t^{n+1},都需要求解一个代数方程组。图 3-5(b)为向后欧拉法在二维情形下的表示,图中 $p^{n+1}_{i,j}$,$p^{n+1}_{i+1,j}$,$p^{n+1}_{i-1,j}$,$p^{n+1}_{i,j+1}$,$p^{n+1}_{i,j-1}$ 为未知函数值,三维情形类似。稳定性分析表明向后欧拉(隐式格式)是无条件稳定的(Morton 和 Mayers,2005),所以在时间步的选择上没有限制。

3. Crank-Nicholson 格式

Crank-Nicholson 格式是另一种比较常用的隐式方法。它是用$(p^{n+1}-p^{n})/\Delta t^{n}$ 代替时间导数的平均值$\left[\frac{\partial p(t^{n+1})}{\partial t}+\frac{\partial p(t^{n})}{\partial t}\right]/2$,具体表达式如下:

$$\frac{p^{n+1}_{i,j,k}-p^{n}_{i,j,k}}{\Delta t^{n}}+\frac{1}{2}\Bigg[-\frac{a^{n}_{1,i+\frac{1}{2},j,k}}{h^{2}_{1,i}}(p^{n}_{i+1,j,k}-p^{n}_{i,j,k})+\frac{a^{n}_{1,i-\frac{1}{2},j,k}}{h^{2}_{1,i}}(p^{n}_{i,j,k}-p^{n}_{i-1,j,k})-$$
$$\frac{a^{n}_{2,i,j+\frac{1}{2},k}}{h^{2}_{2,j}}(p^{n}_{i,j+1,k}-p^{n}_{i,j,k})+\frac{a^{n}_{2,i,j-\frac{1}{2},k}}{h^{2}_{2,j}}(p^{n}_{i,j,k}-p^{n}_{i,j-1,k})-\frac{a^{n}_{3,i,j,k+\frac{1}{2}}}{h^{2}_{3,k}}(p^{n}_{i,j,k+1}-p^{n}_{i,j,k})+$$
$$\frac{a^{n}_{3,i,j,k-\frac{1}{2}}}{h^{2}_{3,k}}(p^{n}_{i,j,k}-p^{n}_{i,j,k-1})-\frac{a^{n+1}_{1,i+\frac{1}{2},j,k}}{h^{2}_{1,i}}(p^{n+1}_{i+1,j,k}-p^{n+1}_{i,j,k})+\frac{a^{n+1}_{1,i-\frac{1}{2},j,k}}{h^{2}_{1,i}}(p^{n+1}_{i,j,k}-p^{n+1}_{i-1,j,k})-$$
$$\frac{a^{n+1}_{2,i,j+\frac{1}{2},k}}{h^{2}_{2,j}}(p^{n+1}_{i,j+1,k}-p^{n+1}_{i,j,k})+\frac{a^{n+1}_{2,i,j-\frac{1}{2},k}}{h^{2}_{2,j}}(p^{n+1}_{i,j,k}-p^{n+1}_{i,j-1,k})-\frac{a^{n+1}_{3,i,j,k+\frac{1}{2}}}{h^{2}_{3,k}}(p^{n+1}_{i,j,k+1}-p^{n+1}_{i,j,k})+$$
$$\frac{a^{n+1}_{3,i,j,k-\frac{1}{2}}}{h^{2}_{3,k}}(p^{n+1}_{i,j,k}-p^{n+1}_{i,j,k-1})\Bigg]=\frac{1}{2}(f^{n}_{i,j,k}+f^{n+1}_{i,j,k}) \quad (3-28)$$

Crank – Nicholson 格式用中心差商格式对时间导数进行逼近。它和向后欧拉方法一样，在每个时间步，需要求解一个线性代数方程组，而且也无条件稳定。

第二节　黑油模型的有限差分离散

本节介绍黑油模型[式(2-52)]的有限差分离散形式。方便起见，定义水、油、气的传导率：

$$T_\alpha = \frac{KK_{r\alpha}}{\mu_\alpha} \qquad (\alpha = \mathrm{w,o,g}) \tag{3-29}$$

传导率乘以压力梯度为流速。本节只考虑渗透率张量为严格对角阵的情况，即

$$K = \begin{pmatrix} K_1 & 0 & 0 \\ 0 & K_2 & 0 \\ 0 & 0 & K_3 \end{pmatrix} \tag{3-30}$$

此时传导率 $\boldsymbol{T}_\alpha$ 是一个对角张量，具有

$$\boldsymbol{T}_\alpha = \begin{pmatrix} T_{\alpha1} & 0 & 0 \\ 0 & T_{\alpha2} & 0 \\ 0 & 0 & T_{\alpha3} \end{pmatrix} \qquad (\alpha = \mathrm{o,w,g}) \tag{3-31}$$

的形式，其中

$$\left.\begin{aligned} T_{\alpha1} &= \frac{K_1 K_{r\alpha}}{\mu_\alpha} \\ T_{\alpha2} &= \frac{K_2 K_{r\alpha}}{\mu_\alpha} \\ T_{\alpha3} &= \frac{K_3 K_{r\alpha}}{\mu_\alpha} \end{aligned}\right\} \tag{3-32}$$

在三维笛卡尔坐标系下，将式(3-29)代入式(2-64)中，展开原有的散度和梯度微分算子，记 $\gamma_\alpha = \rho_\alpha g$，可得方程对水、气、油组分的质量守恒方程。

水组分

$$\frac{\partial}{\partial t}\left[\frac{\phi S_\mathrm{w}}{B_\mathrm{w}}\right] = \frac{\partial}{\partial x}\left[T_{\mathrm{w}1}\left(\frac{\partial p_\mathrm{w}}{\partial x} - \gamma_\mathrm{w}\frac{\partial D}{\partial x}\right)\right] + \frac{\partial}{\partial y}\left[T_{\mathrm{w}2}\left(\frac{\partial p_\mathrm{w}}{\partial y} - \gamma_\mathrm{w}\frac{\partial D}{\partial y}\right)\right] + \frac{\partial}{\partial z}\left(T_{\mathrm{w}3}\left(\frac{\partial p_\mathrm{w}}{\partial z} - \gamma_\mathrm{w}\frac{\partial D}{\partial z}\right)\right] + q_\mathrm{w} \tag{3-33}$$

油组分

$$\frac{\partial}{\partial t}\left(\frac{\phi S_o}{B_o}\right)=\frac{\partial}{\partial x}\left[T_{o1}\left(\frac{\partial p_o}{\partial x}-\gamma_o\frac{\partial D}{\partial x}\right)\right]+\frac{\partial}{\partial y}\left[T_{o2}\left(\frac{\partial p_o}{\partial y}-\gamma_o\frac{\partial D}{\partial y}\right)\right]+\frac{\partial}{\partial z}\left[T_{o3}\left(\frac{\partial p_o}{\partial z}-\gamma_o\frac{\partial D}{\partial z}\right)\right]+q_o \tag{3-34}$$

气组分

$$\frac{\partial}{\partial t}\left[\phi\left(\frac{S_g}{B_g}+R_{so}\frac{S_o}{B_o}\right)\right]=\frac{\partial}{\partial x}\left[R_{so}T_{o1}\left(\frac{\partial p_o}{\partial x}-\gamma_o\frac{\partial D}{\partial x}\right)\right]+\frac{\partial}{\partial y}\left[R_{so}T_{o2}\left(\frac{\partial p_o}{\partial y}-\gamma_o\frac{\partial D}{\partial y}\right)\right]+$$

$$\frac{\partial}{\partial z}\left[R_{so}T_{o3}\left(\frac{\partial p_o}{\partial z}-\gamma_o\frac{\partial D}{\partial z}\right)\right]+\frac{\partial}{\partial x}\left[T_{g1}\left(\frac{\partial p_g}{\partial x}-\gamma_g\frac{\partial D}{\partial x}\right)\right]+$$

$$\frac{\partial}{\partial y}\left[T_{g2}\left(\frac{\partial p_g}{\partial y}-\gamma_g\frac{\partial D}{\partial y}\right)\right]+\frac{\partial}{\partial z}\left[T_{g3}\left(\frac{\partial p_g}{\partial z}-\gamma_g\frac{\partial D}{\partial z}\right)\right]+R_{so}q_o+q_g \tag{3-35}$$

偏微分方程描述的通常是连续的物理过程,解一般是时空间上的连续函数。数值求解是用有限个离散变量的值近似表示连续解的过程,网格在离散过程中起了很大的作用,决定了数值解中变量的位置。在油气藏模拟中,有两种经常使用的网格,单元中心网格和单元节点网格。

对于单元中心网格,整个区域被剖分为长方体(二维情形为长方形)单元,函数取值是在单元中心,所求未知量定义在长方体的几何中心。对于单元节点网格,函数取值则是在单元节点处,所求未知量是在单元节点。两种网格在二维的情形如图 3-6 所示。下文主要使用单元中心网格有限差分法,所需求解的压力和饱和度变量均在单元中心取值,水、油、气的传导率通常取在两个单元交界处的值。这种方法也可以与有限体积法对应。

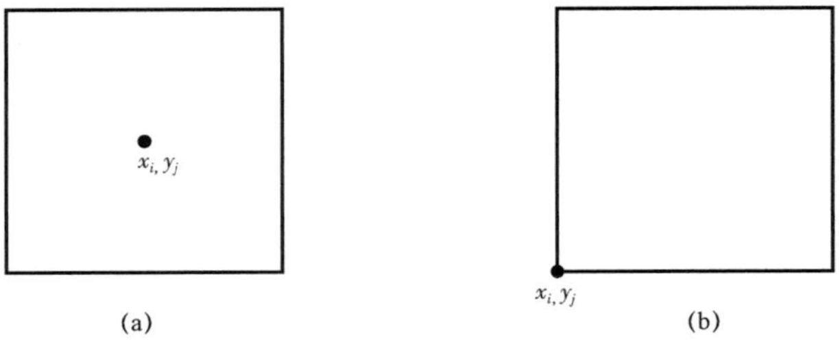

图 3-6 单元中心(a)和单元节点(b)网格未知量取值位置和下标示意图

使用第一节讨论的差商格式,可以写出黑油模型的离散化方程。下面分饱和态与非饱和态两种情况分别讨论。饱和态与非饱和态的转换过程如图 3-7 所示。当油藏处于饱和态($S_g\neq 0$)时,令 $p=p_o$,所需求解的主变量为:

$$p, S_w, S_o$$

当油藏处于非饱和态($S_g=0$)时,令 $p=p_o$,所需求解的主变量为:

$$p, S_w, p_b$$

对于前者,有:

$$S_g = 1 - S_w - S_o$$

而对于后者,有:

$$S_g = 0 \text{ 和 } S_o = 1 - S_w$$

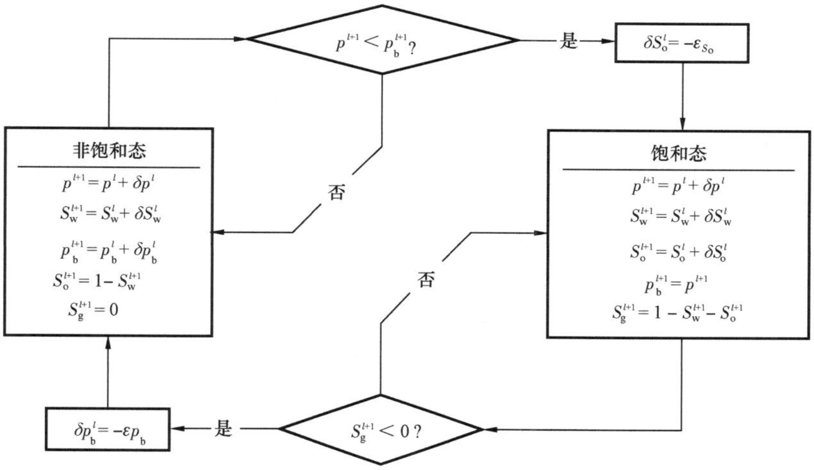

图 3-7　饱和态与非饱和态转换过程示意图

进一步地,定义在控制体边界的离散数值传导率为:

$$\frac{A_m T_{\alpha m}}{h_m} \qquad (m = x, y, z, \alpha = \mathrm{w}, \mathrm{o}, \mathrm{g}) \tag{3-36}$$

其中 A_m 是垂直于 m 方向的横截面的面积,m 在这里可以为 x,y 和 z。简洁起见,下文中将式(3-36)仍记为 $T_{\alpha m}$。本节中,用 V 表示控制体的体积,在有限差分中

$$V_{i,j,k} = h_{1,i} h_{2,j} h_{3,k}$$

对流速项的离散会引入传导率在两个单元的边界上取值,在油气藏模拟中,传导率一般采用调和平均,即:

$$T^m_{1,i+\frac{1}{2},j,k} = \frac{2T^m_{1,i,j,k} T^m_{1,i+1,j,k}}{T^m_{1,i,j,k} + T^m_{1,i+1,j,k}}$$

同理,y 方向和 z 方向的传导率可类似得出。

为了叙述和推导更加方便,定义有限差分算子 Δ_x,Δ_y,Δ_z 来表示 x,y,z 三个方向的中心差商,如对于压力 p,有:

$$\left.\begin{aligned}\Delta_x p &= \frac{p_{i+\frac{1}{2},j,k} - p_{i-\frac{1}{2},j,k}}{h_{1,i}} \\ \Delta_y p &= \frac{p_{i,j+\frac{1}{2},k} - p_{i,j-\frac{1}{2},k}}{h_{2,j}} \\ \Delta_z p &= \frac{p_{i,j,k+\frac{1}{2}} - p_{i,j,k-\frac{1}{2}}}{h_{3,k}}\end{aligned}\right\} \tag{3-37}$$

对于其他变量的有限差分算子同样定义。二阶差分算子定义如下

$$\left.\begin{aligned}\Delta_x(T_\alpha \Delta_x p_\alpha)^m_{i,j,k} &= T^m_{\alpha 1,i+\frac{1}{2},j,k}(p^m_{\alpha,i+1,j,k} - p^m_{\alpha,i,j,k}) - \\ &\quad T^m_{\alpha 1,i-\frac{1}{2},j,k}(p^m_{\alpha,i,j,k} - p^m_{\alpha,i-1,j,k}) \\ \Delta_y(T_\alpha \Delta_y p_\alpha)^m_{i,j,k} &= T^m_{\alpha 2,i,j+\frac{1}{2},k}(p^m_{\alpha,i,j+1,k} - p^m_{\alpha,i,j,k}) - \\ &\quad T^m_{\alpha 2,i,j-\frac{1}{2},k}(p^m_{\alpha,i,j,k} - p^m_{\alpha,i,j-1,k}) \\ \Delta_z(T_\alpha \Delta_z p_\alpha)^m_{i,j,k} &= T^m_{\alpha 3,i,j,k+\frac{1}{2}}(p^m_{\alpha,i,j,k+1} - p^m_{\alpha,i,j,k}) - \\ &\quad T^m_{\alpha 3,i,j,k-\frac{1}{2}}(p^m_{\alpha,i,j,k} - p^m_{\alpha,i,j,k-1})\end{aligned}\right\} \tag{3-38}$$

式(3-38)中包含了气组分在自由气相和油相中的部分。注意到在传导率中下标含有$\frac{1}{2}$，这表示传导率的取值是在两个单元格点之间。在此，对相邻格点的绝对渗透率 K 取调和平均，对流体相对渗透率 $K_{r\alpha}$ 和黏度 μ_α 取上游节点值，即所谓的上游加权。

下面，利用有限差分算子简化方程式(3-38)的表示，各种组合有限差分算子的定义可见表3-1。对水、油和气每种组分分别给出其离散的质量守恒方程。首先，对于水组分，有：

$$\begin{aligned}\frac{1}{\Delta t}\left\{V\left[\left(\frac{\phi S_w}{B_w}\right)^{n+1} - \left(\frac{\phi S_w}{B_w}\right)^{n}\right]\right\}_{i,j,k} &= \Delta_x(T^m_{w1}\Delta_x p^m_w)_{i,j,k} + \Delta_y(T^m_{w1}\Delta_y p^m_w)_{i,j,k} + \\ &\quad \Delta_z(T^m_{w1}\Delta_z p^m_w)_{i,j,k} - \Delta_x(T^m_w \gamma^m_w \Delta_x D)_{i,j,k} - \\ &\quad \Delta_y(T^m_w \gamma^m_w \Delta_y D)_{i,j,k} - \Delta_z(T^m_w \gamma^m_w \Delta_z D)_{i,j,k} + \\ &\quad Q^m_{w,i,j,k}\end{aligned} \tag{3-39}$$

这里的上标 m 表示时间步，可以取值 n 或 $n+1$。如果 $m=n$，则右端所有变量都为已知量，相应格式就是向前(显式)欧拉格式。相反，如果 $m=n+1$，则右端项是未知量，也就是向后(隐式)欧拉格式。注意到式(3-39)是非线性的，实际计算中需要将其中的非线性项线性化求解。

离散的油井产量定义为：

$$Q^m_w = V q^m_w \tag{3-40}$$

上述符号变量同样适用于对于油组分和气组分的方程。

对于油组分，质量守恒方程可以离散化为：

$$\frac{1}{\Delta t}\left\{V\left[\left(\frac{\phi S_{\rm o}}{B_{\rm o}}\right)^{n+1}-\left(\frac{\phi S_{\rm o}}{B_{\rm o}}\right)^{n}\right]\right\}_{i,j,k}=\Delta_x(T_{\rm o1}^m\Delta_x p_{\rm o}^m)_{i,j,k}+\Delta_y(T_{\rm o2}^m\Delta_y p_{\rm o}^m)_{i,j,k}+\Delta_z(T_{\rm o3}^m\Delta_z p_{\rm o}^m)_{i,j,k}-$$
$$\Delta_x(T_{\rm o}^m\gamma_{\rm o}^m\Delta_x D)_{i,j,k}-\Delta_y(T_{\rm o}^m\gamma_{\rm o}^m\Delta_y D)_{i,j,k}-\Delta_z(T_{\rm o}^m\gamma_{\rm o}^m\Delta_z D)_{i,j,k}+$$
$$Q_{{\rm o},i,j,k}^m \qquad (3-41)$$

表 3-1　组合有限差分算子列表

$\Delta_x(T_{\alpha 1}^m\Delta_x p_\alpha^m)_{i,j,k}=T_{\alpha 1,i+\frac{1}{2},j,k}^m(p_{\alpha,i+1,j,k}^m-p_{\alpha,i,j,k}^m)-T_{\alpha 1,i-\frac{1}{2},j,k}^m(p_{\alpha,i,j,k}^m-p_{\alpha,i-1,j,k}^m)$
$\Delta_y(T_{\alpha 2}^m\Delta_y p_\alpha^m)_{i,j,k}=T_{\alpha 2,i,j+\frac{1}{2},k}^m(p_{\alpha,i,j+1,k}^m-p_{\alpha,i,j,k}^m)-T_{\alpha 2,i,j-\frac{1}{2},k}^m(p_{\alpha,i,j,k}^m-p_{\alpha,i,j-1,k}^m)$
$\Delta_z(T_{\alpha 3}^m\Delta_z p_\alpha^m)_{i,j,k}=T_{\alpha 3,i,j,k+\frac{1}{2}}^m(p_{\alpha,i,j,k+1}^m-p_{\alpha,i,j,k}^m)-T_{\alpha 3,i,j,k-\frac{1}{2}}^m(p_{\alpha,i,j,k}^m-p_{\alpha,i,j,k-1}^m)$
$\Delta_x(T_\alpha^m\gamma_\alpha^m\Delta_x D)_{i,j,k}=(T_{\alpha 1}^m\gamma_\alpha^m)_{i+\frac{1}{2},j,k}(D_{i+1,j,k}-D_{i,j,k})-(T_{\alpha 1}^m\gamma_\alpha^m)_{i-\frac{1}{2},j,k}(D_{i,j,k}-D_{i-1,j,k})$
$\Delta_y(T_\alpha^m\gamma_\alpha^m\Delta_y D)_{i,j,k}=(T_{\alpha 2}^m\gamma_\alpha^m)_{i,j+\frac{1}{2},k}(D_{i,j+1,k}-D_{i,j,k})+(T_{\alpha 2}^m\gamma_\alpha^m)_{i,j-\frac{1}{2},k}(D_{i,j,k}-D_{i,j-1,k})$
$\Delta_z(T_\alpha^m\gamma_\alpha^m\Delta_z D)_{i,j,k}=(T_{\alpha 3}^m\gamma_\alpha^m)_{i,j,k+\frac{1}{2}}(D_{i,j,k+1}-D_{i,j,k})+(T_{\alpha 3}^m\gamma_\alpha^m)_{i,j,k-\frac{1}{2}}(D_{i,j,k}-D_{i,j,k-1})$
$\Delta_x(R_{\rm so}^m T_{\rm o}^m\Delta_x p_{\rm o}^m)_{i,j,k}=(R_{\rm so}^m T_{\rm o1}^m)_{i+\frac{1}{2},j,k}(p_{{\rm o},i+1,j,k}^m-p_{{\rm o},i,j,k}^m)-(R_{\rm so}^m T_{\rm o1}^m)_{i-\frac{1}{2},j,k}(p_{{\rm o},i,j,k}^m-p_{{\rm o},i-1,j,k}^m)$
$\Delta_y(R_{\rm so}^m T_{\rm o}^m\Delta_y p_{\rm o}^m)_{i,j,k}=(R_{\rm so}^m T_{\rm o2}^m)_{i,j+\frac{1}{2},k}(p_{{\rm o},i,j+1,k}^m-p_{{\rm o},i,j,k}^m)-(R_{\rm so}^m T_{\rm o2}^m)_{i,j-\frac{1}{2},k}(p_{{\rm o},i,j,k}^m-p_{{\rm o},i,j-1,k}^m)$
$\Delta_z(R_{\rm so}^m T_{\rm o}^m\Delta_z p_{\rm o}^m)_{i,j,k}=(R_{\rm so}^m T_{\rm o3}^m)_{i,j,k+\frac{1}{2}}(p_{{\rm o},i,j,k+1}^m-p_{{\rm o},i,j,k}^m)-(R_{\rm so}^m T_{\rm o3}^m)_{i,j,k-\frac{1}{2}}(p_{{\rm o},i,j,k}^m-p_{{\rm o},i,j,k-1}^m)$

对于气组分，质量守恒方程可写为：

$$\frac{1}{\Delta t}\left\{V\left[\left(\frac{\phi S_{\rm g}}{B_{\rm g}}+\frac{\phi R_{\rm so}S_{\rm o}}{B_{\rm o}}\right)^{n+1}-\left(\frac{\phi S_{\rm g}}{B_{\rm g}}+\frac{\phi R_{\rm so}S_{\rm o}}{B_{\rm o}}\right)^{n}\right]\right\}_{i,j,k}=$$
$$\Delta_x(T_{\rm g1}^m\Delta_x p_{\rm g}^m)_{i,j,k}+\Delta_y(T_{\rm g2}^m\Delta_y p_{\rm g}^m)_{i,j,k}+\Delta_z(T_{\rm g3}^m\Delta_z p_{\rm g}^m)_{i,j,k}-$$
$$\Delta_x(T_{\rm g1}^m\gamma_{\rm g}^m\Delta_x D)_{i,j,k}-\Delta_y(T_{\rm g2}^m\gamma_{\rm g}^m\Delta_y D)_{i,j,k}-\Delta_z(T_{\rm g3}^m\gamma_{\rm g}^m\Delta_z D)_{i,j,k}+$$
$$\Delta_x(R_{\rm so}^m T_{\rm o1}^m\Delta_x p_{\rm o}^m)_{i,j,k}+\Delta_y(R_{\rm so}^m T_{\rm o2}^m\Delta_y p_{\rm o}^m)_{i,j,k}+\Delta_z(R_{\rm so}^m T_{\rm o3}^m\Delta_z p_{\rm o}^m)_{i,j,k}-$$
$$\Delta_x(R_{\rm so}^m T_{\rm o1}^m\gamma_{\rm o}^m\Delta_x D)_{i,j,k}-\Delta_y(R_{\rm so}^m T_{\rm o2}^m\gamma_{\rm o}^m\Delta_y D)_{i,j,k}-\Delta_z(R_{\rm so}^m T_{\rm o3}^m\gamma_{\rm o}^m\Delta_z D)_{i,j,k}+$$
$$Q_{{\rm g},i,j,k}^m+R_{\rm so}^m Q_{{\rm o},i,j,k}^m \qquad (3-42)$$

一、饱和油状态

当油处于饱和状态（压力低于泡点压力）时，离散方程的独立未知量为$(p,S_{\rm w},S_{\rm g})$，其他的变量都可以表示为压力、水相饱和度和气相饱和度的函数，此处压力指的是油相的压力。

对于时间导数，定义有限差分算子：

$$\Delta_t p = \frac{p^{n+1} - p^n}{t^{n+1} - t^n} \tag{3-43}$$

则有：

$$\Delta_t\left(\frac{\phi S_w}{B_w}\right) = \frac{1}{\Delta t}\left[\left(\frac{\phi S_w}{B_w}\right)^{n+1} - \left(\frac{\phi S_w}{B_w}\right)^{n}\right]$$

同时定义如下符号代表有限差商的和

$$\Delta(T_\alpha^m \Delta p) = \Delta_x\ (T_\alpha^m \Delta_x p_\alpha^m)_{i,j,k} + \Delta_y\ (T_\alpha^m \Delta_y p_\alpha^m)_{i,j,k} + \Delta_z\ (T_\alpha^m \Delta_z p_\alpha^m)_{i,j,k} \tag{3-44}$$

α 相的势定义如下：

$$\Phi_\alpha = p_\alpha - \gamma_\alpha D$$

由此,可将有限差分方程式(3-39)、式(3-41)和式(3-42)改写为形式

$$\left.\begin{aligned}
&\Delta[T_w(\Delta\Phi_w)]^m = \Delta_t\left(\frac{\phi S_w}{B_w}\right) - Q_w^m \\
&\Delta[T_o(\Delta\Phi_o)]^m = \Delta_t\left(\frac{\phi S_o}{B_o}\right) - Q_o^m \\
&\Delta[T_g(\Delta\Phi_g)]^m + \Delta[R_{so}T_o(\Delta\Phi_o)]^m = \Delta_t\left(\frac{\phi S_g}{B_g} + \frac{\phi R_{so}S_o}{B_o}\right) - Q_g^m - R_{so}^m Q_o^m
\end{aligned}\right\} \tag{3-45}$$

离散方程式(3-45)是一个非线性方程,还不能直接求解,需要线性化。

首先线性化累积项：

$$\Delta_t\left(\frac{\phi S_\alpha}{B_\alpha}\right) = \left[\frac{\phi'}{B_\alpha} + \phi\left(\frac{1}{B_\alpha}\right)'\right] S_\alpha \Delta_t p_o + \left(\frac{\phi}{B_\alpha}\right)\Delta_t S_\alpha \tag{3-46}$$

其中 α=w,o,g。将式(3-46)代入式(3-45),整理后即得：

$$\left.\begin{aligned}
&\Delta[T_w(\Delta\Phi_w)]^m = C_{wp}\Delta_t p_o + C_{ww}\Delta_t S_w + C_{wg}\Delta_t S_g - Q_w^m \\
&\Delta[T_o(\Delta\Phi_o)]^m = C_{op}\Delta_t p_o + C_{ow}\Delta_t S_w + C_{og}\Delta_t S_g - Q_o^m \\
&\Delta[T_g(\Delta\Phi_g)]^m + \Delta[R_{so}T_o(\Delta\Phi_o)]^m = C_{gp}\Delta_t p_o + C_{gw}\Delta_t S_w + C_{gg}\Delta_t S_g - Q_g^m - R_{so}Q_o^m
\end{aligned}\right\} \tag{3-47}$$

其系数定义如下：

水方程的系数

$$\left.\begin{aligned}
&C_{wp} = \frac{1}{\Delta t}\left[\frac{\phi'}{B_w} + \phi\left(\frac{1}{B_w}\right)'\right] S_w \\
&C_{ww} = \frac{1}{\Delta t}\left(\frac{\phi}{B_w}\right) \\
&C_{wg} = 0
\end{aligned}\right\} \tag{3-48}$$

油方程的系数

$$\left.\begin{aligned}C_{\mathrm{op}}&=\frac{1}{\Delta t}\left[\frac{\phi'}{B_{\mathrm{o}}}+\phi\left(\frac{1}{B_{\mathrm{o}}}\right)'\right](1-S_{\mathrm{w}}-S_{\mathrm{g}})\\C_{\mathrm{ow}}&=-\frac{1}{\Delta t}\left(\frac{\phi}{B_{\mathrm{o}}}\right)\\C_{\mathrm{og}}&=-\frac{1}{\Delta t}\left(\frac{\phi}{B_{\mathrm{o}}}\right)\end{aligned}\right\}\tag{3-49}$$

气方程的系数

$$\left.\begin{aligned}C_{\mathrm{gp}}&=\frac{1}{\Delta t}\left\{\left[\frac{\phi'}{B_{\mathrm{o}}}+\phi\left(\frac{1}{B_{\mathrm{o}}}\right)'\right]R_{\mathrm{so}}+\frac{\phi}{B_{\mathrm{o}}}R'_{\mathrm{so}}\right\}(1-S_{\mathrm{w}}-S_{\mathrm{g}})+\frac{1}{\Delta t}\left[\frac{\phi'}{B_{\mathrm{g}}}-\phi\left(\frac{1}{B_{\mathrm{g}}}\right)'\right]\\C_{\mathrm{gw}}&=-\frac{1}{\Delta t}\frac{\phi}{B_{\mathrm{o}}}R_{\mathrm{so}}\\C_{\mathrm{gg}}&=\frac{1}{\Delta t}\left(\frac{\phi}{B_{\mathrm{g}}}-\frac{\phi}{B_{\mathrm{o}}}R_{\mathrm{so}}\right)\end{aligned}\right\}\tag{3-50}$$

其中，ϕ'和 R'_{so}分别是孔隙度 ϕ 和溶解度 R_{so}对压力 p 的导数。

二、非饱和油状态

当油相对气组分非饱和(压力在泡点压力以上，$S_{\mathrm{g}}=0$)时，油饱和度和水饱和度不再独立。此时独立的变量为 p_{o}，S_{w} 和 R_{so}，离散方程为：

$$\left.\begin{aligned}\Delta[T_{\mathrm{w}}(\Delta\Phi_{\mathrm{w}})]^m&=\Delta_t\left(\frac{\phi S_{\mathrm{w}}}{B_{\mathrm{w}}}\right)-Q_{\mathrm{w}}^m\\\Delta[T_{\mathrm{o}}(\Delta\Phi_{\mathrm{o}})]^m&=\Delta_t\left(\frac{\phi S_{\mathrm{o}}}{B_{\mathrm{o}}}\right)-Q_{\mathrm{o}}^m\\\Delta[T_{\mathrm{g}}(\Delta\Phi_{\mathrm{g}})]^m+\Delta[R_{\mathrm{so}}T_{\mathrm{o}}(\Delta\Phi_{\mathrm{o}})]^m&=\Delta_t\left(\frac{\phi R_{\mathrm{so}}S_{\mathrm{o}}}{B_{\mathrm{o}}}\right)-R_{\mathrm{so}}Q_{\mathrm{o}}^m\end{aligned}\right\}\tag{3-51}$$

累积项线性化为

$$\left.\begin{aligned}\Delta[T_{\mathrm{w}}(\Delta\Phi_{\mathrm{w}})]^m&=C_{\mathrm{wp}}\Delta_t p_{\mathrm{o}}+C_{\mathrm{ww}}\Delta_t S_{\mathrm{w}}-Q_{\mathrm{w}}^m\\\Delta[T_{\mathrm{o}}(\Delta\Phi_{\mathrm{o}})]^m&=C_{\mathrm{op}}\Delta_t p_{\mathrm{o}}+C_{\mathrm{ow}}\Delta_t S_{\mathrm{w}}-Q_{\mathrm{o}}^m\\\Delta[R_{\mathrm{so}}T_{\mathrm{o}}(\Delta\Phi_{\mathrm{o}})]^m&=C_{\mathrm{gp}}\Delta_t p_{\mathrm{o}}+C_{\mathrm{gw}}\Delta_t S_{\mathrm{w}}+C_{\mathrm{gg}}^u\Delta_t R_{\mathrm{so}}-Q_{\mathrm{g}}^m-R_{\mathrm{so}}^m Q_{\mathrm{o}}^m\end{aligned}\right\}\tag{3-52}$$

此处所有系数都和油饱和状态时的情形相同，唯一不同之处是 C_{gg}要改为 C_{gg}^u：

$$C_{\mathrm{gg}}^u=-\frac{1}{\Delta t}\frac{\phi S_{\mathrm{w}}}{B_{\mathrm{o}}}\tag{3-53}$$

第三节　井模型的离散

在离散网格上，一口直井可以有多个射孔层。如图3-8(a)所示，每口井(注入井W1和采出井W2)都有三个完井层(用横线标记)。如果使用井内压力平衡模型，井方程式(2-86)可写为：

$$\left.\begin{aligned}
Q_{\mathrm{ws}} &= \sum_{j=1}^{N_{\mathrm{w}}} \sum_{m=1}^{M_{\mathrm{w}}} WI_m^j \left(\frac{K_{\mathrm{rw}}}{B_{\mathrm{w}}\mu_{\mathrm{w}}}\right)^{m,j} \left[p_{\mathrm{bh}}^{0,j} - p_{\mathrm{w}}^m - \gamma_{\mathrm{w}}(D_{\mathrm{bh}}^{(m)} - D_{\mathrm{bh}}^{(0)})\right] \\
Q_{\mathrm{os}} &= \sum_{j=1}^{N_{\mathrm{w}}} \sum_{m=1}^{M_{\mathrm{w}}} WI_m^j \left(\frac{K_{\mathrm{ro}}}{B_{\mathrm{w}}\mu_{\mathrm{o}}}\right)^{m,j} \left[p_{\mathrm{bh}}^{0,j} - p_{\mathrm{o}}^m - \gamma_{\mathrm{o}}(D_{\mathrm{bh}}^{(m)} - D_{\mathrm{bh}}^{(0)})\right] \\
Q_{\mathrm{gs}} &= \sum_{j=1}^{N_{\mathrm{w}}} \sum_{m=1}^{M_{\mathrm{w}}} WI_m^j \left(\frac{K_{\mathrm{rg}}}{B_{\mathrm{w}}\mu_{\mathrm{g}}}\right)^{m,j} \left[p_{\mathrm{bh}}^{0,j} - p_{\mathrm{g}}^m - \gamma_{\mathrm{g}}(D_{\mathrm{bh}}^{(m)} - D_{\mathrm{bh}}^{(0)})\right]
\end{aligned}\right\} \tag{3-54}$$

其中，j是井的序号，N_{w}是井的总数，m是井的射孔的序号。每一口井有一个井底压力定义在一个固定的参考位置$D_{\mathrm{bh}}^{(0)}$，则在平衡假设条件下每个射孔处的压力都可以由静态压力方程得出，即：

$$p_{\mathrm{bh},\alpha}^{m,j} = p_{\mathrm{bh}}^{0,j} + \gamma_{\alpha}(D_{\mathrm{bh}}^{(m)} - D_{\mathrm{bh}}^{(0)})$$

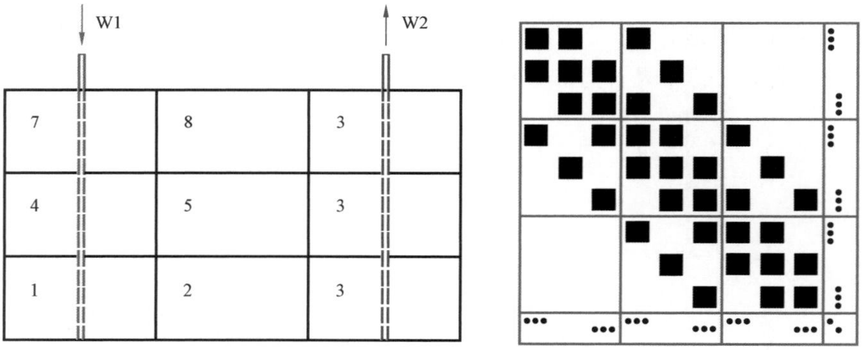

(a)　　(b)

图3-8　直井模型的离散矩阵分块示意图

井产量的模拟可分为显式处理和隐式处理，以下用p_{bh}^j表示$p_{\mathrm{bh}}^{0,j}$。在显示方法中，井的产量是显式处理，即：

$$Q_{\alpha s}^{n+1} = \sum_{j=1}^{N_{\mathrm{w}}} \sum_{m=1}^{M_{\mathrm{w}}} WI_m^j \left(\frac{K_{\mathrm{rw}}}{B_{\mathrm{w}}\mu_{\mathrm{w}}}\right)^{m,j} \left[p_{\mathrm{bh}}^{0,j,n} - p_{\mathrm{w}}^{m,n} - \gamma_{\mathrm{w}}(D_{\mathrm{bh}}^{(m)} - D_{\mathrm{bh}}^{(0)})\right] \tag{3-55}$$

相反地，在隐式方法中，井底压力作为未知量和油藏压力同时求解。

对于两种井条件，有不同的处理方式。对于定压条件，使用压力静态平衡模型式(3-55)可直接得出井的产量；对于定产条件，使用压力静态平衡模型，井方程式(2-86)的左侧已知，

右侧是井底压力 p_{bh} 的函数，对于每口井有一个方程一个未知数，此时加入井后的问题仍然是定解的。图 3-8(b)给出了对应的耦合方程的系数矩阵(加边矩阵)的形态。

欧拉方法作为一种求解微分方程的一阶数值方法，是最基本的求解数值积分的显式方法，现在把欧拉方法应用到黑油模型上。使用欧拉方法，所有的空间导数都是在上一时间步求解，即在式(3-55)中 $m=n$。此时，黑油模型的离散方程为：

$$\left.\begin{aligned} \Delta[T_w(\Delta\Phi_w)]^n &= C_{wp}\Delta_t p_o + C_{ww}\Delta_t S_w + C_{wg}\Delta_t S_g - Q_w^n \\ \Delta[T_o(\Delta\Phi_o)]^n &= C_{op}\Delta_t p_o + C_{ow}\Delta_t S_w + C_{og}\Delta_t S_g - Q_o^n \\ \Delta[T_g(\Delta\Phi_g)]^n + \Delta[R_{so}T_o(\Delta\Phi_o)]^n &= C_{gp}\Delta_t p_o + C_{gw}\Delta_t S_w + C_{gg}\Delta_t S_g - Q_g^n - R_{so}Q_o^n \end{aligned}\right\} \tag{3-56}$$

将式(3-56)展开，合并同类项，整理可得 p_o，S_w 和 S_g 的显式表达式如下：

$$\left.\begin{aligned} C_{wp}p_o^{n+1} + C_{ww}S_w^{n+1} + C_{wg}S_g^{n+1} &= \Delta[T_w(\Delta\Phi_w)]^n - C_{wp}p_o^n - C_{ww}S_w^n - C_{wg}S_g^n + Q_w^n \\ C_{op}p_o^{n+1} + C_{ow}S_w^{n+1} + C_{og}S_g^{n+1} &= \Delta[T_o(\Delta\Phi_o)]^n - C_{op}p_o^n - C_{ow}S_w^n - C_{og}S_g^n + Q_o^n \\ C_{gp}p_o^{n+1} + C_{gw}S_w^{n+1} + C_{gg}S_g^{n+1} &= \Delta[T_g(\Delta\Phi_g)]^n + \Delta[R_{so}T_o(\Delta\Phi_o)]^n - \\ &\quad C_{gp}p_o^n - C_{gw}S_w^n - C_{gg}S_g^n + Q_g^n + R_{so}Q_o^n \end{aligned}\right\} \tag{3-57}$$

用这种方法，在每一个油藏网格点需要求解一个 3×3 的矩阵。可是，需要注意的是这种显式方法的稳定性依赖时间步长的选取，算法的稳定性条件为 $\Delta t<Ch^2$，C 为常数，所以当 h 较小时，需要选很小的时间步长。因此，欧拉方法虽然简单，但是没有得到广泛的应用。

第四节　隐式压力显式饱和度方法

隐式压力显式饱和度方法(简称隐压显饱或 IMPES)是一种顺序求解黑油模型中不同未知量的方法，这种方法是目前最常用、最简洁的方法之一。用这种方法，在饱和油和不饱和油的情况下，处理方式是相同的。其基本思路为合并所有方程消去方程中的油相和水相饱和度，得到只含有压力的方程，这样可以先求出每个网格点的压力，然后计算流速并更新饱和度。为了达到这一目的，毛细管压力和传导率都用上一时间步的结果近似，这样在每一网格节点上都能得到一个压力方程，联立所有网格节点的压力方程可产生一个线性方程组。这个方法的第二步是用新解得的压力代替多相流方程中的压力项，显式地求解下一时间步的饱和度。IMPES 方法适用于饱和度变化较缓慢的情形。

黑油模型的离散化方程可以写为：

$$\left.\begin{aligned} \Delta[T_w(\Delta\Phi_w)]^{n*} &= C_{wp}\Delta_t p_o + C_{ww}\Delta_t S_w + C_{wg}\Delta_t S_g - Q_w \\ \Delta[T_o(\Delta\Phi_o)]^{n*} &= C_{op}\Delta_t p_o + C_{ow}\Delta_t S_w + C_{og}\Delta_t S_g - Q_o \\ \Delta[T_g(\Delta\Phi_g)]^{n*} + \Delta[R_{so}T_o(\Delta\Phi_o)]^{n*} &= C_{gp}\Delta_t p_o + C_{gw}\Delta_t S_w + C_{gg}\Delta_t S_g - Q_g - R_{so}Q_o \end{aligned}\right\} \tag{3-58}$$

其中上标n^*的项表示

$$\left.\begin{aligned}&\Delta[T_w(\Delta\Phi_w)]^{n*}=\Delta[T_w^n(\Delta p^{n+1}-\Delta p_{cow}^n-\gamma_w^n\Delta D)]\\&\Delta[T_o(\Delta\Phi_o)]^{n*}=\Delta[T_o^n(\Delta p^{n+1}-\gamma_o^n\Delta D)]\\&\Delta[T_g(\Delta\Phi_g)]^{n*}+\Delta[R_{so}T_o(\Delta\Phi_g)]^{n*}=\Delta[T_g^n(\Delta p^{n+1}+\Delta p_{cgo}^n-\gamma_h^n\Delta D)]+\\&\qquad\Delta R_{so}^nT_o^n(\Delta p^{n+1}-\gamma_o^n\Delta D)\end{aligned}\right\}\tag{3-59}$$

此步的目的是合并所有含 ΔS_w 和 ΔS_g 的项，以及利用饱和度的关系，通过线性组合和待定系数法得到每个网格点上的压力方程。

令水方程乘以 A 加上气方程乘以 B 加上油方程，再令 $\Delta_t S_w$ 的系数为 0 求得 A 和 B 的值。这样得到压力方程：

$$\begin{aligned}&\Delta\{(B_o-R_{so}B_g)^{n+1}[T_o^n(\Delta p^{n+1}-\gamma_o^n\Delta D)]+B_w^{n+1}[T_w^n(\Delta p^{n+1}-\Delta p_{cow}^n-\gamma_w^n\Delta D)]+\\&B_g^{n+1}[T_g^n(\Delta p^{n+1}+\Delta p_{cgo}^n-\gamma_g^n\Delta D)+(R_{so}T_o)^n(\Delta p^{n+1}-\gamma_o^n\Delta D)]\}\\&=[(B_o-R_{so}B_g)^{n+1}C_{op}+B_w^{n+1}C_{wp}+B_g^{n+1}C_{gp}]\Delta p^n-\\&[(B_o-R_{so}B_g)^{n+1}q_o^n+B_w^{n+1}q_w^n+B_g^{n+1}q_g^n]\end{aligned}\tag{3-60}$$

式(3-60)对每个内部单元都成立。求解联立方程组可得压力 p^{n+1}的分布，注意求解时需要对 B_o^{n+1},B_g^{n+1} 和 B_w^{n+1} 迭代来达到收敛。得到压力分布以后，即可求解新的时间步下水相和气相的饱和度：

$$\left.\begin{aligned}&S_w^{n+1}=S_w^n+\frac{1}{C_{ww}}[\Delta T_w^n(\Delta p^{n+1}-\Delta p_{cow}^n-\gamma_w^n\Delta D)-C_{wp}(p^{n+1}-p^n)+q_w^n]\\&S_g^{n+1}=S_g^n+\frac{1}{C_{og}}[\Delta T_o^n(\Delta p^{n+1}-\gamma_o^n\Delta D)-C_{op}(p^{n+1}-p^n)-C_{ow}(S_w^{n+1}-S_w^n)+q_o^n]\end{aligned}\right\}\tag{3-61}$$

得到新的时间步上饱和度 S_w^{n+1} 和 S_g^{n+1} 后，可以求出毛细管压力。新的毛细管压力将在下一个时间步的计算上使用。

注：隐式压力显式饱和度方法具有占用内存小、计算工作量少、算法简单易实现等优点。这种方法通常是条件性稳定的。对于油水两相或重油情形，这种方法被广泛地应用；但它只适用于弱非线性渗流问题，对于某些非线性渗流问题如注气、气锥或水锥问题，这种方法就会显得力不从心。即使时间步长取得很小，仍会出现振荡或算出的饱和度为负值等情况。但是，这种解耦的思想对于后文中将要讨论的全隐式方法的线性求解算法有很大的启示作用。

第五节　完全解耦方法

完全解耦方法是指对不同的变量(压力和饱和度)进行解耦,是一种顺序求解压力和饱和度的方法。这种方法首先对流体方程进行线性化,用前一时间步的结果近似求解系数,然后把所有的未知量都放在新的时间步求解。完全解耦方法每步只需要求解一个单变量方程,其第一步类似与 IMPES 方法,隐式求解压力方程;第二步是隐式求解饱和度方程。隐式求解饱和度方程使得 IMPES 方法具有较好的稳定性,且不需要同时求解压力和饱和度。

在油藏模拟中几乎所有求解非线性方程的方法都是基于牛顿法或其变形。对于饱和油,在每个牛顿迭代步有三个未知量$(p^{n+1},S_{\mathrm{w}}^{n+1},S_{\mathrm{o}}^{n+1})_{i,j,k}$,迭代格式可写作:

$$\left.\begin{aligned}p^{n+1,l+1}&=p^{n+1,l}+\delta p^{n+1,l+1}\\S_{\mathrm{w}}^{n+1,l+1}&=S_{\mathrm{w}}^{n+1,l}+\delta S_{\mathrm{w}}^{n+1,l+1}\\S_{\mathrm{o}}^{n+1,l+1}&=S_{\mathrm{o}}^{n+1,l}+\delta S_{\mathrm{o}}^{n+1,l+1}\end{aligned}\right\}\tag{3-62}$$

线性解耦方法也是线性化方法的一种。在求解压力方程时,关于饱和度的函数如毛管压力,相对渗透率等都是用上一步的渗透率近似,如下

$$p_{\mathrm{w}}^{(l+1)*}=p^{l+1}-p_{\mathrm{cow}}(S_{\mathrm{w}}^{l})\ \text{和}\ p_{\mathrm{g}}^{(l+1)*}=p^{l+1}+p_{\mathrm{cgo}}(S_{\mathrm{g}}^{l})\tag{3-63}$$

$$T_{\alpha}^{(l+1)*}=\frac{K_{\mathrm{r}\alpha}^{l}K}{\mu_{\alpha}^{l+1}B_{\alpha}^{l+1}}\tag{3-64}$$

由此降低原方程的非线性程度。具体的离散方程为:

水组分

$$\begin{aligned}r_{\mathrm{w},i,j,k}^{l*}={}&\frac{1}{\Delta t}\left\{V\left[\left(\frac{\phi S_{\mathrm{w}}}{B_{\mathrm{w}}}\right)^{n+1}-\left(\frac{\phi S_{\mathrm{w}}}{B_{\mathrm{w}}}\right)^{n}\right]\right\}_{i,j,k}-\Delta_x(T_{\mathrm{w1}}^{l*}\Delta_x p_{\mathrm{w}}^{l*})_{i,j,k}-\\&\Delta_y(T_{\mathrm{w1}}^{l*}\Delta_y p_{\mathrm{w}}^{l*})_{i,j,k}-\Delta_z(T_{\mathrm{w1}}^{l*}\Delta_z p_{\mathrm{w}}^{l*})_{i,j,k}+\Delta_x(T_{\mathrm{w}}^{l*}\gamma_{\mathrm{w}}^{l*}\Delta_x D)_{i,j,k}+\\&\Delta_y(T_{\mathrm{w}}^{l*}\gamma_{\mathrm{w}}^{l*}\Delta_y D)_{i,j,k}+\Delta_z(T_{\mathrm{w}}^{l*}\gamma_{\mathrm{w}}^{l*}\Delta_z D)_{i,j,k}-Q_{\mathrm{w},i,j,k}\end{aligned}\tag{3-65}$$

油组分

$$\begin{aligned}r_{\mathrm{o},i,j,k}^{l*}={}&\frac{1}{\Delta t}\left\{V\left[\left(\frac{\phi S_{\mathrm{o}}}{B_{\mathrm{o}}}\right)^{n+1}-\left(\frac{\phi S_{\mathrm{o}}}{B_{\mathrm{o}}}\right)^{n}\right]\right\}_{i,j,k}-\Delta_x(T_{\mathrm{o}}^{l*}\Delta_x p_{\mathrm{o}}^{l*})_{i,j,k}-\\&\Delta_y(T_{\mathrm{o}}^{l*}\Delta_y p_{\mathrm{o}}^{l*})_{i,j,k}-\Delta_z(T_{\mathrm{o}}^{l*}\Delta_z p_{\mathrm{o}}^{l*})_{i,j,k}+\Delta_x(T_{\mathrm{o}}^{l*}\gamma_{\mathrm{o}}^{l*}\Delta_x D)_{i,j,k}+\\&\Delta_y(T_{\mathrm{o}}^{l*}\gamma_{\mathrm{o}}^{l*}\Delta_y D)_{i,j,k}+\Delta_z(T_{\mathrm{o}}^{l*}\gamma_{\mathrm{o}}^{l*}\Delta_z D)_{i,j,k}-Q_{\mathrm{w},i,j,k}\end{aligned}\tag{3-66}$$

下面针对饱和油和不饱和油两种情况讨论气组分方程。

一、饱和油状态

在油饱和的情况下，存在自由气相，气组分的质量守恒方程的残量可表示如下：

$$r_{g,i,j,k}^{l*}=\frac{1}{\Delta t}\left\{V\left[\left(\frac{\phi S_g}{B_g}+\frac{\phi R_{so}S_o}{B_o}\right)^{n+1}-\left(\frac{\phi S_g}{B_g}+\frac{\phi R_{so}S_o}{B_o}\right)^{n}\right]\right\}_{i,j,k}-$$
$$\Delta_x(T_g^{l*}\Delta_x p_g^{l*})_{i,j,k}-\Delta_y(T_g^{l*}\Delta_y p_g^{l*})_{i,j,k}-\Delta_z(T_g^{l*}\Delta_z p_g^{l*})_{i,j,k}+$$
$$\Delta_x(T_g^{l*}\gamma_g^{l*}\Delta_x D)_{i,j,k}+\Delta_y(T_g^{l*}\gamma_g^{l*}\Delta_y D)_{i,j,k}+\Delta_z(T_g^{l*}\gamma_g^{l*}\Delta_z D)_{i,j,k}-$$
$$\Delta_x(R_{so}^{l*}T_o^{l*}\Delta_x p_o^{l*})_{i,j,k}-\Delta_y(R_{so}^{l*}T_o^{l*}\Delta_y p_o^{l*})_{i,j,k}-\Delta_z(R_{so}^{l*}T_o^{l*}\Delta_z p_o^{l*})_{i,j,k}+$$
$$\Delta_x(R_{so}^{l*}T_o^{l*}\gamma_o^{l*}\Delta_x D)_{i,j,k}+\Delta_y(R_{so}^{l*}T_o^{l*}\gamma_o^{l*}\Delta_y D)_{i,j,k}+\Delta_z(R_{so}^{l*}T_o^{l*}\gamma_o^{l*}\Delta_z D)_{i,j,k}-$$
$$Q_{g,i,j,k}+R_{so}^{l*}Q_{o,i,j,k} \tag{3-67}$$

在(3-67)中对传导率也做同样的显式处理，增量需要满足以下方程组。

水组分

$$\frac{\partial r_{w,i,j,k}^{l*}}{\partial p_{i,j,k-1}}\delta p_{i,j,k-1}^{l+1}+\frac{\partial r_{w,i,j,k}^{l*}}{\partial p_{i,j-1,k}}\delta p_{i,j-1,k}^{l+1}+\frac{\partial r_{w,i,j,k}^{l*}}{\partial p_{i-1,j,k}}\delta p_{i-1,j,k}^{l+1}+$$
$$\frac{\partial r_{w,i,j,k}^{l*}}{\partial p_{i,j,k}}\delta p_{(i,j,k)}^{(l+1)}+\frac{\partial r_{w,i,j,k}^{l*}}{p_{i+1,j,k}}\delta p_{i+1,j,k}^{l+1}+\frac{\partial r_{w,i,j,k}^{l*}}{\partial p_{i,j+1,k}}\delta p_{i,j+1,k}^{l+1}+$$
$$\frac{\partial r_{w,i,j,k}^{l*}}{\partial p_{i,j,k+1}}\delta p_{i,j,k+1}^{l+1}+\frac{\partial r_{w,i,j,k}^{l*}}{\partial S_{w,i,j-1,k}}\delta S_{w,i,j-1,k}^{l+1}=-r_{w,i,j,k}^{l*} \tag{3-68}$$

可以观察到，式(3-68)中变量的系数不依赖于未知饱和度。

油组分

$$\frac{\partial r_{o,i,j,k}^{l*}}{\partial p_{i,j,k-1}}\delta p_{i,j,k-1}^{l+1}+\frac{\partial r_{o,i,j,k}^{l*}}{\partial p_{i,j-1,k}}\delta p_{i,j-1,k}^{l+1}+\frac{\partial r_{o,i,j,k}^{l*}}{\partial p_{i-1,j,k}}\delta p_{i-1,j,k}^{l+1}+$$
$$\frac{\partial r_{o,i,j,k}^{l*}}{\partial p_{i,j,k}}\delta p_{i,j,k}^{l+1}+\frac{\partial r_{o,i,j,k}^{l*}}{\partial p_{i+1,j,k}}\delta p_{i+1,j,k}^{l+1}+\frac{\partial r_{o,i,j,k}^{l*}}{\partial p_{i,j+1,k}}\delta p_{i,j+1,k}^{l+1}+$$
$$\frac{\partial r_{o,i,j,k}^{l*}}{\partial p_{i,j,k+1}}\delta p_{i,j,k+1}^{l+1}+\frac{\partial r_{o,i,j,k}^{l*}}{\partial S_{o,i,j-1,k}}\delta S_{o,i,j-1,k}^{l+1}=-r_{o,i,j,k}^{l*} \tag{3-69}$$

气组分

$$\frac{\partial r_{g,i,j,k}^{l*}}{\partial p_{i,j,k-1}}\delta p_{i,j,k-1}^{l+1}+\frac{\partial r_{g,i,j,k}^{l*}}{\partial p_{i,j-1,k}}\delta p_{i,j-1,k}^{l+1}+\frac{\partial r_{g,i,j,k}^{l*}}{\partial p_{i-1,j,k}}\delta p_{i-1,j,k}^{l+1}+\frac{\partial r_{g,i,j,k}^{l*}}{\partial p_{i,j,k}}\delta p_{i,j,k}^{l+1}+$$

$$\frac{\partial r_{g,i,j,k}^{l*}}{\partial p_{i+1,j,k}}\delta p_{i+1,j,k}^{l+1}+\frac{\partial r_{g,i,j,k}^{l*}}{\partial p_{i,j+1,k-1}}\delta p_{i,j+1,k}^{l+1}+\frac{\partial r_{g,i,j,k}^{l*}}{\partial p_{i,j,k+1}}\delta p_{i,j,k+1}^{l+1}+$$

$$\frac{\partial r_{g,i,j,k}^{l*}}{\partial S_{o,i,j-1,k}}\delta S_{o,i,j-1,k}^{l+1}+\frac{\partial r_{g,i,j,k}^{l*}}{\partial S_{w,i,j-1,k}}\delta S_{w,i,j-1,k}^{l+1}=-r_{g,i,j,k}^{l*} \tag{3-70}$$

重新整理方程式(3-68)、式(3-69)和式(3-70),使用简明符号简化可得:

$$\left.\begin{aligned}
&\frac{\partial r_{w,i,j,k}^{l*}}{\partial S_{w,i,j-1,k}}\delta S_{w,i,j-1,k}^{l+1}=F_{w,i,j,k}(\delta p^{l+1})\\
&\frac{\partial r_{o,i,j,k}^{l*}}{\partial S_{o,i,j-1,k}}\delta S_{o,i,j-1,k}^{l+1}=F_{o,i,j,k}(\delta p^{l+1})\\
&\frac{\partial r_{g,i,j,k}^{l*}}{\partial S_{w,i,j-1,k}}\delta S_{w,i,j-1,k}^{l+1}+\frac{\partial r_{g,i,j,k}^{l*}}{\partial S_{o,i,j-1,k}}\delta S_{o,i,j-1,k}^{l+1}=F_{g,i,j,k}(\delta p^{l+1})
\end{aligned}\right\} \tag{3-71}$$

这里,F_w,F_o 和 F_g 代表所有含有 δp^{l+1} 的项,而且只是 δp^{l+1} 的函数。采取简单的线性组合消去饱和度前面的系数,整理得:

$$\frac{\partial r_{g,i,j,k}^{l*}}{\partial S_{w,i,j-1,k}}\left[\left(\frac{\partial r_{w,i,j,k}^{l*}}{\partial S_{w,i,j-1,k}}\right)^{-1}F_{w,i,j,k}(\delta p^{l+1})\right]+$$

$$\frac{\partial r_{g,i,j,k}^{l*}}{\partial S_{o,i,j-1,k}}\left[\left(\frac{\partial r_{o,i,j,k}^{l*}}{\partial S_{w,i,j-1,k}}\right)^{-1}F_{o,i,j,k}(\delta p^{l+1})\right]=F_{g,i,j,k}(\delta p^{l+1}) \tag{3-72}$$

上述方程是由水组分方程和油组分方程分别解出 δS_w 和 δS_o 关于 δp^{l+1} 的表达式,并代入气组分方程得到的。式(3-72)只含有 δp 一个未知量,可以独立求解。得到新的迭代值 p^{l+1} 以后,再代入式(3-71)中求饱和度增量,并不断迭代直到满足某一收敛准则为止。

二、非饱和油状态

在非饱和状态下,只有气组分的方程发生变化,其质量守恒方程可写为:

$$r_{g,i,j,k}^{l*}=\frac{1}{\Delta t}\left\{V\left[\left(\frac{\phi S_g}{B_g}+\frac{\phi R_{so}S_o}{B_o}\right)^{n+1}-\left(\frac{\phi S_g}{B_g}+\frac{\phi R_{so}S_o}{B_o}\right)^{n}\right]\right\}_{i,j,k}-\Delta_x(R_{so}^{l*}T_o^{l*}\Delta_x p_o^{l*})_{i,j,k}-$$

$$\Delta_y(R_{so}^{l*}T_o^{l*}\Delta_y p_o^{l*})_{i,j,k}-\Delta_z(R_{so}^{l*}T_o^{l*}\Delta_z p_o^{l*})_{i,j,k}+\Delta_x(R_{so}^{l*}T_o^{l*}\gamma_o\Delta_x D)_{i,j,k}+$$

$$\Delta_y(R_{so}^{l*}T_o^{l*}\gamma_o\Delta_y D)_{i,j,k}+\Delta_z(R_{so}^{l*}T_o^{l*}\gamma_o\Delta_z D)_{i,j,k}-R_{so}^{l*}Q_{o,i,j,k} \tag{3-73}$$

式(3-73)可改写为式(3-70)的形式,如下:

$$\frac{\partial r_{\mathrm{g},i,j,k}^{l*}}{\partial p_{i,j,k-1}}\delta p_{i,j,k-1}^{l+1}+\frac{\partial r_{\mathrm{g},i,j,k}^{l*}}{\partial p_{i,j-1,k}}\delta p_{i,j-1,k}^{l+1}+\frac{\partial r_{\mathrm{g},i,j,k}^{l*}}{\partial p_{i-1,j,k}}\delta p_{i-1,j,k}^{l+1}+\frac{\partial r_{\mathrm{g},i,j,k}^{l*}}{\partial p_{i,j,k}}\delta p_{i,j,k}^{l+1}+$$

$$\frac{\partial r_{\mathrm{g},i,j,k}^{l*}}{\partial p_{i+1,j,k}}\delta p_{i+1,j,k}^{l+1}+\frac{\partial r_{\mathrm{g},i,j,k}^{l*}}{\partial p_{i,j+1,k}}\delta p_{i,j+1,k}^{l+1}+\frac{\partial r_{\mathrm{g},i,j,k}^{l*}}{\partial p_{i,j,k+1}}\delta p_{i,j,k+1}^{l+1}+$$

$$\frac{\partial r_{\mathrm{g},i,j,k}^{l*}}{\partial S_{\mathrm{w},i,j-1,k}}\delta S_{\mathrm{w},i,j-1,k}^{l+1}+\frac{\partial r_{\mathrm{g},i,j,k}^{l*}}{\partial r_{\mathrm{s},i,j-1,k}}\delta R_{\mathrm{so},i,j-1,k}^{l+1}=-r_{\mathrm{g},i,j,k}^{l*}\tag{3-74}$$

整理可得：

$$\left.\begin{aligned}&\frac{\partial r_{\mathrm{w},i,j,k}^{l*}}{\partial S_{\mathrm{w},i,j-1,k}}\delta S_{\mathrm{w},i,j-1,k}^{l+1}=F_{\mathrm{w},i,j,k}(\delta p^{l+1})\\&\frac{\partial r_{\mathrm{o},i,j,k}^{l*}}{\partial S_{\mathrm{w},i,j-1,k}}\delta S_{\mathrm{w},i,j-1,k}^{l+1}=F_{\mathrm{o},i,j,k}(\delta p^{l+1})\\&\frac{\partial r_{\mathrm{g},i,j,k}^{l*}}{\partial S_{\mathrm{w},i,j-1,k}}\delta S_{\mathrm{w},i,j-1,k}^{l+1}+\frac{\partial r_{\mathrm{g},i,j,k}^{l*}}{\partial R_{\mathrm{so},i,j-1,k}}\delta R_{\mathrm{so},i,j-1,k}^{l+1}=F_{\mathrm{g},i,j,k}(\delta p^{l+1})\end{aligned}\right\}\tag{3-75}$$

在这个系统中，首先通过式(3-73)消去 δS_{w}，代入式(3-75)第二个方程，然后简化得：

$$\frac{\partial r_{\mathrm{o},i,j,k}^{l*}}{\partial S_{\mathrm{w},i,j-1,k}}\left(\frac{\partial r_{\mathrm{w},i,j,k}^{l*}}{\partial S_{\mathrm{w},i,j-1,k}}\right)^{-1}F_{\mathrm{w},i,j,k}(\delta p^{l+1})=F_{\mathrm{o},i,j,k}(\delta p^{l+1})\tag{3-76}$$

式(3-76)是关于压力增量的方程，将解出的压力分量代入到式(3-75)式第一个方程，可以解得水相饱和度。之后将新的压力和饱和度代入式(3-74)就可以得到溶解气油比 R_{so} 的增量。

综上所述，完全解耦方法简化了系数矩阵的结构，使得我们可以顺序求解压力和饱和度。一般来说这种方法比 IMPES 方法具有更高的稳定性和精度，但是相对于 IMPES 来说，使用的内存量较大、算法较复杂、编程实现困难，这些因素限制了它的应用范围。

第六节　全隐式方法

对一些强非线性油藏数值模拟问题，采用完全解耦方法会出现数值振荡，使时间步长被迫取得很小，从而使模拟效率降低。这时，可采用全隐式离散方法(FIM)，即所有的未知量都在新的时间步 n+1 取值，该方法是目前稳定性最好的方法。求解全隐式方程需要使用牛顿线性化，变量的增量由求解 Jacobian 矩阵和残量的线性方程组得到。对于精细网格上的黑油模型，Jacobian 矩阵耦合度高、规模巨大、结构复杂，导致一般的线性求解器收敛速度较慢，该矩阵构造和求解是全隐式方法的主要困难和计算瓶颈。本节将给出全隐格式的差分方程和 Jacobian 矩阵构造方法，在后续章节中将重点讨论此类 Jacobian 方程的快速求解方法。

一、饱和油状态

对于饱和油状态,在每个网格节点有三个未知量($p^{n+1}, S_w^{n+1}, S_o^{n+1}$)。在每一个牛顿迭代步$l$,新的变量值由增量更新:

$$p^{n+1,l+1} = p^{n+1,l} + \delta p^{n+1,l+1}$$

$$S_w^{n+1,l+1} = S_w^{n+1,l} + \delta S_w^{n+1,l+1}$$

$$S_o^{n+1,l+1} = S_o^{n+1,l} + \delta S_o^{n+1,l+1}$$

此时,黑油模型的残量可写为:

水组分

$$r_{w,i,j,k}^{l} = \frac{1}{\Delta t}\left\{V\left[\left(\frac{\phi S_w}{B_w}\right)^{n+1} - \left(\frac{\phi S_w}{B_w}\right)^{n}\right]\right\}_{i,j,k} - \Delta_x(T_{w1}^{l+1}\Delta_x p_w^m)_{i,j,k} - \Delta_y(T_{w1}^{l+1}\Delta_y p_w^m)_{i,j,k} - \Delta_z(T_{w1}^{l+1}\Delta_z p_w^m)_{i,j,k} + \Delta_x(T_w^{l+1}\gamma_w^{l+1}\Delta_x D)_{i,j,k} + \Delta_y(T_w^{l+1}\gamma_w^{l+1}\Delta_y D)_{i,j,k} + \Delta_z(T_w^{l+1}\gamma_w^{l+1}\Delta_z D)_{i,j,k} + Q_{w,i,j,k} \tag{3-77}$$

油组分

$$r_{o,i,j,k}^{l} = \frac{1}{\Delta t}\left\{V\left[\left(\frac{\phi S_o}{B_o}\right)^{n+1} - \left(\frac{\phi S_o}{B_o}\right)^{n}\right]\right\}_{i,j,k} - \Delta_x(T_o^{l+1}\Delta_x p_o^m)_{i,j,k} - \Delta_y(T_o^{l+1}\Delta_y p_o^m)_{i,j,k} - \Delta_z(T_o^{l+1}\Delta_z p_o^m)_{i,j,k} + \Delta_x(T_o^{l+1}\gamma_o^{l+1}\Delta_x D)_{i,j,k} + \Delta_y(T_o^{l+1}\gamma_o^{l+1}\Delta_y D)_{i,j,k} + \Delta_z(T_o^{l+1}\gamma_o^{l+1}\Delta_z D)_{i,j,k} - Q_{o,i,j,k} \tag{3-78}$$

气组分

$$r_{g,i,j,k}^{l} = \frac{1}{\Delta t}\left\{V\left[\left(\frac{\phi S_g}{B_g} + \frac{\phi R_{so} S_o}{B_o}\right)^{n+1} - \left(\frac{\phi S_g}{B_g} + \frac{\phi R_{so} S_o}{B_o}\right)^{n}\right]\right\}_{i,j,k} = - \Delta_x(T_g^{l+1}\Delta_x p_g^m)_{i,j,k} - \Delta_y(T_g^{l+1}\Delta_y p_g^m)_{i,j,k} - \Delta_z(T_g^{l+1}\Delta_z p_g^m)_{i,j,k} - \Delta_x(T_g^{l+1}\Delta_x p_g^m)_{i,j,k} - \Delta_y(T_g^{l+1}\Delta_y p_g^m)_{i,j,k} - \Delta_z(T_g^{l+1}\Delta_z p_g^m)_{i,j,k} - \Delta_x(R_{so}^{l+1}T_o^{l+1}\Delta_x p_o^m)_{i,j,k} - \Delta_y(R_{so}^{l+1}T_o^{l+1}\Delta_y p_o^m)_{i,j,k} - \Delta_z(R_{so}^{l+1}T_o^{l+1}\Delta_z p_o^m)_{i,j,k} + \Delta_x(R_{so}^{l+1}T_o^{l+1}\gamma_o^{l+1}\Delta_x D)_{i,j,k} + \Delta_y(R_{so}^{l+1}T_o^{l+1}\gamma_o^{l+1}\Delta_y D)_{i,j,k} + \Delta_z(R_{so}^{l+1}T_o^{l+1}\gamma_o^{l+1}\Delta_z D)_{i,j,k} - Q_{g,i,j,k} - R_{so}^{l+1}Q_{o,i,j,k} \tag{3-79}$$

定义未知量和残量向量分别为:

$$\boldsymbol{y} = (p, S_w, S_o)^{T} \quad 和 \quad \boldsymbol{r}_{i,j,k}^{l} = (r_{w,i,j,k}^{l}, r_{o,i,j,k}^{l}, r_{g,i,j,k}^{l})^{T} \tag{3-80}$$

本文中上标 T 表示转置。使用牛顿法求解，可得到如下未知量为 $\delta \boldsymbol{y}^{l+1}$ 的线性方程：

$$\frac{\partial \boldsymbol{r}_{i,j,k}^{l}}{\partial \boldsymbol{y}_{i,j,k-1}^{l}}\delta \boldsymbol{y}_{i,j,k-1}^{l+1}+\frac{\partial \boldsymbol{r}_{i,j,k}^{l}}{\partial \boldsymbol{y}_{i,j-1,k}^{l}}\delta \boldsymbol{y}_{i,j-1,k}^{l+1}+\frac{\partial \boldsymbol{r}_{i,j,k}^{l}}{\partial \boldsymbol{y}_{i-1,j,k}^{l}}\delta \boldsymbol{y}_{i-1,j,k}^{l+1}+$$
$$\frac{\partial \boldsymbol{r}_{i,j,k}^{l}}{\partial \boldsymbol{y}_{i,j,k}^{l}}\delta \boldsymbol{y}_{i,j,k}^{l+1}+\frac{\partial \boldsymbol{r}_{i,j,k}^{l}}{\partial \boldsymbol{y}_{i+1,j,k}^{l}}\delta \boldsymbol{y}_{i+1,j,k}^{l+1}+\frac{\partial \boldsymbol{r}_{i,j,k}^{l}}{\partial \boldsymbol{y}_{i,j+1,k}^{l}}\delta \boldsymbol{y}_{i,j+1,k}^{l+1}+$$
$$\frac{\partial \boldsymbol{r}_{i,j,k}^{l}}{\partial \boldsymbol{y}_{i,j,k+1}^{l}}\delta \boldsymbol{y}_{i,j,k+1}^{l+1}=-\boldsymbol{r}_{i,j,k}^{l} \tag{3-81}$$

式(3-81)是一个向量方程，可以写为 Jacobian 矩阵形式：

$$\left(\frac{\partial \boldsymbol{r}}{\partial \boldsymbol{y}}\right)^{l}\delta \boldsymbol{y}^{l+1}=-\boldsymbol{r}^{l} \tag{3-82}$$

这里 $\boldsymbol{r}$ 是将每个网格中残量排列所得的向量。在结构网格下，Jacobian 矩阵有七对角非零元。在井底压力给定情况下，Jacobian 矩阵有如下形式：

$$\frac{\partial \boldsymbol{r}}{\partial \boldsymbol{y}}=\begin{pmatrix}\frac{\partial r_{\mathrm{w}}}{\partial p} & \frac{\partial r_{\mathrm{w}}}{\partial S_{\mathrm{w}}} & \frac{\partial r_{\mathrm{w}}}{\partial S_{\mathrm{o}}}\\ \frac{\partial r_{\mathrm{o}}}{\partial p} & \frac{\partial r_{\mathrm{o}}}{\partial S_{\mathrm{w}}} & \frac{\partial r_{\mathrm{o}}}{\partial S_{\mathrm{o}}}\\ \frac{\partial r_{\mathrm{g}}}{\partial p} & \frac{\partial r_{\mathrm{g}}}{\partial S_{\mathrm{w}}} & \frac{\partial r_{\mathrm{g}}}{\partial S_{\mathrm{o}}}\end{pmatrix} \tag{3-83}$$

矩阵式(3-83)中每个元素都是块状矩阵。在线性求解器给出正确结果 $\delta \boldsymbol{y}^{l+1}$ 后，新的变量值可对应更新

$$\boldsymbol{y}^{l+1}=\boldsymbol{y}^{l}+\delta \boldsymbol{y}^{l+1} \tag{3-84}$$

直到满足收敛条件为止。

井产量项由井模型决定，井方程的全隐式格式为：

$$\left.\begin{aligned}q_{\mathrm{w}}^{l+1}&=\sum_{v=1}^{N_{\mathrm{w}}}\sum_{m=1}^{M_{\mathrm{w}}}WI_{m}^{v}\left(\frac{K^{\mathrm{rw}}}{B_{\mathrm{w}}\mu_{\mathrm{w}}}\right)^{l+1}(p_{\mathrm{bh}}^{v,l+1}-p_{\mathrm{w}}^{l+1})\\ q_{\mathrm{o}}^{l+1}&=\sum_{v=1}^{N_{\mathrm{w}}}\sum_{m=1}^{M_{\mathrm{w}}}WI_{m}^{v}\left(\frac{K^{\mathrm{ro}}}{B_{\mathrm{w}}\mu_{\mathrm{o}}}\right)^{l+1}(p_{\mathrm{bh}}^{v,l+1}-p_{\mathrm{o}}^{l+1})\\ q_{\mathrm{g}}^{l+1}&=\sum_{v=1}^{N_{\mathrm{w}}}\sum_{m=1}^{M_{\mathrm{w}}}WI_{m}^{v}\left(\frac{K^{\mathrm{rg}}}{B_{\mathrm{w}}\mu_{\mathrm{g}}}\right)^{l+1}(p_{\mathrm{bh}}^{v,l+1}-p_{\mathrm{g}}^{l+1})\end{aligned}\right\} \tag{3-85}$$

对于隐式井约束方程，通常取井底压力 p_{bh} 作为未知变量。当井底压力 p_{bh} 作为井的控制条件给定时，式(3-85)可以直接带入原方程中。在这种情况下，井和油藏解耦，Jacobian 矩阵的形式也不发生改变。但当井的产量或注入量作为控制条件时，式(3-85)需要和原有方程联

立求解，此时 Jacobian 矩阵的结构变为：

$$J = \begin{pmatrix} J_{\mathrm{RR}} & J_{\mathrm{RW}} \\ J_{\mathrm{WR}} & J_{\mathrm{WW}} \end{pmatrix} \tag{3-86}$$

这里，油藏块定义为：

$$J_{\mathrm{RR}} = \frac{\partial \boldsymbol{r}}{\partial \boldsymbol{y}} \tag{3-87}$$

右端项在式(3-83)中给出。对于其他的块，定义井残量方程式(3-87)和井的变量 p_{bh} 为：

$$\left.\begin{aligned} r_{\mathrm{ww}} &= q_{\mathrm{w}}^{l+1} - \sum_{v=1}^{N_{\mathrm{w}}} \sum_{m=1}^{M_{\mathrm{w}}} WI_{m}^{v} \left(\frac{K_{\mathrm{rw}}}{\mu_{\mathrm{w}}}\right)^{l+1} \left[p_{\mathrm{bh}}^{v,l+1} - p_{\mathrm{w}}^{l+1}\right] \\ r_{\mathrm{wo}} &= q_{\mathrm{o}}^{l+1} - \sum_{v=1}^{N_{\mathrm{w}}} \sum_{m=1}^{M_{\mathrm{w}}} WI_{m}^{v} \left(\frac{K_{\mathrm{ro}}}{\mu_{\mathrm{o}}}\right)^{l+1} \left[p_{\mathrm{bh}}^{v,l+1} - p_{\mathrm{o}}^{l+1}\right] \\ r_{\mathrm{wg}} &= q_{\mathrm{g}}^{l+1} - \sum_{v=1}^{N_{\mathrm{w}}} \sum_{m=1}^{M_{\mathrm{w}}} WI_{m}^{v} \left(\frac{K_{\mathrm{rg}}}{\mu_{\mathrm{g}}}\right)^{l+1} \left(p_{\mathrm{bh}}^{v,l+1} - p_{\mathrm{g}}^{l+1}\right) \end{aligned}\right\} \tag{3-88}$$

在式(3-88)中的三个方程并不是独立的。在一般情况下油的产量给定，令 r_{W} 代表井方程油组分的残量。则：

$$\left.\begin{aligned} J_{\mathrm{RW}} &= \frac{\partial r}{\partial p_{\mathrm{bh}}} \\ J_{\mathrm{WR}} &= \frac{\partial r_{\mathrm{W}}}{\partial \boldsymbol{y}} \\ J_{\mathrm{WW}} &= \frac{\partial r_{\mathrm{W}}}{\partial p_{\mathrm{bh}}} \end{aligned}\right\} \tag{3-89}$$

井耦合的 Jacobian 矩阵如图 3-9 所示，在该矩阵中不同的块代表着残量对不同物理量的导数，其代数性质也截然不同。

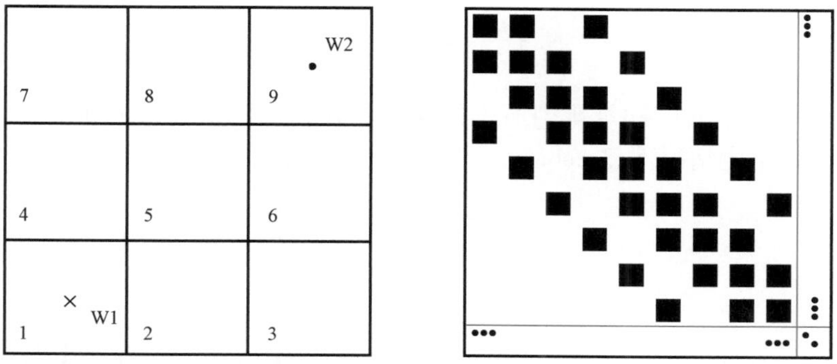

图 3-9　简单二维网格上的两口隐式井(W1 和 W2)及其对应的井耦合 Jacobian 矩阵稀疏矩阵结构图

二、非饱和油状态

对于非饱和油状态，在每网格节点上需求解的三个未知量为$(p^{n+1}, S_w^{n+1}, R_{so}^{n+1})$。在每一个牛顿迭代步 l，新的变量值由增量更新：

$$p^{n+1,l+1} = p^{n+1,l} + \delta p^{n+1,l+1}$$

$$S_w^{n+1,l+1} = S_w^{n+1,l} + \delta S_w^{n+1,l+1}$$

$$R_{so}^{n+1,l+1} = R_{so}^{n+1,l} + \delta R_{so}^{n+1,l+1}$$

水组分与油组分的残量方程仍取为(3-77)和(3-78)，气组分残量方程改变成如下形式：

$$\begin{aligned} r_{g,i,j,k}^{l} = &\frac{1}{\Delta t}\left\{V\left[\left(\frac{\phi R_{so}S_o}{B_o}\right)^{n+1} - \left(\frac{\phi R_{so}S_o}{B_o}\right)^{n}\right]\right\}_{i,j,k} - \Delta_x(R_{so}^{l+1}T_o^{l+1}\Delta_x p_o^m)_{i,j,k} - \\ &\Delta_y(R_{so}^{l+1}T_o^{l+1}\Delta_y p_o^m)_{i,j,k} - \Delta_z(R_{so}^{l+1}T_o^{l+1}\Delta_z p_o^m)_{i,j,k} + \Delta_x(R_{so}^{l+1}T_o^{l+1}\gamma_o\Delta_x D)_{i,j,k} + \\ &\Delta_y(R_{so}^{l+1}T_o^{l+1}\gamma_o^{l+1}\Delta_y D)_{i,j,k} + \Delta_z(R_{so}^{l+1}T_o^{l+1}\gamma_o^{l+1}\Delta_z D)_{i,j,k} - R_{so}^{l+1}Q_{o,i,j,k} \end{aligned} \quad (3-90)$$

类似于饱和态，定义未知量和残量向量分别为：

$$\bar{\boldsymbol{y}} = (p, S_w, R_{so})^T \text{ 和 } \bar{\boldsymbol{r}}_{i.j.k}^{l} = (r_{w,i,j,k}^{l}, r_{o,i,j,k}^{l}, r_{g,i,j,k}^{l})^T \quad (3-91)$$

简便起见，将 $\bar{y}$ 仍记为 $\boldsymbol{y}$，$\bar{r}$ 仍记为 $\boldsymbol{r}$。同样使用牛顿法求解，可以得到如下未知量为 δy^{l+1} 的线性方程：

$$\begin{aligned} &\frac{\partial \boldsymbol{r}_{i.j.k}^{l}}{\partial \boldsymbol{y}_{i.j.k-1}^{l}}\delta \boldsymbol{y}_{i.j.k-1}^{l+1} + \frac{\partial \boldsymbol{r}_{i.j.k}^{l}}{\partial \boldsymbol{y}_{i.j-1.k}^{l}}\delta \boldsymbol{y}_{i.j-1.k}^{l+1} + \frac{\partial \boldsymbol{r}_{i.j.k}^{l}}{\partial \boldsymbol{y}_{i-1.j.k}^{l}}\delta \boldsymbol{y}_{i-1.j.k}^{l+1} + \\ &\frac{\partial \boldsymbol{r}_{i.j.k}^{l}}{\partial \boldsymbol{y}_{i.j.k}^{l}}\delta \boldsymbol{y}_{i.j.k}^{l+1} + \frac{\partial \boldsymbol{r}_{i.j.k}^{l}}{\partial \boldsymbol{y}_{i+1.j.k}^{l}}\delta \boldsymbol{y}_{i+1.j.k}^{l+1} + \frac{\partial \boldsymbol{r}_{i.j.k}^{l}}{\partial \boldsymbol{y}_{i.j+1.k}^{l}}\delta \boldsymbol{y}_{i.j+1.k}^{l+1} + \\ &\frac{\partial \boldsymbol{r}_{i.j.k}^{l}}{\partial \boldsymbol{y}_{i.j.k+1}^{l}}\delta \boldsymbol{y}_{i.j.k+1}^{l+1} = -\boldsymbol{r}_{i.j.k}^{l} \end{aligned} \quad (3-92)$$

式(3-92)是一个向量方程，Jacobian 矩阵形式为：

$$\left(\frac{\partial \boldsymbol{r}}{\partial \boldsymbol{y}}\right)^{l}\delta \boldsymbol{y}^{l+1} = -\boldsymbol{r}^{l} \quad (3-93)$$

这里，$\boldsymbol{r}$ 是将每个网格中残量排列所得的向量。在结构网格下，Jacobian 矩阵有七对角非零元。在井底压力给定情况下，Jacobian 矩阵有如下形式：

$$\frac{\partial \boldsymbol{r}}{\partial \boldsymbol{y}} = \begin{pmatrix} \dfrac{\partial r_w}{\partial p} & \dfrac{\partial r_w}{\partial S_w} & \dfrac{\partial r_w}{\partial R_{so}} \\ \dfrac{\partial r_o}{\partial p} & \dfrac{\partial r_o}{\partial S_w} & \dfrac{\partial r_o}{\partial R_{so}} \\ \dfrac{\partial r_g}{\partial p} & \dfrac{\partial r_g}{\partial S_w} & \dfrac{\partial r_g}{\partial R_{so}} \end{pmatrix} \quad (3-94)$$

矩阵式(3-94)中每个元素都是块状矩阵。在线性求解器给出正确结果 $\delta\boldsymbol{y}^{l+1}$ 后,新的变量值可对应更新

$$\boldsymbol{y}^{l+1}=\boldsymbol{y}^{l}+\delta\boldsymbol{y}^{l+1} \tag{3-95}$$

直到满足收敛条件为止。

通常情况下,求解大规模不均质油藏的 Jacobian 矩阵需要耗费大量的计算时间。Jacobian 矩阵的这种特点给线性求解器带来新的挑战,在下面的章节中就逐步深入地讨论如何求解这样的线性代数方程组。

第四章　线性代数方程组的迭代法

科学和工程计算的众多应用问题,如油藏模拟、数据分析、最优控制等,通过离散和线性化等手段,都可以转化为求解大规模稀疏线性代数方程组问题:

$$\boldsymbol{A}\boldsymbol{u} = \boldsymbol{f} \tag{4-1}$$

其中 $\boldsymbol{A}$ 是非奇异 $N \times N$ 的矩阵,$\boldsymbol{u} \in \mathbb{R}^N$ 是未知量,右端项 $\boldsymbol{f} \in \mathbb{R}^N$。如何利用计算机更精确地、快速地、稳健地求解大规模线性代数方程组,是计算数学研究中最重要的课题之一。本章将重点介绍求解线性代数方程组的基本定常迭代法、常用的 Krylov 子空间方法和预条件件方法的基本思想。虽然这些方法都是经典的迭代法,但其思路已经构成现代高效迭代解法的基石(Saad,2003;谷同祥,2015)。

第一节　线性方程组的定常迭代法

构造定常迭代法的常用方法是基于矩阵 $\boldsymbol{A}$ 的分裂:

$$\boldsymbol{A} = \boldsymbol{D} - \boldsymbol{L} - \boldsymbol{U} \tag{4-2}$$

其中 $\boldsymbol{D}$ 是 $\boldsymbol{A}$ 的对角元部分,$-\boldsymbol{L}$ 是 $\boldsymbol{A}$ 的绝对下三角部分,$-\boldsymbol{U}$ 是 $\boldsymbol{A}$ 的绝对上三角部分:

$$\boldsymbol{D} = \begin{pmatrix} a_{11} & & & & \\ & a_{22} & & & \\ & & a_{31} & & \\ & & & \ddots & \\ & & & & a_{NN} \end{pmatrix}, \boldsymbol{L} = -\begin{pmatrix} 0 & & & & \\ a_{21} & 0 & & & \\ a_{31} & a_{32} & 0 & & \\ \vdots & \vdots & \vdots & \ddots & \\ a_{N1} & a_{N2} & \cdots & a_{N,N-1} & 0 \end{pmatrix}$$

$$\boldsymbol{U} = -\begin{pmatrix} 0 & a_{12} & a_{13} & \cdots & a_{1N} \\ & 0 & a_{23} & \cdots & a_{2N} \\ & & 0 & \vdots & \vdots \\ & & & \ddots & a_{N-1,N} \\ & & & & 0 \end{pmatrix}$$

假设 $\boldsymbol{A}$ 对角线上的元素都是非零的,定常迭代法通常可以写成如下格式:

$$\boldsymbol{u}^{m+1} = \boldsymbol{u}^m + \boldsymbol{B}(\boldsymbol{f} - \boldsymbol{A}\boldsymbol{u}^m) \qquad (m = 0,1,2,\cdots) \tag{4-3}$$

其中 $\boldsymbol{B}$ 是迭代矩阵。如果式(4-3)收敛,则当 m 足够大时,$\boldsymbol{u}^{m+1}\approx\boldsymbol{u}^{m}$。

根据 $\boldsymbol{B}$ 的不同构造形式可以得到 Jacobi 迭代、Gauss-Seidel 迭代、逐次超松弛迭代(SOR)等迭代格式。特别地当 $\boldsymbol{B}=\boldsymbol{A}^{-1}$ 时,一步迭代就得到原方程式(4-1)的解。

一、Jacobi 迭代法

设 u_i^m 是第 m 步迭代近似解 u^m 的第 i 个分量,则式(4-1)的残量可以写为:

$$(\boldsymbol{f}-\boldsymbol{A}u^m)_i=f_i-\sum_{j=1,j\neq i}^{N}a_{ij}u_j^m-a_{ii}u_i^m=0\qquad(m=0,1,\cdots)$$

u^{m+1} 可由迭代格式:

$$a_{ii}u_i^{m+1}=f_i-\sum_{j=1,j\neq i}^{N}a_{ij}u_j^m\qquad(i=1,2,\cdots,N;m=0,1,\cdots)\tag{4-4}$$

或

$$u_i^{m+1}=\frac{1}{a_{ii}}\Big(f_i-\sum_{j=1,j\neq i}^{N}a_{ij}u_j^m\Big)\qquad(i=1,2,\cdots,N;m=0,1,\cdots)\tag{4-5}$$

得到,式(4-5)称为 Jacobi 迭代法。式(4-5)写成矩阵向量的形式为:

$$\boldsymbol{u}^{m+1}=\boldsymbol{D}^{-1}[\boldsymbol{f}+(\boldsymbol{L}+\boldsymbol{U})\boldsymbol{u}^m]\tag{4-6}$$

或

$$\boldsymbol{u}^{m+1}=\boldsymbol{u}^m+\boldsymbol{D}^{-1}(\boldsymbol{f}-\boldsymbol{A}\boldsymbol{u}^m)\tag{4-7}$$

Jacobi 迭代算法如下:

算法 4.1 Jacobi 迭代法

给定 u^0;$m=1$
WHILE m<MaxIter
$m=m+1$
  FOR $i=1$ to N DO
    $\sigma=0$
    FOR $j=1$ to N DO
      IF $j\neq i$,THEN
        $\sigma=\sigma+a_{ij}u_j^m$
      END IF
    END FOR
    $u_i^{m+1}=\frac{1}{a_{ii}}(f_i-\sigma)$
  END FOR
检查迭代是否收敛,如收敛即退出
END WHILE

保证 Jacobi 迭代法式(4-5)收敛的条件是矩阵 $\boldsymbol{A}$ 为严格或不可约的对角占优矩阵。严格对角占优是指对于矩阵的每一行,对角线上的元素的绝对值大于非对角元素绝对值之和,即

$$|a_{ii}| > \sum_{j\neq i} a_{ij} \qquad (i = 1,2,\cdots,N)$$

不可约对角占优矩阵是一个不可约矩阵,且对角线上的元素的绝对值不小于非对角元素绝对值之和。需要指出的是,此条件是 Jacobi 迭代法收敛的一个充分条件。即使方程的系数矩阵 $\boldsymbol{A}$ 不满足此条件,Jacobi 迭代法仍有可能收敛。

二、Gauss-Seidel 迭代法

在 Jacobi 迭代法式(4-5)中,计算近似值 $\boldsymbol{u}^{m+1}$ 时只利用了上一步的残量 $\boldsymbol{u}^{m}$,也就是说在计算 $\boldsymbol{u}^{m+1}$ 的第 i 个分量时,已经计算出的新的分量 $u_1^{m+1},\cdots,u_{i-1}^{m+1}$ 没有被利用。与 Jacobi 迭代法相比,Gauss-Seidel 迭代法(GS 方法)在计算过程中使用了最新计算出来的残量分量,即

$$f_i - \sum_{j=1}^{i-1} a_{ij}u_j^{m+1} - a_{ii}u_i^{m+1} - \sum_{j=i+1}^{N} a_{ij}u_j^{m} = 0 \tag{4-8}$$

由此可得:

$$u_i^{m+1} = \frac{1}{a_{ii}}\left(f_i - \sum_{j=1}^{i-1} a_{ij}u_j^{m+1} - \sum_{j=i+1}^{N} a_{ij}u_j^{m}\right) \qquad (i = 1,2,\cdots,N) \tag{4-9}$$

式(4-9)称为 Gauss-Seidel 迭代法,其矩阵向量形式为:

$$\boldsymbol{f} + \boldsymbol{L}\boldsymbol{u}^{m+1} - \boldsymbol{D}u^{m+1} + \boldsymbol{U}\boldsymbol{u}^{m} = 0$$

即

$$\boldsymbol{u}^{m+1} = (\boldsymbol{D} - \boldsymbol{L})^{-1}(\boldsymbol{f} + \boldsymbol{U}\boldsymbol{u}^{m}) \tag{4-10}$$

或者

$$\boldsymbol{u}^{m+1} = \boldsymbol{u}^{m} + (\boldsymbol{D} - \boldsymbol{L})^{-1}(\boldsymbol{f} - \boldsymbol{A}u^{m}) \tag{4-11}$$

Gauss-Seidel 迭代算法如下:

算法 4.2 Gauss-Seidel 迭代法

```
u=u^0
FOR m=1  TO MaxIter  DO
  FOR i=1 TO N DO
  σ=0
     FOR j=1 TO N DO
        IF j≠i,THEN
```

```
            σ=σ+a_ij u_j
          END IF
        END FOR
        u_i = (1/a_ii)(f_i-σ)
      ENF FOR
   检查迭代是否收敛
   END FOR
```

Gauss-Seidel 迭代法的收敛性质取决于矩阵 $\boldsymbol{A}$ 的性质。设 $\boldsymbol{A}$ 为对称正定阵,当 $\boldsymbol{A}$ 为严格对角占优或不可约的对角占优矩阵时,Gauss-Seidel 迭代法收敛。

定理 4.1 如果 $\boldsymbol{A}$ 是严格对角占优矩阵,即

$$|a_{jj}| > \sum_{i=1,i\neq j}^{n} |a_{ij}| \qquad (j=1,2,\cdots,n)$$

或 $\boldsymbol{A}$ 是不可约矩阵且对角占优时,对于任意给定的初始值 u^0,Gauss-Seidel 迭代法收敛。

证明:首先证明 $\boldsymbol{A}$ 为严格对角占优时迭代法的收敛性。

设 λ 为迭代矩阵 $(\boldsymbol{D}-\boldsymbol{L})^{-1}\boldsymbol{U}$ 的特征值,$\boldsymbol{u}$ 是特征值 λ 对应的特征向量。假设 $u_j=1$ 且 $|u_i|\leqslant 1, i\neq k$。线性方程组 $\boldsymbol{U}\boldsymbol{u}=\lambda(\boldsymbol{D}-\boldsymbol{L})\boldsymbol{u}$ 的第 j 行可表示为:

$$\sum_{k>j} a_{jk}u_k = \lambda\left(a_{jj}u_j + \sum_{k<j} a_{jk}u_k\right)$$

λ 满足不等式

$$\begin{aligned}
|\lambda| &\leqslant \frac{\sum_{k>j} |a_{jk}||u_k|}{|a_{jj}| - \sum_{k<j} |a_{jk}||u_k|} \\
&= 1 - \frac{|a_{kk}| - \sum_{k\neq j} |a_{kj}||u_k|}{|a_{kk}| - \sum_{j>k} |a_{kj}||u_j|} \\
&\leqslant 1 - \frac{|a_{kk}| - \sum_{k\neq j} |a_{kj}|}{|a_{kk}| - \sum_{j>k} |a_{kj}|} \\
&< 1
\end{aligned}$$

由此知,迭代矩阵的谱半径 $\rho[(\boldsymbol{D}-\boldsymbol{L})^{-1}\boldsymbol{U}]=\max\{|\lambda|\}<1$。因为 $\boldsymbol{I}-(\boldsymbol{D}-\boldsymbol{L})^{-1}\boldsymbol{A}=(\boldsymbol{D}-\boldsymbol{L})^{-1}\boldsymbol{U}$,其中 $\boldsymbol{I}$ 为单位矩阵。设 u^* 是线性代数方程组 $\boldsymbol{A}\boldsymbol{u}=f$ 的精确解,有:

$$\begin{aligned}|u^{*}-\boldsymbol{u}^{m+1}| &= |[\boldsymbol{I}-(\boldsymbol{D}-\boldsymbol{L})^{-1}\boldsymbol{A}](u^{*}-\boldsymbol{u}^{m})| \\ &\leqslant |\rho[\boldsymbol{I}-(\boldsymbol{D}-\boldsymbol{L})^{-1}\boldsymbol{A}]||u^{*}-\boldsymbol{u}^{m}| \\ &< |u^{*}-\boldsymbol{u}^{m}|\end{aligned}$$

由此证明 Gauss-Seidel 迭代法收敛。

当矩阵 $\boldsymbol{A}$ 仅是对角占优而不是绝对对角占优时,能够证明 $\rho[(\boldsymbol{D}-\boldsymbol{L})^{-1}\boldsymbol{U}]=\max\{\lambda\}\leqslant 1$。下面由反证法证明当 $\boldsymbol{A}$ 是不可约矩阵时,$\rho((\boldsymbol{D}-\boldsymbol{L})^{-1}\boldsymbol{U})=\max\{\lambda\}<1$。

假设 $(\boldsymbol{D}-\boldsymbol{L})^{-1}\boldsymbol{U}$ 有一个模为 1 的特征值 λ,即 $|\lambda|=1$,则 $\lambda\boldsymbol{I}-(\boldsymbol{D}-\boldsymbol{L})^{-1}\boldsymbol{U}$ 有零特征值,因而是奇异矩阵。另外,$\boldsymbol{A}'=\lambda\boldsymbol{I}-(\boldsymbol{D}-\boldsymbol{L})^{-1}\boldsymbol{U}=\lambda(\boldsymbol{D}-\boldsymbol{L})^{-1}[\boldsymbol{D}-\boldsymbol{L}-(1/\lambda)\boldsymbol{U}]$ 同样是不可约矩阵,得到矛盾。

需要注意的是,定理 4.1 给出的是收敛的一个充分条件,矩阵 $\boldsymbol{A}$ 不满足定理条件时,Gauss-Seidel 迭代法仍有可能收敛。

Gauss-Seidel 迭代法还有一些变化形式,如向后 Gauss-Seidel 迭代法,其迭代格式可以写成:

$$\boldsymbol{u}^{m+1}=\boldsymbol{u}^{m}+(\boldsymbol{D}-\boldsymbol{U})^{-1}(\boldsymbol{f}-\boldsymbol{A}\boldsymbol{u}^{m}) \tag{4-12}$$

这相当于按照 $N,N-1,\cdots,1$ 的顺序应用 Gauss-Seidel 迭代法。又如对称 Gauss-Seidel 迭代法(SGS)是每一步迭代先进行一次正常的 Gauss-Seidel 迭代再进行一次向后 Gauss-Seidel 迭代。其具体的迭代格式可以写成:

$$\begin{aligned}\boldsymbol{u}^{m+\frac{1}{2}} &= \boldsymbol{u}^{m}+(\boldsymbol{D}-\boldsymbol{L})^{-1}(\boldsymbol{f}-\boldsymbol{A}\boldsymbol{u}^{m}) \\ \boldsymbol{u}^{m+1} &= \boldsymbol{u}^{m+\frac{1}{2}}+(\boldsymbol{D}-\boldsymbol{U})^{-1}(\boldsymbol{f}-\boldsymbol{A}\boldsymbol{u}^{m+\frac{1}{2}})\end{aligned} \tag{4-13}$$

或者写成定常迭代的标准格式:

$$\boldsymbol{u}^{m+1}=\boldsymbol{u}^{m}+[(\boldsymbol{D}-\boldsymbol{U})^{-1}+(\boldsymbol{D}-\boldsymbol{L})^{-1}-(\boldsymbol{D}-\boldsymbol{U})^{-1}\boldsymbol{A}(\boldsymbol{D}-\boldsymbol{L})^{-1}](\boldsymbol{f}-\boldsymbol{A}\boldsymbol{u}^{m}) \tag{4-14}$$

三、逐次超松弛迭代法

逐次超松弛迭代法(Successive Over-Relaxation 或 SOR 方法)是 Gauss-Seidel 迭代法的一种推广。每步 SOR 迭代解都是取 Gauss-Seidel 迭代解和前一步迭代解的加权平均:

$$u_i^{m+1}=\omega u_i^{m+1}+(1-\omega)u_i^{m} \qquad (i=1,2,\cdots,N) \tag{4-15}$$

其中 u_i^{m} 是 Gauss-Seidel 迭代法得到的近似解,ω 称为松弛因子。SOR 迭代算法的核心就是选取适当的 ω 来提高迭代的收敛速度。SOR 迭代的矩阵向量表示为:

$$\boldsymbol{u}^{m+1}=(\boldsymbol{D}-\omega\boldsymbol{L})^{-1}[\omega\boldsymbol{U}+(1-\omega)\boldsymbol{D}]\boldsymbol{u}^{m}+\omega(\boldsymbol{D}-\omega\boldsymbol{L})^{-1}\boldsymbol{f} \tag{4-16}$$

SOR 迭代算法如下:

算法 4.3 SOR 迭代法

```
u = u^0
FOR m = 1  TO MaxIter  DO
    FOR i = 1 TO N TO
        σ = 0
        FOR j = 1 TO N DO
          IF j ≠ i THEN
          σ = σ + a_ij u_j
          END IF
        END FOR
        u_i = (1 - ω) u_i + ω/a_ii (f_i - σ)
    END FOR
检查迭代是否收敛
END FOR
```

式(4-16)中若松弛因子 $\omega=1$,SOR 迭代法就退化为 Gauss-Seidel 迭代法。当 $\omega=0$ 时,SOR 迭代法没有意义,迭代解不会变化。对于 SOR 迭代法,松弛因子的选择对于收敛性及收敛速度影响较大,通常使用的收敛性必要条件是当 $\boldsymbol{A}$ 是对称正定矩阵而且 $0<\omega<2$ 时,SOR 迭代法收敛。关于最优松弛因子 ω_{opt} 的研究较为复杂,在实际求解中仍很难对于每个具体问题选择出最优松弛因子,但对于 Poisson 方程的有限元或有限差分离散问题,SOR 方法的最优条件因子是 $\omega=2-O(h)$,其中 h 是基于问题求解的网格的最小尺寸。

类似于向后 Gauss-Seidel 迭代[式(4-12)]和对称 Gauss-Seidel 迭代[式(4-13)],可定义向后 SOR 迭代和对称 SOR 迭代(SSOR)。下面仅给出 SSOR 迭代法的矩阵向量表达:

$$\left.\begin{aligned} \boldsymbol{u}^{m+\frac{1}{2}} &= (\boldsymbol{D}-\omega\boldsymbol{L})^{-1}[\omega\boldsymbol{U}+(1-\omega)\boldsymbol{D}]\boldsymbol{u}^{m}+\omega(\boldsymbol{D}-\omega\boldsymbol{L})^{-1}\boldsymbol{f} \\ \boldsymbol{u}^{m+1} &= (\boldsymbol{D}-\omega\boldsymbol{U})^{-1}[\omega\boldsymbol{L}+(1-\omega)\boldsymbol{D}]\boldsymbol{u}^{m+\frac{1}{2}}+\omega(\boldsymbol{D}-\omega\boldsymbol{U})^{-1}\boldsymbol{f} \end{aligned}\right\} \tag{4-17}$$

四、块迭代法

前面讨论的几种迭代法,每次只计算一个分量,这种迭代法通常称为点迭代法(Pointwise Iterative Method),即在一次迭代中按一定的顺序(串行或并行地)计算迭代解向量中的每一个分量,直到得到全部分量的值以后再进行下一次迭代,使解向量达到计算精度为止。

在按“点”迭代的基础上,可将迭代法进一步扩展为以“块”为基础的迭代,即将矩阵 $\boldsymbol{A}$ 和向量 $\boldsymbol{f}$ 分块,然后将相应的子块视为一个分量并按照通常的点迭代法类似地进行迭代,具体描述如下:

设线性代数方程组(4-1)的系数矩阵 $\boldsymbol{A}$、未知量 $\boldsymbol{u}$ 和右端项 $\boldsymbol{f}$ 可以写成分块的形式,即

$$\widetilde{\boldsymbol{A}} = \begin{pmatrix} \boldsymbol{A}_{11} & \boldsymbol{A}_{12} & \cdots & \boldsymbol{A}_{1J} \\ \boldsymbol{A}_{21} & \boldsymbol{A}_{22} & \cdots & \boldsymbol{A}_{2J} \\ \vdots & \vdots & \ddots & \vdots \\ \boldsymbol{A}_{J1} & \boldsymbol{A}_{J2} & \cdots & \boldsymbol{A}_{JJ} \end{pmatrix}, \quad \widetilde{\boldsymbol{u}} = \begin{pmatrix} \boldsymbol{\xi}_1 \\ \boldsymbol{\xi}_2 \\ \vdots \\ \boldsymbol{\xi}_J \end{pmatrix}, \quad \widetilde{\boldsymbol{f}} = \begin{pmatrix} \boldsymbol{\beta}_1 \\ \boldsymbol{\beta}_2 \\ \vdots \\ \boldsymbol{\beta}_J \end{pmatrix}$$

矩阵中每个元素都是一个较小的子矩阵：

$$\boldsymbol{A}_{ij} \in \mathbb{R}^{N_i \times N_j}, \boldsymbol{\xi}_j \in \mathbb{R}^{N_j}, \boldsymbol{\beta}_i \in \mathbb{R}^{N_i} \qquad (1 \leqslant i,j \leqslant J, N = \sum_i N_i)$$

这里 $\widetilde{\boldsymbol{A}}$ 和 $\boldsymbol{A}$ 是同一个矩阵，它们之间唯一的区别就是 $\widetilde{\boldsymbol{A}}$ 是人为地定义的块结构。与点迭代法类似，定义分块矩阵的分裂表示：

$$\widetilde{\boldsymbol{A}} = \widetilde{\boldsymbol{D}} - \widetilde{\boldsymbol{L}} - \widetilde{\boldsymbol{U}}$$

其中 $\widetilde{\boldsymbol{D}}$ 是 $\widetilde{\boldsymbol{A}}$ 的块对角矩阵，$\widetilde{\boldsymbol{L}}$ 和 $\widetilde{\boldsymbol{U}}$ 分别是 $\widetilde{\boldsymbol{A}}$ 的严格块下三角和严格块上三角矩阵。可以记为：

$$\widetilde{\boldsymbol{D}} = \begin{pmatrix} \boldsymbol{A}_{11} & & & \\ & \boldsymbol{A}_{22} & & \\ & & \ddots & \\ & & & \boldsymbol{A}_{JJ} \end{pmatrix}, \quad \widetilde{\boldsymbol{L}} = -\begin{pmatrix} 0 & & & \\ \boldsymbol{A}_{21} & 0 & & \\ \vdots & \vdots & \ddots & \\ \boldsymbol{A}_{J1} & \cdots & \boldsymbol{A}_{J-1,1} & 0 \end{pmatrix}$$

$$\widetilde{\boldsymbol{U}} = -\begin{pmatrix} 0 & \boldsymbol{A}_{12} & \cdots & \boldsymbol{A}_{1J} \\ & 0 & \vdots & \vdots \\ & & \ddots & \boldsymbol{A}_{1,J-1} \\ & & & 0 \end{pmatrix}$$

相应地，定义块迭代法，如块 Jacobi（Block Jacobi）迭代、块 Gauss-Seidel（Block Gauss-Seidel）迭代和块 SOR 迭代等：

$$\widetilde{\boldsymbol{u}}^{m+1} = \widetilde{\boldsymbol{u}}^m + \widetilde{\boldsymbol{B}}(\widetilde{\boldsymbol{f}} - \widetilde{\boldsymbol{A}}\,\widetilde{\boldsymbol{u}}^m) \tag{4-18}$$

其中

$$\widetilde{\boldsymbol{B}} = \begin{cases} \widetilde{\boldsymbol{D}}^{-1} & \text{块 Jacobi 方法} \\ (\widetilde{\boldsymbol{D}} - \widetilde{\boldsymbol{L}})^{-1} & \text{块 Gauss - Seidel 方法} \\ \omega(\widetilde{\boldsymbol{D}} - \omega\widetilde{\boldsymbol{L}})^{-1} & \text{块 SOR 方法} \end{cases} \tag{4-19}$$

块迭代法[式(4-18)]中每个元素块都是一个小矩阵。与点迭代法不同的是,求解每个子块问题 $\boldsymbol{A}_{ii}$ 可能比较困难或相当耗时,所以一般很难精确地求出迭代矩阵 $\widetilde{\boldsymbol{B}}$。为了使块迭代法在实际计算中可行,常定义近似块迭代法,即用每个小块矩阵 $\boldsymbol{A}_{ii}$ 的对角部分来代替 $\boldsymbol{A}_{ii}$,记这个近似迭代矩阵为 $\widetilde{\boldsymbol{R}}$。这样,就可以取

$$\widetilde{\boldsymbol{B}}=\begin{cases}\widetilde{\boldsymbol{R}} & \text{近似块 Jacobi 方法}\\ (\widetilde{\boldsymbol{R}}^{-1}-\widetilde{\boldsymbol{L}})^{-1} & \text{近似块 Gauss - Seidel 方法}\\ \omega(\widetilde{\boldsymbol{R}}^{-1}-\omega\widetilde{\boldsymbol{L}})^{-1} & \text{近似块 SOR 方法}\end{cases}\tag{4-20}$$

其中,$\widetilde{\boldsymbol{R}}$ 是 $\widetilde{\boldsymbol{D}}^{-1}$ 的某种近似。这表示在每步迭代时,不需要精确地求解每个对角子块,这种算法更容易实现。

可以证明在和点迭代相同的条件下,如果点迭代法收敛,相应的块迭代法和近似快迭代法同样收敛。下面以近似块 Gauss-Seidel 迭代法为例,证明在 $\widetilde{\boldsymbol{A}}$ 是对称正定的时候,近似块 Gauss-Seidel 迭代法:

$$\widetilde{\boldsymbol{u}}^{m+1}=\widetilde{\boldsymbol{u}}^{m}+(\widetilde{\boldsymbol{R}}^{-1}-\widetilde{\boldsymbol{L}})^{-1}(\widetilde{\boldsymbol{f}}-\widetilde{\boldsymbol{A}}\,\widetilde{\boldsymbol{u}}^{m})\qquad(m=1,2,\cdots)\tag{4-21}$$

的收敛性。

引理 4.1 假设 $\widetilde{\boldsymbol{A}}$ 是对称半正定矩阵,且

$$\overline{\widetilde{\boldsymbol{D}}}=\widetilde{\boldsymbol{R}}^{-\mathrm{T}}+\widetilde{\boldsymbol{R}}^{-1}-\widetilde{\boldsymbol{D}}$$

非奇异,则有:

$$\overline{\widetilde{\boldsymbol{B}}}^{-1}=(\widetilde{\boldsymbol{R}}^{-\mathrm{T}}-\widetilde{\boldsymbol{U}})^{\mathrm{T}}\overline{\widetilde{\boldsymbol{D}}}^{-1}(\widetilde{\boldsymbol{R}}^{-\mathrm{T}}-\widetilde{\boldsymbol{U}})=\widetilde{\boldsymbol{A}}+(\widetilde{\boldsymbol{D}}-\widetilde{\boldsymbol{U}}-\boldsymbol{R}^{-1})^{\mathrm{T}}\overline{\widetilde{\boldsymbol{D}}}^{-1}(\widetilde{\boldsymbol{D}}-\widetilde{\boldsymbol{U}}-\boldsymbol{R}^{-1})\tag{4-22}$$

并且,对于任意 $\widetilde{\boldsymbol{v}}$,有

$$\widetilde{\boldsymbol{v}}^{\mathrm{T}}\widetilde{\boldsymbol{B}}^{-1}\widetilde{\boldsymbol{v}}=[(\widetilde{\boldsymbol{R}}^{-\mathrm{T}}+\boldsymbol{U})\widetilde{\boldsymbol{v}}]^{\mathrm{T}}\overline{\widetilde{\boldsymbol{D}}}^{-1}(\widetilde{\boldsymbol{R}}^{-\mathrm{T}}+\boldsymbol{U})\widetilde{\boldsymbol{v}}\tag{4-23}$$

和

$$\widetilde{\boldsymbol{v}}^{\mathrm{T}}\widetilde{\boldsymbol{B}}^{-1}\widetilde{\boldsymbol{v}}=\widetilde{\boldsymbol{v}}^{\mathrm{T}}\widetilde{\boldsymbol{A}}\widetilde{\boldsymbol{v}}+[(\widetilde{\boldsymbol{D}}+\widetilde{\boldsymbol{U}}-\boldsymbol{R}^{-1})\widetilde{\boldsymbol{v}}]^{\mathrm{T}}\overline{\widetilde{\boldsymbol{D}}}^{-1}(\widetilde{\boldsymbol{D}}+\widetilde{\boldsymbol{U}}-\boldsymbol{R}^{-1})\widetilde{\boldsymbol{v}}\tag{4-24}$$

证明: 由于恒等式

$$\begin{aligned}\overline{\widetilde{\boldsymbol{B}}}&=\widetilde{\boldsymbol{B}}+\widetilde{\boldsymbol{B}}^{\mathrm{T}}-\widetilde{\boldsymbol{B}}^{\mathrm{T}}\widetilde{\boldsymbol{A}}\widetilde{\boldsymbol{B}}\\&=\widetilde{\boldsymbol{B}}^{\mathrm{T}}(\widetilde{\boldsymbol{B}}^{-1}+\widetilde{\boldsymbol{B}}^{-\mathrm{T}}-\widetilde{\boldsymbol{A}})\widetilde{\boldsymbol{B}}\\&=\widetilde{\boldsymbol{B}}^{\mathrm{T}}\overline{\widetilde{\boldsymbol{D}}}\widetilde{\boldsymbol{B}}\end{aligned}$$

其中

$$\overline{\widetilde{\boldsymbol{D}}} = \widetilde{\boldsymbol{B}}^{-1} + \widetilde{\boldsymbol{B}}^{-\mathrm{T}} - \boldsymbol{A} = \widetilde{\boldsymbol{R}}^{-\mathrm{T}} + \widetilde{\boldsymbol{R}}^{-1} - \widetilde{\boldsymbol{D}}$$

所以

$$\begin{aligned}
\overline{\widetilde{\boldsymbol{B}}}^{-1} &= \widetilde{\boldsymbol{B}}^{-1}\overline{\widetilde{\boldsymbol{D}}}^{-1}\widetilde{\boldsymbol{B}}^{-\mathrm{T}} \\
&= (\overline{\widetilde{\boldsymbol{D}}} + \widetilde{\boldsymbol{A}} - \widetilde{\boldsymbol{B}}^{-\mathrm{T}})\overline{\widetilde{\boldsymbol{D}}}^{-1}(\overline{\widetilde{\boldsymbol{D}}} + \widetilde{\boldsymbol{A}} - \widetilde{\boldsymbol{B}}^{-1}) \\
&= (\overline{\widetilde{\boldsymbol{D}}} + \widetilde{\boldsymbol{A}} - \widetilde{\boldsymbol{B}}^{-\mathrm{T}})\overline{\widetilde{\boldsymbol{D}}}^{-1}(\overline{\widetilde{\boldsymbol{D}}} + \widetilde{\boldsymbol{A}} - \widetilde{\boldsymbol{B}}^{-1}) \\
&= \widetilde{\boldsymbol{A}} + (\widetilde{\boldsymbol{A}} - \widetilde{\boldsymbol{B}}^{-\mathrm{T}})\overline{\widetilde{\boldsymbol{D}}}^{-1}(\boldsymbol{A} - \widetilde{\boldsymbol{B}}^{-1})
\end{aligned}$$

因此,所需证明的结论成立。

定理 4.2 当矩阵

$$\overline{\widetilde{\boldsymbol{D}}} \equiv \widetilde{\boldsymbol{R}}^{-\mathrm{T}} + \widetilde{\boldsymbol{R}}^{-1} - \widetilde{\boldsymbol{D}}$$

对称正定,且满足如下的估计式时

$$\| I - \widetilde{\widetilde{\boldsymbol{BA}}} \|_A^2 = 1 - \frac{1}{c_1} = 1 - \frac{1}{1 + c_0}$$

近似块 Gauss-Seidel 迭代法收敛。其中

$$c_1 = \sup_{\|\boldsymbol{v}\|_A = 1}((\widetilde{\boldsymbol{R}}^{\mathrm{T}} + \widetilde{\boldsymbol{U}})\boldsymbol{v})^{\mathrm{T}}\overline{\widetilde{\boldsymbol{D}}}^{-1}(\widetilde{\boldsymbol{R}}^{-\mathrm{T}} + \widetilde{\boldsymbol{U}})\boldsymbol{v}$$

$$c_0 = \sup_{\|\boldsymbol{v}\|_A = 1}\{[(\widetilde{\boldsymbol{D}} + \widetilde{\boldsymbol{U}}) - \widetilde{\boldsymbol{R}}^{-1}]\boldsymbol{v}\}^{\mathrm{T}}\overline{\widetilde{\boldsymbol{D}}}^{-1}(\widetilde{\boldsymbol{D}} + \widetilde{\boldsymbol{U}} - \widetilde{\boldsymbol{R}}^{-1})\boldsymbol{v}$$

特别地,如果取 $\widetilde{\boldsymbol{R}} = \widetilde{\boldsymbol{D}}^{-1}$,则$\overline{\widetilde{\boldsymbol{R}}} = \widetilde{\boldsymbol{D}}^{-1}$,且

$$c_1 = \sup_{\|\boldsymbol{v}\|_A = 1}((\widetilde{\boldsymbol{D}} + \widetilde{\boldsymbol{U}})\boldsymbol{v})^{\mathrm{T}}\widetilde{\boldsymbol{D}}^{-1}(\widetilde{\boldsymbol{D}} + \widetilde{\boldsymbol{U}})\boldsymbol{v}$$

$$c_0 = \sup_{\|\boldsymbol{v}\|_A = 1}(\widetilde{\boldsymbol{U}}\boldsymbol{v})^{\mathrm{T}}\widetilde{\boldsymbol{D}}^{-1}\widetilde{\boldsymbol{U}}\boldsymbol{v}$$

证明:由定义可得:

$$\begin{aligned}
\| I - \widetilde{\widetilde{\boldsymbol{BA}}} \|_A^2 &= \sup_{\|\boldsymbol{v}\|_A = 1}\frac{[(I - \boldsymbol{BA})\boldsymbol{v},(I - \boldsymbol{BA})\boldsymbol{v}]_A}{(\boldsymbol{v},\boldsymbol{v})_A} \\
&= 1 - \inf_{\|\boldsymbol{v}\|_A = 1}\frac{(\overline{\widetilde{\boldsymbol{B}}}\boldsymbol{A}\boldsymbol{v},\boldsymbol{A}\boldsymbol{v})_A}{(\boldsymbol{v},\boldsymbol{v})_A}
\end{aligned}$$

由于

$$\inf_{\|\boldsymbol{v}\|_A=1} \frac{(\overline{\widetilde{\boldsymbol{B}}}\boldsymbol{A}\boldsymbol{v},\boldsymbol{A}\boldsymbol{v})_A}{(\boldsymbol{v},\boldsymbol{v})_A} = \lambda_{\min}(\overline{\widetilde{\boldsymbol{B}}}\boldsymbol{A}) = \lambda_{\max}(\boldsymbol{A}^{-1}\overline{\widetilde{\boldsymbol{B}}}^{-1})$$

所以

$$1 - \inf_{\|\boldsymbol{v}\|_A=1} \frac{(\overline{\widetilde{\boldsymbol{B}}}\boldsymbol{A}\boldsymbol{v},\boldsymbol{A}\boldsymbol{v})_A}{(\boldsymbol{v},\boldsymbol{v})_A} = 1 - \sup_{\|\boldsymbol{v}\|_A=1} (\overline{\widetilde{\boldsymbol{B}}}^{-1}\boldsymbol{v},\boldsymbol{v})_A$$

由引理 4.1 可知:

$$\sup_{\|\boldsymbol{v}\|_A=1} (\overline{\widetilde{\boldsymbol{B}}}^{-1}\boldsymbol{v},\boldsymbol{v})_A = c_1 = \sup_{\|\boldsymbol{v}\|_A=1} [(\widetilde{\boldsymbol{R}}^{\mathrm{T}} + \widetilde{\boldsymbol{U}})\boldsymbol{v}]^{\mathrm{T}} \overline{\widetilde{\boldsymbol{D}}}^{-1} (\widetilde{\boldsymbol{R}}^{-\mathrm{T}} + \widetilde{\boldsymbol{U}})\boldsymbol{v}$$

同样

$$\begin{aligned}\sup_{\|\boldsymbol{v}\|_A=1} (\overline{\widetilde{\boldsymbol{B}}}^{-1}\boldsymbol{v},\boldsymbol{v})_A &= \widetilde{\sup_{\|\boldsymbol{v}\|_A=1} \boldsymbol{v}^{\mathrm{T}}}\widetilde{\boldsymbol{A}}\widetilde{\boldsymbol{v}} + [(\widetilde{\boldsymbol{D}} + \widetilde{\boldsymbol{U}} - \boldsymbol{R}^{-1})\widetilde{\boldsymbol{v}}]^{\mathrm{T}} \overline{\widetilde{\boldsymbol{D}}}^{-1} (\widetilde{\boldsymbol{D}} + \widetilde{\boldsymbol{U}} - \boldsymbol{R}^{-1})\widetilde{\boldsymbol{v}} \\ &= 1 + c_0\end{aligned}$$

因此,所需证明的结论成立。

第二节　克雷洛夫子空间迭代法

在第一节的定常迭代法中,需要假设系数矩阵具有对角占优或对称正定等性质保证迭代法收敛,但在油藏数值模拟中,大规模的线性方程组通常不具备这些性质,此时定常迭代法的收敛性得不到保证,有时甚至不收敛。为了克服定常迭代法的缺点,20 世纪 50 年代出现了克雷洛夫子空间(Krylov)方法。

设 $\boldsymbol{u}^0$ 为初始值,则线性代数方程组(4-1)的残量可以表示为:

$$r = \boldsymbol{f} - \boldsymbol{A}\boldsymbol{u}$$

$\{r^k\}_{k\geqslant 0}$表示迭代法的残量序列,其中

$$r^K = \boldsymbol{f} - \boldsymbol{A}\boldsymbol{u}^k \tag{4-25}$$

Krylov 子空间迭代法是求使误差或残差在 Krylov 子空间

$$K_m = \mathrm{span}\{r^{(0)}, \boldsymbol{A}r^{(0)}, \cdots, \boldsymbol{A}^{m-1}r^{(0)}\} \qquad (m \geqslant 1)$$

上达到极小值的方法。给定一个初始向量 $\boldsymbol{u}^{(0)}$,按某个方向使残差取得极小,并在此方向上修正近似解 $\boldsymbol{u}^{(k+1)} = \boldsymbol{u}^{(k)} + r^{(k)}$,重复迭代可逼近式(4-1)的精确解 u^*。迭代过程中,Krylov 子空间方法不构造迭代矩阵。

由逼近论结果可知 Krylov 子空间迭代法的近似解满足:

$$\boldsymbol{A}^{-1}\boldsymbol{f} \approx \boldsymbol{u}^m = \boldsymbol{u}^0 + q_{m-1}(\boldsymbol{A})R^0$$

其中 q_{m-1}是某一个 $m-1$ 阶多项式。若初值 $\boldsymbol{u}^0 = 0$,则 $q_{m-1}(\boldsymbol{A})\boldsymbol{f}$ 是 $\boldsymbol{A}^{-1}\boldsymbol{f}$ 的一个近似。换句话说,多项式 $q_{m-1}(\boldsymbol{u})$ 是 $1/\boldsymbol{u}$ 的近似,如果令 $\boldsymbol{u} = \boldsymbol{A}$, $q_{m-1}(\boldsymbol{A})$ 就是 $\boldsymbol{A}^{-1}$的一个近似。Krylov 子空间

迭代法的相对残量有如下估计：

$$\frac{\| r^m \|}{\| r^0 \|} \leqslant \min_{q \in P_{m-1}} \max_{\lambda \in \Lambda(A)} |q(\lambda)| \tag{4-26}$$

其中 P_{m-1} 表示 $m-1$ 阶多项式的集合，而 $\Lambda(\boldsymbol{A})$ 是 $\boldsymbol{A}$ 的特征值组成的集合。虽然不同的 Krylov 子空间方法最终都会得到相似的多项式，但不同的多项式的选取，会影响到迭代法的收敛速度。

Krylov 子空间方法主要包括共轭梯度法、最小残量法、广义最小残量法和稳定双共轭梯度法等，这些迭代法主要由矩阵向量乘积及向量间的运算构成，存储量小（系数矩阵压缩存储）、计算量小、易于实现，且具有精度高、稳定性好、收敛速度快的优点，目前已经成为求解油藏数值模拟问题的成功、有效方法。

一、共轭梯度法

共轭梯度法（Conjugate Gradient 或 CG 方法）由 Hestenes 和 Stiefel 提出（Saad，2003；谷同祥，2015）。若系数矩阵 $\boldsymbol{A}$ 对称正定，则共轭梯度法（CG 方法）是一种正交投影方法，且满足在能量范数或 $\boldsymbol{A}$ 范数下的最小化问题：

$$\| \boldsymbol{u} \|_{\boldsymbol{A}} = (\boldsymbol{u}^{\mathrm{T}} \boldsymbol{A} \boldsymbol{u})^{\frac{1}{2}}$$

考虑二阶多项式

$$\varphi(\boldsymbol{u}) = \frac{1}{2}\boldsymbol{u}^{\mathrm{T}}\boldsymbol{A}\boldsymbol{u} - \boldsymbol{f}^{\mathrm{T}}\boldsymbol{u} + \gamma \tag{4-27}$$

由于 $\boldsymbol{A}$ 对称正定 $\varphi(\boldsymbol{u})$ 是一个凸函数，因此有唯一的极小值（即最小值）。如果 u^* 是函数的极小值点，则有：

$$\nabla\varphi(u^*) = \boldsymbol{f} - \boldsymbol{A}u^* = 0$$

所以，u^* 是线性代数方程组的精确解。如果取 $\gamma = \frac{1}{2}\boldsymbol{f}^{\mathrm{T}}\boldsymbol{A}^{-1}\boldsymbol{f}$，则有：

$$\begin{aligned}\| \boldsymbol{f} - \boldsymbol{A}\boldsymbol{u} \|_{\boldsymbol{A}^{-1}}^2 = \| u^* - \boldsymbol{u} \|_{\boldsymbol{A}}^2 &= (u^*)^{\mathrm{T}}\boldsymbol{A}u^* - 2(u^*)^{\mathrm{T}}\boldsymbol{A}\boldsymbol{u} + \boldsymbol{u}^{\mathrm{T}}\boldsymbol{A}\boldsymbol{u} \\ &= \boldsymbol{u}^{\mathrm{T}}\boldsymbol{A}\boldsymbol{u} - 2\boldsymbol{f}^{\mathrm{T}}\boldsymbol{u} + \boldsymbol{f}^{\mathrm{T}}\boldsymbol{A}^{-1}\boldsymbol{f} = 2\varphi(\boldsymbol{u})。\end{aligned}$$

求解线性代数方程组 $\boldsymbol{A}\boldsymbol{u} = \boldsymbol{f}$ 等价于求解二阶函数 $\varphi(\boldsymbol{u})$ 的极小值，也等价于求解误差 $u^* - \boldsymbol{u}$ 在能量范数下的极小值问题。如果在共轭梯度法的第 m 步（m 为任意正整数），能够找到向量 $\boldsymbol{u}^m$ 满足：

$$\boldsymbol{u}^m = \min_{u \in u^0 + K_m} \varphi(\boldsymbol{u}) \tag{4-28}$$

重复上述过程，理论上可以在 N 步以内找到线性代数方程组的精确解。

取一组共轭方向 $\{\boldsymbol{v}^m\}$，它们两两在 $\boldsymbol{A}$ 内积意义下相互正交，即

$$(\boldsymbol{v}^m)^{\mathrm{T}}\boldsymbol{A}\boldsymbol{v}^j = 0 \qquad (j = 0, 1, \cdots, m-1)$$

那么第 m 步的极小化问题可以转化为：

$$\boldsymbol{u}^{m}=\boldsymbol{u}^{m-1}+\alpha_{m-1}\boldsymbol{v}^{m-1},r^{m}=r^{m-1}-\omega^{m-1}\boldsymbol{A}\boldsymbol{v}^{m-1}$$

其中 α_m 是在 $\boldsymbol{u}^{m-1}+\alpha_m\boldsymbol{v}^{m-1}$ 方向上的线性搜索步长，使得残量在这个方向上达到极小值。α_m 可以通过如下的方式计算：

$$\alpha_{m-1}=\frac{(r^{m-1})^{\mathrm{T}}\boldsymbol{v}^{m-1}}{(\boldsymbol{v}^{m-1})^{\mathrm{T}}\boldsymbol{A}\boldsymbol{v}^{m-1}}$$

考虑到正交性

$$K_{m-1}\perp r^{m-1}\in K_{m}$$

可以证明$\{r^{m}\}_{m=0}^{N}$是 Krylov 子空间 K_N的一组正交基。如果选择共轭搜索方向为$\{r^{m}\}_{m=0}^{N}$，可以得到标准的共轭梯度法，其算法细节如下：

算法 4.4 共轭梯度法

$r^{0}=\boldsymbol{f}-\boldsymbol{A}\boldsymbol{u}^{0};p^{0}=r^{0}$

FOR $k=1$ UNTIL 收敛 DO

$\alpha_{m}=\dfrac{(r^{m})^{\mathrm{T}}r^{m}}{(p^{m})^{\mathrm{T}}\boldsymbol{A}p^{m}}$

$u^{m+1}=u^{m}+\alpha_{m}p^{m}$

$r^{m+1}=r^{m}-\alpha_{m}\boldsymbol{A}p^{m}$

IF $r^{m+1}<tol$ THEN 算法收敛

$\beta_{m}=\dfrac{(r^{m+1})^{\mathrm{T}}r^{m+1}}{(r^{m})^{\mathrm{T}}r^{m}}$

$p^{m+1}=r^{m+1}+\beta_{m}p^{m}$

END IF

END FOR

共轭梯度法作为迭代法能从理论上保证每步迭代都会比上一步的误差更小，从而保证了迭代法的收敛性。理论上，共轭梯度法可以确保在有限步得到线性代数方程组的精确解，其最大步数不会超过矩阵 $\boldsymbol{A}$ 的规模 N，所以可以被认为是一种直接法。但是，由于计算过程中的舍入误差，共轭梯度法作为直接法使用非常不稳定，即使小的扰动也会使得所选取的搜索方向失去正交性，从而不能够在有限步内得到精确解。况且，在实际计算中，当问题规模较大时即使是 N 步可以终止也是不能接受的。

共轭梯度法可以通过较少的迭代步数（远小于问题规模）使得数值解和精确解的误差达到所需的小量，其收敛速度和矩阵 $\boldsymbol{A}$ 的条件数 $\kappa(\boldsymbol{A})$ 相关。对称正定矩阵 $\boldsymbol{A}$ 的条件数可以定义如下：

$$\kappa(\boldsymbol{A})=\frac{\lambda_{\max}(\boldsymbol{A})}{\lambda_{\min}(\boldsymbol{A})}$$

其中 $\lambda_{\max}(\boldsymbol{A})$ 和 $\lambda_{\min}(\boldsymbol{A})$ 是矩阵 $\boldsymbol{A}$ 的最大和最小的特征值。条件数是问题性质好坏的一个重要标志，如果条件数较大，则问题关于扰动的稳定性差，迭代法一般收敛较慢。所以，一般把条件数较大的矩阵称为病态矩阵。当然，用一个单一的数表征一个矩阵的性质是有很多局限性的，有时即使知道所有特征值的分布也很难完全确定一个迭代法的收敛性。但是无论如何，条件数都是矩阵性质的一个重要表征参数。

关于共轭梯度法的收敛性分析有如下的理论结果（Daniel，1967）：

定理 4.3 （共轭梯度法的收敛性）设 $\boldsymbol{u}^m$ 是共轭梯度法第 m 步的近似解，u^* 是线性代数方程组的精确解，有如下的估计：

$$\| u^* - \boldsymbol{u}^m \|_A \leqslant 2\left(\frac{\sqrt{\kappa(\boldsymbol{A})}-1}{\sqrt{\kappa(\boldsymbol{A})}+1}\right)^m \| u^* - \boldsymbol{u}^0 \|_A \tag{4-29}$$

证明：对于任意 $m-1$ 阶多项式 q_{m-1}，记

$$\widetilde{\boldsymbol{u}}^m = q_{m-1}(\boldsymbol{A})\boldsymbol{f} = q_{m-1}(\boldsymbol{A})\boldsymbol{A}u^* = \boldsymbol{A}q_{m-1}(\boldsymbol{A})u^*$$

由式（4-28），有：

$$\begin{aligned}(u^* - \boldsymbol{u}^m)^{\mathrm{T}}\boldsymbol{A}(u^* - \boldsymbol{u}^m) &\leqslant \min_{q_{m-1}}(u^* - \widetilde{\boldsymbol{u}}^m)^{\mathrm{T}}\boldsymbol{A}(u^* - \widetilde{\boldsymbol{u}}^m)\\ &\leqslant \min_{q_{m-1}}\{[I-\boldsymbol{A}q_{m-1}(\boldsymbol{A})]u^*\}^{\mathrm{T}}\boldsymbol{A}(I-\boldsymbol{A}q_{m-1}(\boldsymbol{A}))u^*\\ &\leqslant \min_{q_m(0)=1}(q_m(\boldsymbol{A})u^*)^{\mathrm{T}}\boldsymbol{A}q_m(\boldsymbol{A})u^*\\ &\leqslant \min_{q_m(0)=1}\max_{\lambda\in\sigma(\boldsymbol{A})}|q_m(\lambda)|^2(u^*)^{\mathrm{T}}\boldsymbol{A}u^*\\ &\leqslant \min_{q_m(0)=1}\max_{\lambda\in[a,b]}|q_m(\lambda)|^2(u^*)^{\mathrm{T}}\boldsymbol{A}u^*\end{aligned}$$

这里，$a=\lambda_{\min}(\boldsymbol{A})$，$b=\lambda_{\max}(\boldsymbol{A})$

取

$$\tilde{q}_m(\lambda)=\frac{T_m\left(\dfrac{b+a-2\lambda}{b-a}\right)}{T_m\left(\dfrac{b+a}{b-a}\right)}$$

其中 T_m 是 m 阶切比雪夫多项式（Chebyshev polynomial），定义为：

$$T_m(t)=\begin{cases}\cos(m\cos^{-1}(t)) & (\text{如果 } |t|\leqslant 1)\\ (\operatorname{sign}(t))^m\cosh(m\cosh^{-1}(t)) & (\text{如果 } |t|\geqslant 1)\end{cases}$$

注意到，对于任意 $\lambda\in[a,b]$，有 $T_m\left(\dfrac{b+a-2\lambda}{b-a}\right)\leqslant 1$，因此

$$\max_{\lambda \in [a,b]} | \tilde{q}_m(\lambda) | \leqslant \left[T_m\left(\frac{b+a}{b-a}\right) \right]^{-1}$$

取

$$\frac{b+a}{b-a} = \cosh(\sigma) = \frac{e^{\sigma} + e^{-\sigma}}{2}$$

求解e^{σ},得到:

$$e^{\sigma} = \frac{\sqrt{\kappa(\boldsymbol{A})} + 1}{\sqrt{\kappa(\boldsymbol{A})} - 1}$$

因为 $\kappa(\boldsymbol{A}) = b/a$,有:

$$\cosh(m\sigma) = \frac{e^{m\sigma} + e^{-m\sigma}}{2} \geqslant \frac{1}{2} e^{m\sigma} = \frac{1}{2}\left(\frac{\sqrt{\kappa(\boldsymbol{A})} + 1}{\sqrt{\kappa(\boldsymbol{A})} - 1}\right)^m$$

所以

$$\min_{q_m(0)=1} \max_{\lambda \in [a,b]} | q_m(\lambda) | \leqslant 2\left(\frac{\sqrt{\kappa(\boldsymbol{A})} - 1}{\sqrt{\kappa(\boldsymbol{A})} + 1}\right)^m$$

从而得到所需的误差估计。

定理 4.3 给出了误差收缩因子的上界。当问题的规模越来越大时,偏微分方程的离散系统 $\boldsymbol{A}$ 常常会变得越来越病态,$\kappa(\boldsymbol{A}) \gg 1$。由定理 4.3 可知共轭梯度法的收缩因子上界会变得越来越接近于 1(即迭代收敛得非常缓慢),大量数值实验现象也验证了这一结果。需要说明的是,虽然很多的实际问题都可以利用上述定理给出收敛速度的估计,但是这个估计仍比较粗略。定理 4.4 给出了一种比定理 4.3 更精确的误差估计,它说明共轭梯度法的收敛取决于矩阵 $\boldsymbol{A}$ 特征值的分布,同时也说明对于一些特殊问题,虽然矩阵 $\boldsymbol{A}$ 的条件数很大,但 CG 方法的收敛速度仍然很快。

定理 4.4 假设 $\sigma(\boldsymbol{A}) = \sigma_0(\boldsymbol{A}) \cup \sigma_1(\boldsymbol{A})$,$l$ 是集合$\sigma_0(\boldsymbol{A})$元素的个数,则有:

$$\| u^* - \boldsymbol{u}^m \|_A \leqslant 2M\left(\frac{\sqrt{b/a} - 1}{\sqrt{b/a} + 1}\right)^{m-l} \| u^* - \boldsymbol{u}^0 \|_{\boldsymbol{A}}$$

其中,$a = \min_{\lambda \in \sigma_1(\boldsymbol{A})} \lambda$,$b = \max_{\lambda \in \sigma_1(\boldsymbol{A})} \lambda$。并且

$$M = \max_{\lambda \in \sigma_1(\boldsymbol{A})} \prod_{\mu \in \sigma_0(\boldsymbol{A})} |1 - \lambda\mu|$$

二、最小残量法

最小残量法(MINRES 方法)是由 Paige 和 Saunders 首先提出的(Paige 和 Saunders,1975),主要用于求解对称不定问题。最小残量法和共轭梯度法一样,都可以看作是 Lanczos 方法的一种变形和拓展形式,最小残量法将其拓展到求解对称非正定问题。Lanczos 方法的过程是在给定初始向量 $\boldsymbol{f}$ 时生成 $N \times m$ 的矩阵$\boldsymbol{V}_m = (v^1, v^2, \cdots, v^m)$。假设 $v^0 = 0$,$\beta_1 v^1 = \boldsymbol{f}$,则可以定义三对

角海森伯格矩阵$\underline{\boldsymbol{T}_m}$，使得$\boldsymbol{AV}_m=\boldsymbol{V}_{m+1}\underline{\boldsymbol{T}_m}$和$\boldsymbol{AV}_m=\boldsymbol{V}_m\boldsymbol{T}_m$。$\underline{\boldsymbol{T}_m}$是一个$(m+1)\times m$三对角海森伯格矩阵，$\boldsymbol{T}_m$是由矩阵$\underline{\boldsymbol{T}_m}$的前$m$行组成的，即

$$\underline{\boldsymbol{T}_m}=\begin{pmatrix}\alpha_1 & \beta_2 & & \\ \beta_2 & \alpha_2 & \ddots & \\ & \ddots & \ddots & \beta_m \\ & & & \beta_{m+1}\end{pmatrix}=\begin{pmatrix}\boldsymbol{T}_m \\ \beta_{m+1}\boldsymbol{e}_m^{\mathrm{T}}\end{pmatrix} \tag{4-30}$$

其中$\boldsymbol{e}_m^{\mathrm{T}}$是第$m$个分量为1的单位列向量。

$$p^j=\boldsymbol{Av}^j,\alpha_j=(\boldsymbol{v}^j)^{\mathrm{T}}p^j,\beta_{j+1}\boldsymbol{v}^{j+1}=p^j-\alpha_j v^j-\beta_j\boldsymbol{v}^{j-1}$$

在子空间$\boldsymbol{K}_m$中线性代数方程组的近似解可以由$\boldsymbol{u}^m=\boldsymbol{V}_m\boldsymbol{y}^m$得到，其中$\boldsymbol{y}^m$是待定的系数向量。最小残量法的核心就是在每一步选取合适的向量$\boldsymbol{y}^m$。

由式(4-28)知共轭梯度法是极小化二次函数，可表示为：

$$\boldsymbol{u}^m=\boldsymbol{V}_m\boldsymbol{y}^m,\text{其中}\boldsymbol{y}^m=\operatorname{argmin}_y\phi(\boldsymbol{V}_m\boldsymbol{y})$$

对于对称非正定矩阵$\boldsymbol{A}$，$(\cdot,\cdot)_A$不再是一个内积。此时，可以在$\boldsymbol{K}_m$空间上定义极小化残量的l_2范数，$\|r^m\|$。对于最小残量法

$$\boldsymbol{u}^m=\boldsymbol{V}_m\boldsymbol{y}^m,\boldsymbol{y}^m=\operatorname{argmin}_y\|b-\boldsymbol{AV}_m\boldsymbol{y}\|$$

方程组的残量可以表示为：

$$r^m=\boldsymbol{f}-\boldsymbol{AV}_m\boldsymbol{y}=\beta_1\boldsymbol{v}^1-\boldsymbol{V}_{m+1}\underline{\boldsymbol{T}_m}\boldsymbol{y}=\boldsymbol{V}_{m+1}(\beta_1 e_1-\underline{\boldsymbol{T}_m}\boldsymbol{y})$$

于是，极小化问题等价于

$$\boldsymbol{y}^m=\operatorname{argmin}_y\|\beta_1 e_1-\underline{\boldsymbol{T}_m}\boldsymbol{y}\| \tag{4-31}$$

这个子问题可以通过QR分解来求解：令$Q_0=I$，而且

$$\boldsymbol{Q}_{m,m+1}=\begin{pmatrix}I_{m-1} & & \\ & c_m & s_m \\ & s_m & -c_m\end{pmatrix},\boldsymbol{Q}_m=\boldsymbol{Q}_{m,m+1}\begin{pmatrix}Q_{m-1} & \\ & I\end{pmatrix}$$

$$\boldsymbol{Q}_m(\underline{\boldsymbol{T}_m}\beta_1 e_1)=\begin{pmatrix}\boldsymbol{R}_m & t_m \\ 0 & q_m\end{pmatrix}$$

其中c_m和s_m是对$\boldsymbol{Q}_{m,m+1}$的Householder变换的投影系数，使得$\underline{\boldsymbol{T}_m}$中的元素$\beta_{m+1}$被消除，从而得到上三角矩阵$\boldsymbol{R}_m$。$\boldsymbol{R}_m$和$t_m$在以后的迭代中是不变的。

极小化问题[式(4-31)]的解满足$\boldsymbol{R}_m y^m=t_m$。所以最小残量法不再求解y^m，转而通过向前替换的方式求解$\boldsymbol{R}_m^{\mathrm{T}}\boldsymbol{D}_m^{\mathrm{T}}=\boldsymbol{V}_m^{\mathrm{T}}$，在第$m$步得到$\boldsymbol{D}_m$的第$m$列$d_m$。同时，可以用以下的方式

更新近似解 $\boldsymbol{u}^m$

$$\boldsymbol{u}^m = \boldsymbol{V}_m \boldsymbol{y}^m = \boldsymbol{D}_m \boldsymbol{R}_m \boldsymbol{y}^m = \boldsymbol{D}_m t_m = x_{m-1} + \tau_m \boldsymbol{D}_m, \tau_m = \boldsymbol{e}_m^{\mathrm{T}} t_m$$

最小残量法的算法描述如下：

算法 4.5 最小残量法

$\boldsymbol{v}^1 = \boldsymbol{f} - \boldsymbol{A}\boldsymbol{u}^0; \boldsymbol{v}^0 = 0$

$\beta_1 = \| v_1 \|; \eta = \beta_1$

$\gamma_1 = \gamma_0 = 1; \sigma_1 = \sigma_0 = 0$

$\omega^0 = \omega^{-1} = 0$

FOR $m=1$ TO MaxIter DO

　Lanczos 循环：

　　$\boldsymbol{v}^m = \dfrac{1}{\beta_m}\boldsymbol{v}^m$

　　$\alpha_m = (\boldsymbol{v}^m)^{\mathrm{T}} \boldsymbol{A}\boldsymbol{v}^m$

　　$\boldsymbol{v}^{m+1} = \boldsymbol{A}\boldsymbol{v}^m - \alpha_m \boldsymbol{v}^m - \beta_m \boldsymbol{v}^{m-1}$

　　$\beta_{m+1} = \| \boldsymbol{v}^{m+1} \|$

　QR 分解：

　　$\delta = \gamma_m \alpha_m - \gamma_{m-1} \sigma_m \beta_m$

　　$\rho_1 = \sqrt{\delta^2 + \beta_{m+1}^2}$

　　$\rho_2 = \sigma_m \alpha_m + \gamma_{m-1} \gamma_m \beta_m$

　　$\rho_3 = \sigma_{m-1} \beta_m$

　　$\gamma_{m+1} = \delta / \rho_1$

　　$\sigma_{m+1} = \beta_{m+1} / \rho_1$

　更新解：

　　$\omega^m = \dfrac{\boldsymbol{v}^m - \rho_3 \omega^{m-2} - \rho_2 \omega^{m-1}}{\rho_1}$

　　$\boldsymbol{u}^m = \boldsymbol{u}^{m-1} + \gamma_{m+1} \eta \omega^m$

　　$\| r_m \| = |\sigma_{m+1}| \, \| r_{m-1} \|$

　检查迭代是否收敛

　　$\eta = -\sigma_{m+1} \eta$

END FOR

最小残量法的误差分析可以基于 Krylov 子空间的估计式(4-26)得到，其证明方式类似于共轭梯度法的证明：由于矩阵的对称性其特征向量都是正交的，所以迭代法的收敛速度只取决于矩阵 $\boldsymbol{A}$ 的特征值的分布。最小残量法和共轭梯度法的主要区别在于最小残量法是在 l_2 范数（欧几里德范数）下求解极小化问题而共轭梯度法是求解 $\boldsymbol{A}$ 范数下的极小化问题。另外，由

于最小残量法求解的是非正定矩阵,所以矩阵 $\boldsymbol{A}$ 包含正的和负的实特征值。因此,式(4-31)中极小的多项式需要在实轴两边的值都被控制。若特征值集合 $\Lambda(\boldsymbol{A})\subset[a,b]\cup[c,d]$,其中 $a<b<0<c<d$,并且满足 $|b-a|=|d-c|$,即实轴两端的两个区间长度相同。利用在这两个区间上切比雪夫多项式变换,可以得到如下的估计:

$$\frac{\|r_m\|}{\|r_0\|}\leqslant 2\left(\frac{\sqrt{|ad|}-\sqrt{|bc|}}{\sqrt{|ad|}+\sqrt{|bc|}}\right)^{\frac{m}{2}} \tag{4-32}$$

三、广义最小残量法

由 Saad 和 Schultz(Saad 和 Schultz,1986)提出的广义最小残量法(GMRES 方法)是最小残量法的一种推广,可以用来求解非对称的问题。和最小残量法相似,在广义最小残量法中,对于任意向量 $\boldsymbol{u}\in\boldsymbol{u}^0+\boldsymbol{K}_m$,可以表示成为 $\boldsymbol{u}=\boldsymbol{u}^0+\boldsymbol{V}_m\boldsymbol{v}$,其中 $\boldsymbol{v}$ 是系数向量。定义

$$\varphi(\boldsymbol{v})=\|\boldsymbol{f}-\boldsymbol{A}\boldsymbol{u}\|=\|\boldsymbol{f}-\boldsymbol{A}(\boldsymbol{u}^0+\boldsymbol{V}_m\boldsymbol{v})\|=\|\beta_1 e_1-\overline{\boldsymbol{H}}_m\boldsymbol{v}\|$$

其中 $\overline{\boldsymbol{H}}_m$ 是上三角海森伯格矩阵。正交基 $\boldsymbol{V}_m$ 和 $\overline{\boldsymbol{H}}_m$ 是由 Arnoldi 过程和修正的 Gram-Schmidt 正交化方法生成的(Liesen,Rozloznik 和 Strakos,2002)。如果所求问题的系数矩阵 $\boldsymbol{A}$ 是对称的,那么 Arnoldi 迭代过程就退化为 Lanczos 过程。

对于广义最小残量法,其收敛性分析比较复杂(Saad 和 Schultz,1986):如果 $\boldsymbol{A}$ 是正定矩阵,对残量的欧几里得范数的估计为:

$$\|r^m\|\leqslant\left[1-\frac{\lambda_{\min}^2(\boldsymbol{A}+\boldsymbol{A}^{\mathrm{T}})/2}{\lambda_{\max}(\boldsymbol{A}^{\mathrm{T}}\boldsymbol{A})}\right]^{\frac{m}{2}}\|r^0\|$$

这里,对于一般的矩阵来说,正定矩阵是指 $\boldsymbol{u}^{\mathrm{T}}\boldsymbol{A}\boldsymbol{u}>0$ 对任何非零向量 $\boldsymbol{u}$ 都成立,这等价于 $\boldsymbol{A}$ 的对称部分 $(\boldsymbol{A}+\boldsymbol{A}^{\mathrm{T}})/2$ 的特征值都是正的。

如果 $\boldsymbol{A}$ 是对称正定的,则上述估计就变为:

$$\|r^m\|\leqslant\left(1-\frac{1}{\kappa^2(\boldsymbol{A})}\right)^{\frac{m}{2}}\|r^0\|$$

如果 $\boldsymbol{A}$ 是可对角化矩阵,即存在矩阵 $\boldsymbol{X}$ 满足 $\boldsymbol{A}=\boldsymbol{X}\boldsymbol{\Lambda}\boldsymbol{X}^{-1}$,其中 $\boldsymbol{\Lambda}=\mathrm{diag}\{\lambda_1,\cdots,\lambda_N\}$ 是 $\boldsymbol{A}$ 的特征值组成的对角矩阵。相对误差残量有如下估计:

$$\|r^m\|\leqslant\kappa(\boldsymbol{X})\min_{q\in P_m}\max_{i=1,\cdots,N}|q(\lambda_i)|\,\|r^0\| \tag{4-33}$$

其中 $\kappa(\boldsymbol{X})=\|\boldsymbol{X}\|\,\|\boldsymbol{X}^{-1}\|$,$P_m$ 是所有阶数不超过 m 且在原点处取值为 1 的多项式,即 $q(0)=1$。

由估计式(4-33)知,如果能构造一个多项式满足在矩阵谱上的取值很小就能保证广义最小残量法快速收敛。在求解多项式的极小化问题时,因为有约束条件 $q(0)=1$,多项式在靠近原点的特征值上的取值会迅速增长到 $q(0)=1$。所以,只有当多项式 q 的阶数很高时才有可能使极小值比较小。这就说明,矩阵 $\boldsymbol{A}$ 在原点附近的特征值聚集状况会影响广义最小残量法的收敛速度。

和前面的 CG 或最小残量法不一样，广义最小残量法的一个重要特点是迭代过程中生成的 Krylov 子空间正交基都需要被存储，即如果迭代了 m 步广义最小残量法，就需要存储 m 个长度为 N 的向量。当迭代步数较多时就需要很大的储存空间，所以对于大规模的问题，需要对广义最小残量法方法作出改进。

常用的方法是限制最大的储存步数，即当迭代步达到限制时，重新启动广义最小残量法的迭代过程（Turner 和 Walker，1992）。实现方法是设定最大存储向量个数 m_{max} 执行广义最小残量法，然后计算残量 $\boldsymbol{f}-\boldsymbol{A}\boldsymbol{u}^m$，当 $m=m_{max}$ 时停止迭代过程，这里的 m_{max} 被称为重启参数或回头数。如果残量的范数大于要求，则假定初值为前一步的近似解 $\boldsymbol{u}^0=\boldsymbol{u}^m$，重新执行广义最小残量法迭代。这种可以重启动的广义最小残量迭代法称为重启型广义最小残量法（m_{max}）。虽然重启广义最小残量法不能保证收敛性，且和标准的广义最小残量法相比通常收敛得更慢，但是它可以有效地减少迭代过程中的内存消耗。$\boldsymbol{e}_1$ 是一个向量，其中第 1 个元素是 1.0，其他均为 0。其算法总结如下：

算法 4.6 广义最小残量法（m_{max}）

$r=\boldsymbol{f}-\boldsymbol{A}\boldsymbol{u}^0$；$\boldsymbol{u}=\boldsymbol{u}^0$

FOR $j=1$ TO MaxIter DO

$\beta=\|r\|$；$\boldsymbol{v}^1=r/\beta$；$\hat{b}=\beta\boldsymbol{e}_1$

FOR $m=1$ TO m_{max} DO

$\omega=\boldsymbol{A}\boldsymbol{v}^m$

FOR $i=1$ TO m DO

$h_{i,m}=(\boldsymbol{v}^i)^{\mathrm{T}}\omega$

$\omega=\omega-h_{i,m}\boldsymbol{v}^i$

END FOR

$h_{m+1,m}=\|\omega\|$

$\boldsymbol{v}^{m+1}=\omega/h_{m+1,m}$

$r_{1,m}=h_{1,m}$

FOR $i=1$ TO m DO

$\gamma=c_{i-1}r_{i-1,i}+s_{i-1}h_{i,m}$

$r_{i,m}=-s_{i-1}r_{i-1,m}+c_{i-1}h_{i,m}$

$r_{i-1,m}=\gamma$

END FOR

$\delta=\sqrt{r_{m,m}^2+h_{m+1,m}^2}$

$c_m=r_{m,m}/\delta$；$s_m=h_{m+1,m}/\delta$

$r_{m,m}=c_m r_{m,m}+s_m h_{m+1,m}$

$\hat{b}_{m+1}=-s_m\hat{b}_m$；$\hat{b}_m=c_m\hat{b}_m$

$\rho=|\hat{b}_{m+1}|=\|b-\boldsymbol{A}\boldsymbol{u}^{(j-1)m_{max}+m}\|$

```
        IF ρ<tol THEN
            n_r = m; BREAK
        END IF
        n_r = m_max
        y^{n_r} = b̂_{n_r} / r_{n_r,n_r}
    END FOR
  FOR m = n_{r-1} TO 1 DO
```

$$y^m = \left(\hat{b}_m - \sum_{i=m+1}^{n_r} r_{m,i} y^i\right) / r_{m,m}$$

```
  END FOR
```

$$\boldsymbol{u} = \boldsymbol{u} + \sum_{i=1}^{n_r} y_i^1 \boldsymbol{v}^i$$

$r = \boldsymbol{f} - \boldsymbol{A}\boldsymbol{u}$

```
END FOR
```

在广义最小残量法($m_{\max}$)中,每次重启时都丢弃了前面正交基的信息,这将导致广义最小残量法的收敛速度变慢。针对这个问题,有很多方法能够加速广义最小残量法($m_{\max}$)的收敛,如广义最小残量法-E 和 L 广义最小残量法等,这里不再详细讨论。

另外,为广义最小残量法($m_{\max}$)选取合适的重启数并不容易,下面介绍一种自动重起技术(Baker,Jessup 和 Kolev,2009),简单的算法描述如下:

算法 4.7 自动重启的广义最小残量法($m_{\max}$)

Step 1 初始化参数 $m_{\min}, d, cr_{\max}, cr_{\min}, cr = 1$

Step 2 给定 $\boldsymbol{u}^0$,计算 $r^0 = \boldsymbol{f} - \boldsymbol{A}\boldsymbol{u}^0$,及 $rnrm = \| r^0 \|$,令 $q^1 = r^0 / rnrm$

Step 3 保存残量范数:$rnrm_{\text{old}} = rnrm$

Step 4 确定回头数 m,具体步骤如下

```
IF cr>cr_max THEN
    m = m_max
ELSE   IF cr>cr_min THEN
    IF m−d>m_min THEN
        m = m−d
    ELSE
        m = m_max
    END IF
END IF
```

Step 5 利用 Arnoldi 过程(固定做 m 步)得到 $Q^m=(q^0,q^1,\cdots,q^m)$,具体步骤如下

FOR $j=1$ TO m DO

  $\bar{q}=\boldsymbol{A}q^j$

  FOR $i=1$ TO j DO

    $h_{ij}=\bar{\boldsymbol{q}}^{\mathrm{T}}q^i$

  END FOR

  $\bar{q}^{j+1}=\bar{q}-\sum_{i=1}^{j}h_{ij}q^i$

  $h_{j+1,j}=\|\bar{q}^{j+1}\|$

  IF $h_{j+1,j}=0$ THEN

    RETURN

  END IF

  $q^{j+1}=\bar{q}^{j+1}/h_{j+1,j}$

END FOR

Step 6 求解极小化问题 $\|b-\boldsymbol{A}(\boldsymbol{u}^0+\boldsymbol{Q}_m\boldsymbol{y}^m)\|=\min_{z\in R^m}\|b-\boldsymbol{A}(\boldsymbol{u}^0+\boldsymbol{Q}_mz)\|$

Step 7 令 $\boldsymbol{u}^m=\boldsymbol{u}^0+\boldsymbol{Q}_m\boldsymbol{y}^m$

Step 8 计算 $r^m=\boldsymbol{f}-\boldsymbol{A}\boldsymbol{u}^m$ 及 $rnrm=\|r^m\|$,若 $rnrm$ 达到精度要求,则算法结束;否则做以下两步:

计算 $cr=\dfrac{rnrm}{rnrm_{\text{old}}}$

令 $\boldsymbol{u}^0=\boldsymbol{u}^m,q^1=r^m/\|r^m\|$,转至 Step 3

上述算法中,$m_{\min}$和 d 应尽可能小,如 $m_{\min}$取 1 或 3,$d=3$,$cr_{\max}$和 $cr_{\min}$可分别取为 $\cos(8°)\approx0.99$ 和 $\cos(80°)\approx0.174$。

四、稳定双共轭梯度法

稳定双共轭梯度法(BiCGSTAB 方法)是由 H. A. van der Vorst 提出的用于数值求解非对称线性方程组的一种迭代方法(Vorst,1992)。它是双共轭梯度法(BiCG)的一个变种,比双共轭梯度法本身以及诸如共轭梯度平方法(CGS)等其他变种有更快速和更平滑的收敛性。

设 $\boldsymbol{A}$ 非奇异,下面介绍稳定双共轭梯度法,迭代格式为:

$$\alpha_k=\frac{(r^k)^{\mathrm{T}}r^0}{(p^k)^{\mathrm{T}}\boldsymbol{A}r^0}$$

$$s^k=r^k-\alpha_k\boldsymbol{A}p^k$$

$$\omega_k=\frac{(s^k)^{\mathrm{T}}\boldsymbol{A}s^k}{(\boldsymbol{A}s^k)^{\mathrm{T}}\boldsymbol{A}s^k}$$

$$u^{k+1} = u^k + \alpha_k p^k + \omega_k s^k$$

$$r^{k+1} = s^k - \omega_k \boldsymbol{A} s^k$$

$$\beta_k = \frac{\alpha_k}{\omega_k} \frac{(r^{k+1})^{\mathrm{T}} r^0}{(r^k)^{\mathrm{T}} r^0}$$

$$p^{k+1} = r^{k+1} + \beta_k (p^k - \omega_k \boldsymbol{A} p^k)$$

其中 $\boldsymbol{u}^0$ 为任意给定的初始迭代向量，$r^0 = \boldsymbol{f} - \boldsymbol{A}\boldsymbol{u}^0$，$p^0 = r^0$。

算法细节可以总结如下：

算法 4.8 稳定双共轭梯度法（BiCGSTAB）

Step 1 计算残量 $r^0 = \boldsymbol{f} - \boldsymbol{A}\boldsymbol{u}^0$，令 $p^0 = r^0$

Step 2 FOR $j = 1$ UNTIL 收敛 DO

$q^j = Av^j$

$\alpha_j = \dfrac{(r^j)^{\mathrm{T}} r^0}{(q^j)^{\mathrm{T}} r^0}$

$s^j = r^j - \alpha_j q^j$

$\omega_j = \dfrac{(s^j)^{\mathrm{T}} A s^j}{(A s^j)^{\mathrm{T}} A s^j}$

$u^{j+1} = u^j + \alpha_j p^j + \omega_j s^j$

$r^{j+1} = s^j - \omega_j A s^j$

$\rho = \dfrac{\| r^{j+1} \|}{\| f \|}$

IF $\rho < tol$ THEN

RETURN

END IF

$\beta_j = \dfrac{\alpha_j}{\omega_j} \dfrac{(r^{j+1})^{\mathrm{T}} r^0}{(r^j)^{\mathrm{T}} r^0}$

$p^{j+1} = r^{j+1} + \beta_j (p^j - \omega_j A p^j)$

END FOR

第三节 预条件迭代求解方法

尽管从理论上来说，前面讨论的迭代法对于适用的问题在理论上都是收敛的，但迭代法在求解某些问题时会出现收敛得特别慢的情况，这将导致整个数值模拟稳健性下降，预条件是 Krylov 子空间方法能够成功解决这个问题的一种重要途径。预条件方法是把原线性系统转换成一个和它有相同解但更容易迭代求解的线性系统，既可以提高迭代算法的效率，又可以使算法更加稳健。通常，在使用迭代方法解决不同的实际问题时，预条件子的选择往往比 Krylov 子空间加速算法更重要，也更难构造。本节首先讨论预条件 Krylov 子空间方法，然后介绍一些常用的预条件子。

一、预条件子的构造

预条件子可以看作是附属在外部迭代方法上的近似求解器。有人把预条件方法称为求解器，而把其外部的迭代方法称为加速方法，足见其重要性。具有代表性的外部迭代方法就是前面提到的 Krylov 子空间迭代方法。

预条件子的设计方法几乎没有任何限制，可以通过纯代数的方法构造，也可以通过分析或几何的信息得到，有的预条件子还考虑了产生离散系统的物理背景等因素。

一旦定义了预条件子 B，有三种常用的方法进行预条件。预条件子可以用在左边，得到如下预条件系统：

$$\boldsymbol{BAu} = \boldsymbol{Bf} \tag{4-34}$$

或者，也可以把它用在右边，得到：

$$\boldsymbol{ABv} = \boldsymbol{f}, \boldsymbol{u} = \boldsymbol{Bv} \tag{4-35}$$

此处，用到了变量代换 $\boldsymbol{v}=\boldsymbol{B}^{-1}\boldsymbol{u}$，然后求解关于变量 $\boldsymbol{u}$ 的线性系统。

第三种方法是在两边都用预条件子，这种方法叫做分裂预条件：

$$\boldsymbol{B}_1\boldsymbol{AB}_2\boldsymbol{v} = \boldsymbol{B}_1\boldsymbol{f}, \boldsymbol{u} = \boldsymbol{B}_2\boldsymbol{v}, \boldsymbol{B} = \boldsymbol{B}_1\boldsymbol{B}_2 \tag{4-36}$$

一个理想的预条件矩阵 $\boldsymbol{B}$ 需要满足以下几个要求：

(1) $\boldsymbol{B}$ 是 $\boldsymbol{A}^{-1}$ 某种意义上的近似，使得预条件之后的代数方程组更加容易求解；

(2) $\boldsymbol{B}$ 作用的代价低，包括存储的代价和计算的代价；

(3) $\boldsymbol{B}$ 适用于目标计算平台，如在大规模并行平台上，预条件子本身的可扩展性就显得非常重要；

从实际应用的角度来看，$\boldsymbol{B}$ 的易用性是最重要的，如果 $\boldsymbol{B}=\boldsymbol{A}^{-1}$，收敛当然很快，但代价却太高了。

简单地说，预条件子是任何可以把原线性问题转换成更容易通过迭代方法求解的线性问题的隐式或显式方法，例如，预条件子 $\boldsymbol{B}$ 可以是矩阵 $\boldsymbol{A}$ 对角线的逆 $\mathrm{diag}\{\boldsymbol{A}_{11}^{-1}, \cdots, \boldsymbol{A}_{NN}^{-1}\}$，也可以是任意一种稳定的迭代法。通常，对于矩阵 $\boldsymbol{A}=\boldsymbol{M}-\boldsymbol{R}$，任何 $\boldsymbol{B}=\boldsymbol{M}^{-1}$ 都可以做为预条件子。理想状况下，$\boldsymbol{M}$ 应该在某种意义上比较接近 $\boldsymbol{A}$。然而，由于在每一步迭代都要求解包含矩阵 $\boldsymbol{M}$ 的线性系统，因此从实际的角度可虑，需要选择容易求解的矩阵 $\boldsymbol{M}$。

另一种常用的预条件子是通过对矩阵 $\boldsymbol{A}$ 的不完全 LU 分解产生的。也就是如下形式的分解，$\boldsymbol{A}=LU-\boldsymbol{R}$，这里 L 和 U 的非零结构分别和 $\boldsymbol{A}$ 的上三角部分和下三角部分相同，$\boldsymbol{R}$ 是一个残量矩阵。这种不完全 LU 分解（Incomplete LU factorization 或 ILU）方法简单并且容易实现，常被称为 $ILU(0)$ 方法。但是，这一方法又会造成一种十分粗糙的近似从而使 Krylov 子空间方法需要花费较多的迭代步数才能达到收敛。为了弥补这个缺陷，人们开发了允许 L 和 U 有更多的非零元素的不完全分解方法。通常情况下，越精确的 ILU 分解需要越少的迭代次数来收敛，但是用来分解的预条件过程的花费却更多。这种方法特别适用于需要求解多个由同一个矩阵组成的线性系统,因为这样预条件的花费就可以被分摊掉。我们将在下一章中再详细讨论不完全分解法。

二、预条件共轭梯度法

由于共轭梯度法是用来求解对称正定矩阵的,此处假设系数矩阵 $\boldsymbol{A}$ 对称正定。通常情况下,右预条件子与左预条件子往往不是对称的。为了设计一种预条件共轭梯度法(PCG),需要考虑如何保持对称性。当 $\boldsymbol{B}$ 可以进行不完全 Cholesky 分解(IC)时,也就是说 $\boldsymbol{B}=\boldsymbol{L}\boldsymbol{L}^{\mathrm{T}}$ 时,可以使用式(4-36)所示的分裂预条件子,得到:

$$\boldsymbol{L}\boldsymbol{A}\boldsymbol{L}^{\mathrm{T}}\boldsymbol{v}=\boldsymbol{L}\boldsymbol{f},\boldsymbol{u}=\boldsymbol{L}^{\mathrm{T}}\boldsymbol{v}$$

如果对上面这个线性系统应用共轭梯度法求解,就得到了原方程的预条件共轭梯度法:

算法 4.9 分裂预条件共轭梯度法

$r^0=\boldsymbol{f}-\boldsymbol{A}\boldsymbol{u}^0$;$\hat{r}^0=\boldsymbol{L}r^0$;$p^0=\boldsymbol{L}^{\mathrm{T}}r^0$

FOR $m=1$ UNTIL 收敛 DO

$$\alpha_m=\frac{(\hat{r}^m)^{\mathrm{T}}\hat{r}^m}{(p^m)^{\mathrm{T}}Ap^m}$$

$$u^{m+1}=u^m+\alpha_m p^m$$

$$\hat{r}^{m+1}=\hat{r}^m-\alpha_m\boldsymbol{A}p^m$$

$$\beta_m=\frac{(\hat{r}^{m+1})^{\mathrm{T}}\hat{r}^{m+1}}{(\hat{r}^m)^{\mathrm{T}}\hat{r}^m}$$

$$p^{m+1}=L^{\mathrm{T}}\hat{r}^{m+1}+\beta_m p^m$$

检查迭代是否收敛

END FOR

在实际计算中,$\boldsymbol{BA}$ 在 $\boldsymbol{B}^{-1}$范数下是自共轭的,即

$$(\boldsymbol{BAu},\boldsymbol{v})_{\boldsymbol{B}^{-1}}=(\boldsymbol{Au},\boldsymbol{v})=(\boldsymbol{u},\boldsymbol{BAv})_{\boldsymbol{B}^{-1}}$$

因此并不必通过分离预条件子来保持对称性。一种简单的方法就是把共轭梯度法中的欧几里得内积换成 $\boldsymbol{B}^{-1}$-内积。注意这里 $\boldsymbol{B}^{-1}$不需要实际计算。由此得到下面的算法。

算法 4.10 左预条件共轭梯度法

$r^0=\boldsymbol{f}-\boldsymbol{A}\boldsymbol{u}^0$

$z^0=\boldsymbol{B}r^0$;$p^0=z^0$

FOR $m=1$ UNTIL 收敛 DO

$$\alpha_m=\frac{(\hat{r}^m)^{\mathrm{T}}z^m}{(p^m)^{\mathrm{T}}\boldsymbol{A}p^m}$$

$$\boldsymbol{u}^{m+1}=\boldsymbol{u}^m+\alpha_m p^m$$

$$r^{m+1}=r^m-\alpha_m \boldsymbol{A} p^m$$

$$z^{m+1}=\boldsymbol{B} r^{m+1}$$

$$\beta_m=\frac{(r^{m+1})^{\mathrm{T}} z^{m+1}}{(r^m)^{\mathrm{T}} z^m}$$

$$p^{m+1}=z^{m+1}+\beta_m p^m$$

检查迭代是否收敛

END FOR

由于 $\boldsymbol{BA}$ 在 $\boldsymbol{A}$ 内积下也是自共轭的,也就是说

$$(\boldsymbol{BAu},\boldsymbol{v})_{\boldsymbol{A}}=(\boldsymbol{BAu},\boldsymbol{Av})=(\boldsymbol{u},\boldsymbol{BAv})_{\boldsymbol{A}}$$

类似地,可以得到在这种内积下的基于左预条件子的预条件共轭梯度法算法。

现在考虑右预条件系统式(4-35)。由于 $\boldsymbol{AB}$ 在 $\boldsymbol{B}$ 内积下是自共轭的,基于这种内积,通过一系列和算法 3.4 类似的计算过程,可以写出关于 $\boldsymbol{u}$ 的右预条件 CG 方法。事实上,基于 $\boldsymbol{B}^{-1}$ 内积的左预条件 CG 算法和基于 $\boldsymbol{B}$ 内积的右预条件 CG 算法在数学上是等价的。

关于预条件共轭梯度法算法,有收敛性估计:

$$\| u^* - \boldsymbol{u}^m \|_{\boldsymbol{A}} \leqslant 2\left(\frac{\sqrt{\kappa(\boldsymbol{BA})}-1}{\sqrt{\kappa(\boldsymbol{BA})}+1}\right)^m \| u^* - \boldsymbol{u}^0 \|_{\boldsymbol{A}} \tag{4-37}$$

对预条件共轭梯度法,好的预条件子 $\boldsymbol{B}$ 应该满足 $\boldsymbol{BA}$ 有更小的条件数,也就是说 $\kappa(\boldsymbol{BA})<\kappa(\boldsymbol{A})$。由于任何迭代方法都可以看成是一个近似于 $\boldsymbol{A}^{-1}$ 的算子 $\boldsymbol{B}$,可以证明任何收敛的迭代方法都可以用来加速共轭梯度算法。

定理 4.5 假设 $\boldsymbol{B}$ 在内积(·,·)下是对称的,如果迭代法

$$\boldsymbol{u}^{m+1}=\boldsymbol{u}^m+\boldsymbol{B}(\boldsymbol{f}-\boldsymbol{Au}^m)$$

收敛,那么上面迭代形式中的 $\boldsymbol{B}$ 可以用作 $\boldsymbol{Au}=\boldsymbol{f}$ 的预条件子,由此得到的预条件共轭梯度法算法有更快的收敛速度。

证明:如果所给的迭代形式收敛,那么 $\rho=\rho(I-\boldsymbol{BA})<1$。由定义,有

$$\| I-\boldsymbol{BA} \|_{\boldsymbol{A}}^2=\sup_{\boldsymbol{v}\neq 0}\frac{((\mathrm{I}-\boldsymbol{BA})\boldsymbol{v},\boldsymbol{v})_{\boldsymbol{A}}}{\| \boldsymbol{v} \|_{\boldsymbol{A}}^2}=1-\inf_{\boldsymbol{v}\neq 0}\frac{(\boldsymbol{BAv},\boldsymbol{v})_{\boldsymbol{A}}}{\| \boldsymbol{v} \|_{\boldsymbol{A}}^2}<1$$

由此知 $\inf\limits_{\boldsymbol{v}\neq 0}(\boldsymbol{BAv},\boldsymbol{Av})>0$,即 $\boldsymbol{B}$ 对称正定。因此 $\boldsymbol{B}$ 可以做预条件共轭梯度法的预条件子。

由于 $1-\| I-\boldsymbol{BA} \| \leqslant \| \boldsymbol{BA} \| \leqslant 1+\| I-\boldsymbol{BA} \|$,有

$$\kappa(\boldsymbol{BA}) \leqslant \frac{1+\rho}{1-\rho}$$

因此

$$\frac{\sqrt{\kappa(\boldsymbol{BA})}-1}{\sqrt{\kappa(\boldsymbol{BA})}+1}\leqslant\frac{\sqrt{\frac{1+\rho}{1-\rho}}-1}{\sqrt{\frac{1+\rho}{1-\rho}}+1}=\frac{1-\sqrt{1-\rho^2}}{\rho}<\rho$$

由此得到结论。

所以可以得到一个结论：对于任何形式的对称迭代矩阵 $\boldsymbol{B}$，可以将其作为方程 $\boldsymbol{Au}=\boldsymbol{f}$ 的预条件子，加速预条件共轭梯度法的收敛速度。例如，可以在对称超松弛迭代方法中得到预条件子

$$\boldsymbol{B}=\boldsymbol{SS}^{\mathrm{T}},\boldsymbol{S}=(\boldsymbol{D}-\omega\boldsymbol{U})\boldsymbol{D}^{1/2}$$

更重要的是迭代法本身可能不收敛，但其迭代矩阵 $\boldsymbol{B}$ 仍可以做为预条件子使用，帮助 Krylov 方法提高收敛速度。比如，Jacobi 方法并不是对所有的对称正定矩阵都收敛，但是其迭代矩阵 $\boldsymbol{B}=\boldsymbol{D}^{-1}$ 总是可以做为共轭梯度法的预条件子，通常称这个预条件子为对角预条件子。

三、预条件最小残量法

对于最小残量法，也必须保证预条件子不会破坏对称性。因此，可以运用和预条件共轭梯度法同样的办法设计三种预条件最小残量法算法。如果 $\boldsymbol{B}=\boldsymbol{HH}^{\mathrm{T}}$，可以用最小残量法求解相应的关于 $\boldsymbol{u}$ 的线性系统，从而得到下面的算法。

算法 4.11 预条件最小残量法

$\boldsymbol{v}^1=\boldsymbol{f}-\boldsymbol{Au}^0;z^0=\boldsymbol{Bv}^0$

$\beta_1=\sqrt{(z^1)^{\mathrm{T}}\boldsymbol{v}^1};\eta=\beta_1$

$\gamma_1=\gamma_0=1;\sigma_1=\sigma_0=0$

$\omega^0=\omega^{-1}=0$

FOR $m=1$ UNTIL 收敛 DO

Lanczos 循环：

$z^m=\frac{1}{\beta_m}z^m\alpha_m=(z^m)^{\mathrm{T}}\boldsymbol{A}z^m$

$\boldsymbol{v}^{m+1}=\boldsymbol{A}z^m-\alpha_m\boldsymbol{v}^m-\beta_m\boldsymbol{v}^{m-1}$

$z^{m+1}=\boldsymbol{B}v^{m+1}\beta_{m+1}=\sqrt{(z^{m+1})^{\mathrm{T}}\boldsymbol{v}^{m+1}}$

QR 分解：

$\delta=\gamma_m\alpha_m-\gamma_{m-1}\sigma_m\beta_m;\rho_1=\sqrt{\delta^2+\beta_{m+1}^2}$

$\rho_2=\sigma_m\alpha_m+\gamma_{m-1}\gamma_m\beta_m;\rho_3=\sigma_{m-1}\beta_m$

$\gamma_{m+1}=\frac{\delta}{\rho_1};\sigma_{m+1}=\beta_{m+1}/\rho_1$

更新解：

$\omega^m=(z^m-\rho_3\omega^{m-2}-\rho_2\omega^{m-1})/\rho_1$

$\boldsymbol{u}^m = \boldsymbol{u}^{m-1} + \gamma_{m+1}\eta\omega^m$

检查迭代是否收敛

$\eta = -\sigma_{m+1}\eta$

END FOR

需要注意的是，由于在预条件件最小残量法算法里面衡量残量的范数是 $\|\cdot\|_H$，为保证 $\|\cdot\|_H$ 定义的合理性，必须要求预条件子是正定的。因此，这里对于预条件子的选择要十分小心。类似地，可以写出左预条件最小残量算法和右预条件最小残量算法。对于所有的预条件最小残量算法，保证预条件子的对称正定性非常重要。

预条件最小残量算法的收敛性估计如下

$$\frac{\| u^* - \boldsymbol{u}^m \|_H}{\| u^* - \boldsymbol{u}^0 \|_H} \leqslant \min_{q_m} \max_{\lambda \in \sigma(HA)} |q_m(\lambda)|$$

此处预条件子的作用是聚集正特征值和负特征值，从而在几步迭代后使多项式逼近的误差足够小。

四、预条件广义最小残量法

由于油藏数值模拟中多数系数矩阵具有复杂性和不对称性，预条件广义最小残量法已成为油藏模拟中最常用的迭代法。对于广义最小残量算法，或者其它的非对称迭代方法，上面三种对于共轭梯度算法的预条件方法同样适用。

左预条件广义最小残量法等价于将广义最小残量法运用于下面的线性系统：

$$\boldsymbol{BAu} = \boldsymbol{Bf} \tag{4-38}$$

在式(4-38)中直接应用广义最小残量法，可以得到左预条件广义最小残量算法。

算法 4.12 左预条件广义最小残量法($m_{\max}$)

$r = \boldsymbol{B}(\boldsymbol{f} - \boldsymbol{Au}^0)$；$\boldsymbol{u} = \boldsymbol{u}^0$

FOR $j=1$ UNTIL 收敛 DO

  $\beta = \| r \|$；$\boldsymbol{v}^1 = r/\beta$；$\hat{b} = \beta e_1$

  FOR $m=1$ TO $m_{\max}$ DO

    $\omega = \boldsymbol{BAv}^m$

    FOR $i=1$ TO m DO

      $h_{i,m} = (\boldsymbol{v}^i)^{\mathrm{T}}\omega$；$\omega = \omega - h_{i,m}\boldsymbol{v}^i$

    END FOR

    $h_{m+1,m} = \| \omega \|$；$\boldsymbol{v}^{m+1} = \omega / h_{m+1,m}$，$r_{1,m} = h_{1,m}$

    FOR $i=2$ TO m DO

      $\gamma = c_{i-1} r_{i-1,i} + s_{i-1} h_{i,m}$

$r_{i,m}=-s_{i-1}r_{i-1,m}+c_{i-1}h_{i,m}$

$r_{i-1,m}=\gamma$

END FOR

$\delta=\sqrt{r_{m,m}^2+h_{m+1,m}^2}$；$c_m=r_{m,m}/\delta$；$s_m=h_{m+1,m}/\delta$

$r_{m,m}=c_m r_{m,m}+s_m h_{m+1,m}$

$\hat{b}_{m+1}=-s_m\hat{b}_m$；$\hat{b}_m=c_m\hat{b}_m$

$\rho=|\hat{b}_{m+1}|=\|\boldsymbol{B}(b-\boldsymbol{Au}^{(j-1)m_{\max}+m})\|$

IF $\rho<tol$ THEN

$n_r=m$

BREAK

END IF

$n_r=m_{\max}$；$y^{n_r}=\hat{b}_{n_r}/r_{n_r,n_r}$

END FOR

FOR $m=n_{r-1}$ TO 1 DO

$$\boldsymbol{y}^m=(\hat{b}_m-\sum_{i=m+1}^{n_r}r_{m,i}\boldsymbol{y}^i)/r_{m,m}$$

END FOR

$$\boldsymbol{u}=\boldsymbol{u}+\sum_{i=1}^{n_r}y_i^1\boldsymbol{v}^i;r=\boldsymbol{B}(\boldsymbol{f}-\boldsymbol{Au})$$

END FOR

如果 $\boldsymbol{B}$ 是对称正定的，那么可以利用这一性质设计基于 $\boldsymbol{B}^{-1}$ 内积的预条件广义最小残量算法。右预条件广义最小残量算法是通过求解式(4-35)得到的。此处，无需计算和存储 $\boldsymbol{v}$，残量 $\hat{r}^m=\boldsymbol{f}-\boldsymbol{ABv}^m=\boldsymbol{f}-\boldsymbol{Au}^m$ 可以通过 $\boldsymbol{u}^m$ 来计算。当更新近似解的时候，通过 $\boldsymbol{u}^m=\boldsymbol{Bv}^m$ 有：

$$\boldsymbol{u}^m=\boldsymbol{u}^0+\boldsymbol{B}\sum_{i=1}^{n_r}R_{k,i}v^i$$

因此，在外循环的最后，需要做一次预条件处理。对于 GMRES 方法来说，还有一种常用预条件方式，即右预条件。

算法 4.13 右预条件广义最小残量法($m_{\max}$)

$r=\boldsymbol{f}-\boldsymbol{Au}^0$；$\boldsymbol{u}=\boldsymbol{u}^0$

FOR $j=1$ UNTIL 收敛 DO

$\beta=\|r\|$；$\boldsymbol{v}^1=r/\beta$

$\hat{b}=\beta e_1$；

FOR $m=1$ TO $m_{\max}$ DO

```
ω=ABv^m
FOR i=1 TO m DO
    h_{i,m}=(v^i)^T ω; ω=ω-h_{i,m} v^i;
END FOR
h_{m+1,m}=‖ω‖ v^{m+1}=ω/(h_{m+1,m} r_{1,m})=h_{1,m}
FOR i=2 TO m DO
    γ=c_{i-1} r_{i-1,i}+s_{i-1} h_{i,m}
    r_{i,m}=-s_{i-1} r_{i-1,m}+c_{i-1} h_{i,m}
    r_{i-1,m}=γ
END FOR
δ=sqrt(r_{m,m}^2+h_{m+1,m}^2); c_m=r_{m,m}/δ; s_m=h_{m+1,m}/δ
r_{m,m}=c_m r_{m,m}+s_m h_{m+1,m}; b̂_{m+1}=-s_m b̂_m; b̂_m=c_m b̂_m
ρ=|b̂_{m+1}|=‖b-Au^{(j-1)m_max+m}‖
  IF ρ<tol THEN
     n_r=m; BREAK
  END IF
n_r=m_max; y^{n_r}=b̂_{n_r}/r_{n_r,n_r}
END FOR
    FOR m=n_{r-1} TO 1 DO
        y^m=(b̂_m - Σ_{i=m+1}^{n_r} r_{m,i} y^i)/r_{m,m}
    END FOR
    u=u+B Σ_{i=1}^{n_r} y_i^1 v^i; r=f-Au
END FOR
```

右预条件 GMRES 算法与左预条件 GMRES 算法不同,其最小化的是残量的范数,而不是预条件后的残量的范数。在大多数的实际问题中,这两种算法的收敛速度相差不大,但是当 $\boldsymbol{B}$ 的条件数很大的时候,二者会有较大的差异。

对于右预条件广义最小残量算法,近似解通过把相同的预条件矩阵作用在 $\boldsymbol{v}^i$ 的线性组合上。实际上,每一步的预条件子不必相同,此时右预条件方法就产生出一种变形,常被称为灵活广义最小残量法(FGMRES 方法):在 FGMRES 算法中,每一步迭代都可以使用不同的预条件子。

记$z^j=B_j\boldsymbol{v}^j$,那么很自然地可以通过下面的方法计算近似解:

$$\boldsymbol{u}^{n_r}=\boldsymbol{u}^0+Z_{n_R}\boldsymbol{y}^{n_r}$$

此处$Z_{n_r}=\{z^1,\cdots,z^{n_r}\}$是从右预条件算法到 FGMRES 算法的唯一改变，描述如下。

算法 4.14 灵活广义最小残量法($m_{\max}$)

$r=\boldsymbol{f}-\boldsymbol{A}\boldsymbol{u}^0;\boldsymbol{u}=\boldsymbol{u}^0$

FOR $j=1$ UNTIL 收敛 DO

$\beta=\|r\|;\boldsymbol{v}^1=r/\beta;\hat{b}=\beta e_1$

FOR $m=1$ TO $m_{\max}$ DO

$z^m=B_m\boldsymbol{v}^m;\omega=\boldsymbol{A}z^m$

FOR $i\leftarrow 1$ to m do

$h_{i,m}=(v^i)^{\mathrm{T}}\omega;\omega=\omega-h_{i,m}\boldsymbol{v}^i$

END FOR

$h_{m+1,m}=\|\omega\|;\boldsymbol{v}^{m+1}=\omega/h_{m+1,m};r_{1,m}=h_{1,m}$

FOR $i=2$ TO m DO

$\gamma=c_{i-1}r_{i-1,i}+s_{i-1}h_{i,m}$

$r_{i,m}=-s_{i-1}r_{i-1,m}+c_{i-1}h_{i,m}$

$r_{i-1,m}=\gamma$

END FOR

$\delta=\sqrt{r_{m,m}^2+h_{m+1,m}^2};c_m=r_{m,m}/\delta;s_m=h_{m+1,m}/\delta$

$r_{m,m}=c_m r_{m,m}+s_m h_{m+1,m};\hat{b}_{m+1}=-s_m\hat{b}_m;\hat{b}_m=c_m\hat{b}_m$

$\rho=|\hat{b}_{m+1}|==\|b-\boldsymbol{A}u^{(j-1)m_{\max}+m}\|$

IF $\rho<tol$ THEN

$n_r=m;$

BREAK

END IF

$n_r=m_{\max};\boldsymbol{y}^{n_r}=\hat{b}_{n_r}/r_{n_r,n_r}$

END FOR

FOR $m=n_{r-1}$ TO 1 DO

$$y^m=(\hat{b}_m-\sum_{i=m+1}^{n_r}r_{m,i}\boldsymbol{y}^i)/r_{m,m}$$

END FOR

$$\boldsymbol{u}=\boldsymbol{u}+\sum_{i=1}^{n_r}y_i^1 z^i;r=\boldsymbol{f}-\boldsymbol{A}\boldsymbol{u}$$

END FOR

五、预条件稳定双共轭梯度法

预条件稳定双共轭梯度法同样有左预条件法和右预条件法。设预条件子为 $\boldsymbol{B}$，下面给出常用的右预条件稳定双共轭梯度算法。

算法 4.15 右预条件稳定双共轭梯度法

Step 1 计算残量 $r^0=\boldsymbol{f}-\boldsymbol{A}\boldsymbol{u}^0$，令 $p^0=r^0$.

Step 2 FOR $j=1$ TO MaxIter DO

$v^j=\boldsymbol{B}p^j$

$q^j=\boldsymbol{A}v^j$

$$\alpha_j=\frac{(r^j)^{\mathrm{T}}r^0}{(q^j)^{\mathrm{T}}r^0}$$

$s^j=r^j-\alpha_j q^j$

$t^j=\boldsymbol{B}s^j$

$$\omega_j=\frac{(s^j)^{\mathrm{T}}At^j}{(At^j)^{\mathrm{T}}At^j}$$

$\boldsymbol{u}^{j+1}=\boldsymbol{u}^j+\alpha_j\boldsymbol{v}^j+\omega_j t^j$

$r^{j+1}=s^j-\omega_j\boldsymbol{A}t^j$

$$\rho=\frac{\| r^{j+1}\|}{\|\boldsymbol{f}\|}$$

IF $\rho<tol$ THEN

RETURN

END IF

$$\beta_j=\frac{\alpha_j}{\omega_j}\frac{(r^{j+1})^{\mathrm{T}}r^0}{(r^j)^{\mathrm{T}}r^0}$$

$p^{j+1}=r^{j+1}+\beta_j(p^j-\omega_j q^j)$

END FOR

第四节 数值实验

下面，通过一个简单的数值算例说明不同迭代法的区别和优缺点，为油藏数值模拟中迭代法的选择给出一些指导。事实上，很难评价哪种迭代法更好或更快，这常常是与实际问题相关的。但是，加深对这些基本迭代法收敛速度的感性认识，对后面的讨论有一定的帮助。

考虑单位正方形上的泊松问题：

$$\begin{cases}-\Delta u(x,y)=f,(x,y)\in\Omega=[0,1]^2\\ u(x,y)=0,\quad (x,y)\in\Gamma=\partial\Omega\end{cases}\tag{4-39}$$

令式(4-39)中$\boldsymbol{f}=2x(1-x)+2\boldsymbol{y}(1-\boldsymbol{y})$,精确解是$u^*=x(1-x)\boldsymbol{y}(1-\boldsymbol{y})$。采用均匀网格剖分,并利用有限差分格式离散式(4-39),生成的线性方程组的系数矩阵对称正定,其条件数为$O(h^{-2})$。以下所有的数值试验都是使用 MATLAB 计算,CPU 主频是 2. 3GHz。

一、迭代法收敛性的比较

对于对称正定矩阵,Krylov 子空间迭代法的结果都很相似,所以本节只选用共轭梯度法进行迭代计算。迭代收敛所需步数如表 4-1 和图 4-1 所示,从结果可以看出所有迭代法的收敛速度都和系数矩阵 $\boldsymbol{A}$ 的条件数相关,它们随着网格加密而变慢,计算效率变低,其中 Jacobi 迭代法收敛的最慢、所需迭代步数最多。然而,由于 Jacobi 迭代中每个分量的更新都互不相关而且计算量很小,因此它在并行计算中的效率十分高。

Gauss-Seidel 迭代法的收敛速度和 Jacobi 迭代法相比会快很多,因为 Gauss-Seidel 迭代法每个分量的更新都使用了最新的解;当 SOR 迭代法选取了最优的松弛因子时,其收敛速度是几种定常迭代中最快的(但是在实际问题的计算中很难达到这样的效率)。另外,所有的定常迭代法和共轭梯度法相比收敛速度都慢很多,所以 Krylov 子空间方法已经代替定常迭代法成为实际应用中最常用的迭代方法。同时,可以看到共轭梯度法的收敛速度随着矩阵 $\boldsymbol{A}$ 的条件数的增长而增长。

表 4-1　不同迭代法收敛迭代步数的比较

网格规模	5×5	9×9	17×17	33×33
Jacobi	129	368	1204	4309
Gauss-Seidel	65	185	603	2156
SGS	38	98	308	1084
SOR	22	37	67	127
共轭梯度法	4	10	24	46

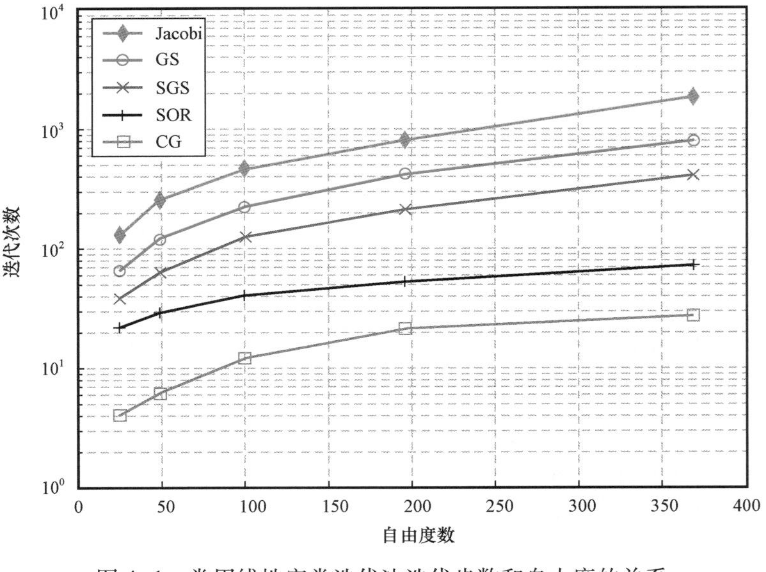

图 4-1　常用线性定常迭代法迭代步数和自由度的关系

当矩阵规模较小时，不同的 Krylov 子空间迭代法，如共轭梯度法、最小残量法和广义最小残量法等，收敛速度大致相同；但当问题规模较大时，这些迭代法收敛速度有较大差距，如图 4-2所示。在矩阵对称正定的情况下，最小残量法和广义最小残量法等价。在图 4-2 中，考虑到内存的使用，采用了重启的广义最小残量法。从图 4-1 中可以看出，重启的最大数值对收敛速度有较大影响，GMRES(10)的收敛速度比 GMRES(30)慢得多。一般来说，当 $l<n$ 时，虽然 GMRES(l)在计算中所需要的内存数量较少，但 GMRES(n)会比 GMRES(l)收敛得更快。需要指出的是，在一些特殊的情况下，较小的重启次数也可能得到更快的收敛速度。在实际计算中，往往需要调整重启次数以达到内存使用和收敛速度的平衡。

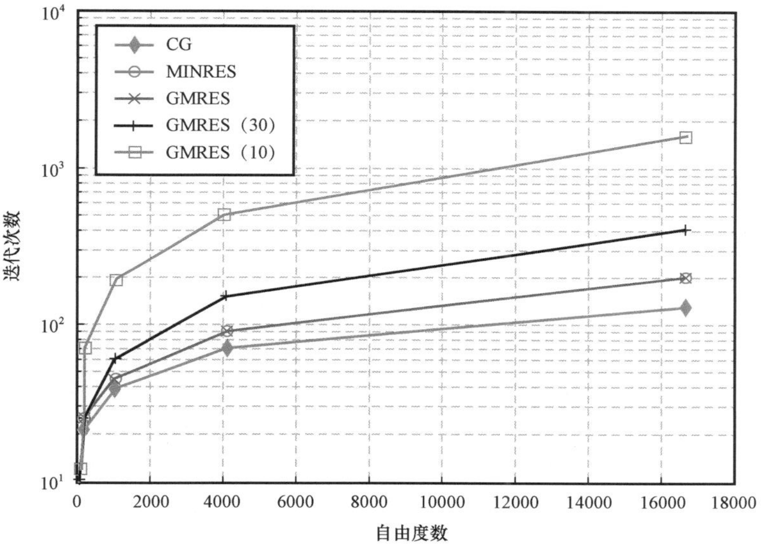

图 4-2 Krylov 子空间方法迭代步数和自由度的关系

二、简单预条件子的比较

和定常迭代法相比，Krylov 子空间方法更加稳健，但是当方程规模变大或矩阵的条件数变坏时，此类迭代法收敛速度变慢甚至不收敛，这就需要预条件子加速其收敛速度。

下面比较不同预条件子对 Krylov 子空间方法收敛性的影响。表 4-2 和图 4-3 给出了不同预条件迭代法收敛速度的比较结果，与没有预条件的迭代法相比，预条件子能够加快迭代法的收敛速度。由于问题(4-39)较为特殊，其系数矩阵对角线上的元素都是 4，所以 Jacobi 预条件没有任何效果。对于 257×257 大小的问题，只用共轭梯度法需要 230 步才能收敛，如果使用 SGS 迭代法作为预条件子，收敛所需的迭代步数就会下降到 122 步；使用不完全 Cholesky 分解预条件子 IC(0)(见第五章)，迭代步数会下降到 103 步；使用 SSOR 预条件子，迭代步数下降到只需要 57 步，显著地提高了计算效率。

表 4-2　不同预条件子的预条件共轭梯度法方法收敛速度对比

问题规模	9×9	17×17	33×33	65×65	129×129	257×257
无预条件	10	21	38	70	128	230
Jacobi 预条件	10	21	38	70	128	230
SGS 预条件	9	15	25	44	72	122
SSOR 预条件	10	14	19	27	39	57
IC(0)预条件	9	13	21	36	61	103

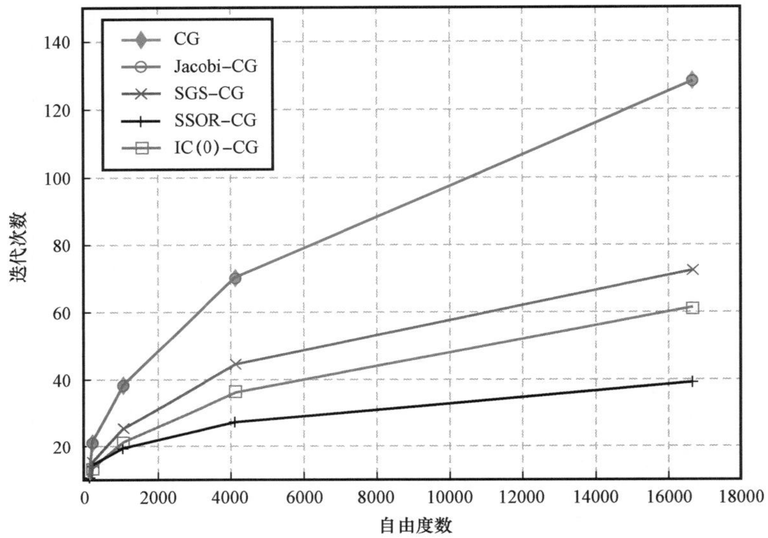

图 4-3　不同预条件子迭代法收敛速度和自由度的对比

减少计算时间是预条件子选取需要考虑的另一个重要问题,通常较少的迭代步数意味着较少的计算时间。对于不含预条件的迭代法来说,计算时间通常和迭代步数成正比。当引入预条件后,因为每步迭代的计算量不同,有时候较多的迭代步数可能需要的计算时间反而较少。在实际计算过程中,需要针对不同问题和矩阵的性质、针对计算机硬件环境的特点选择合适的预条件子,从而有效地减少计算时间、提高计算效率。另外,对于这些预条件子,预条件迭代算法的收敛速度虽然加快很多,但仍然和矩阵 $\boldsymbol{A}$ 的条件数相关。事实上,可以选取更好的预条件子(如多重网格法),使得预条件算法的收敛速度和矩阵 $\boldsymbol{A}$ 的条件数不再相关。将在后面几章中具体讨论。

第五章　不完全 LU 分解法

如上一章所述求解大型稀疏线性方程组(4-1)的最重要和最实用的一种迭代法是 Krylov 子空间方法,这类迭代法稳定性好、收敛速度快;但该方法收敛性常常依赖于系数矩阵 $\boldsymbol{A}$ 的特征值分布,对于油藏数值模拟中形成的众多具有病态性质的大型方程组,经常出现收敛速度慢或不收敛的情况。为了解决这一问题,需要借助预处理方法改进系数矩阵的性态,改善系数矩阵的特殊值分布。实践证明,好的预处理方法能够大大提高迭代法的收敛速度,减少模拟耗时。

一个好的预处理子应该是系数矩阵逆的一个较好逼近,且预处理线性系统要比原线性系统更易求解。本章主要讨论几种传统的不完全分解法,如 ILU(k)、ILUT、块 ILU(BILU)等方法。

第一节　经典 LU 分解法与 Gauss 消去法

线性方程组的数值解法可以分为直接法和迭代法两类。所谓直接法,就是在不考虑舍入误差的前提下,通过有限步四则运算求得线性方程组准确解的方法(Timothy,2006)。

考察线性方程组

$$\begin{cases} a_{11}u_1 + a_{12}u_2 + a_{13}u_3 + \cdots + a_{1N}u_N = a_{1,N+1} \\ a_{21}u_1 + a_{22}u_2 + a_{23}u_3 + \cdots + a_{2N}u_N = a_{2,N+1} \\ \vdots \\ a_{N1}u_1 + a_{N2}u_2 + a_{N3}u_3 + \cdots + a_{NN}u_N = a_{N,N+1} \end{cases} \tag{5-1}$$

如果 $a_{11}\neq 0$,将第一个方程中 x_1 的系数化为 1,得:

$$u_1 + a_{12}^{(1)}u_2 + \cdots + a_{1N}^{(1)}u_N = a_{1,N+1}^{(1)}$$

其中 $a_{ij}^{(1)} = \dfrac{a_{1j}^{(0)}}{a_{11}^{(0)}}(j=1,\cdots,N+1)$。从其他 $N-1$ 个方程中消去变量 u_1,得到:

$$\begin{cases} u_1 + a_{12}^{(1)}u_2 + a_{13}^{(1)}u_3 + \cdots + a_{1N}^{(1)}u_N = a_{1,N+1}^{(1)} \\ \qquad a_{22}^{(1)}u_2 + a_{23}^{(1)}u_3 + \cdots + a_{2N}^{(1)}u_N = a_{2,N+1}^{(1)} \\ \qquad\vdots \\ \qquad a_{N2}^{(1)}u_2 + a_{N3}^{(1)}u_3 + \cdots + a_{NN}^{(1)}u_N = a_{N,N+1}^{(1)} \end{cases} \tag{5-2}$$

其中

$$a_{ij}^{(1)} = a_{ij} - \frac{a_{i1}^{(1)}}{a_{11}} a_{ij}^{(1)} \qquad (i = 2, \cdots, N, j = 2, 3, \cdots, N + 1)$$

在式(5-1)到式(5-2)的消去过程中，元素 a_{11} 起着关键作用，称其为主元素（或主元）。如果式(5-2)中 $a_{22}^{(1)} \neq 0$，则以 $a_{22}^{(1)}$ 为主元素，将方程组(5-2)转化为：

$$\begin{cases} u_1 + a_{12}^{(1)} u_2 + a_{13}^{(1)} u_3 + \cdots + a_{1N}^{(1)} u_N = a_{1,N+1}^{(1)} \\ \qquad u_2 + a_{23}^{(2)} u_3 + \cdots + a_{2N}^{(2)} u_N = a_{2,N+1}^{(2)} \\ \qquad \vdots \\ \qquad a_{N3}^{(2)} u_3 + \cdots + a_{NN}^{(2)} u_N = a_{N,N+1}^{(2)} \end{cases} \tag{5-3}$$

重复同样的计算继续消元，第 k 步后得到方程组：

$$\begin{cases} u_1 + a_{12}^{(1)} u_2 + a_{13}^{(1)} u_3 + \cdots + a_{1N}^{(1)} u_N = a_{1,N+1}^{(1)} \\ \qquad u_2 + a_{23}^{(2)} u_3 + \cdots + a_{2N}^{(2)} u_N = a_{2,N+1}^{(2)} \\ \qquad \vdots \\ u_{k-1} + a_{k-1k}^{(k-1)} u_k + \cdots + a_{k-1N}^{(k-1)} u_N = a_{k-1,N+1}^{(k-1)} \\ \qquad a_{kk}^{(k-1)} u_k + \cdots + a_{kN}^{(k-1)} u_N = a_{k,N+1}^{(k-1)} \\ \qquad \vdots \\ \qquad a_{Nk}^{(k-1)} u_k + \cdots + a_{NN}^{(k-1)} u_N = a_{N,N+1}^{(k-1)} \end{cases} \tag{5-4}$$

设 $a_{kk}^{(k-1)} \neq 0$，第 k 步先使上述方程组中第 k 个方程中 u_k 的系数化为 1：

$$u_k + a_{k,k+1}^{(k)} u_k + \cdots + a_{kN}^{(k)} u_N = a_{k,N+1}^{(k)}$$

然后从其他$(n-k)$个方程中消 u_k，消元公式为：

$$\begin{cases} a_{kj}^{(k)} = \dfrac{a_{kj}^{(k-1)}}{a_{kk}^{(k-1)}} & (j = k, k + 1, \cdots, N + 1) \\ a_{kj}^{(k)} = a_{ij}^{(k-1)} - a_{ik}^{(k-1)} a_{kj}^{(k)} & (j = k + 1, \cdots, n + 1, i = k + 1, \cdots, N) \end{cases} \tag{5-5}$$

按照上述步骤进行 $N-1$ 次消元之后，可得到：

$$\begin{cases} u_1 + a_{12}^{(1)} u_2 + a_{13}^{(1)} u_3 + \cdots + a_{1N}^{(1)} u_N = a_{1,N+1}^{(1)} \\ \qquad u_2 + a_{23}^{(2)} u_3 + \cdots + a_{2N}^{(2)} u_N = a_{2,N+1}^{(2)} \\ \qquad \vdots \\ u_{N-1} + a_{NN}^{(k-1)} u_N = a_{N-1,N+1}^{(k-1)} \\ \qquad u_N = a_{N,N+1}^{(k-1)} \end{cases} \tag{5-6}$$

回代公式为：

$$\begin{cases} u_N = a_{N,N+1}^{(N)} \\ u_k = a_{k,N+1}^{(k)} - \sum_{j=k+1}^{N} a_{kj}^{(k)} u_j \qquad (k = N-1,\cdots,1) \end{cases} \tag{5-7}$$

综上所述，不选主元的高斯消去法分为“消元”与“回代”两个过程。消元过程将所给方程组加工成上三角形方程组，再经回代过程求解。更进一步地，利用高斯消去法可以把方程组(5.1)的系数矩阵 $\boldsymbol{A}$ 写成三角分解形式 $\boldsymbol{A}=\boldsymbol{LU}$，其中 $\boldsymbol{L}$ 是高斯消元过程所对应的下三角矩阵，$\boldsymbol{U}$ 是通过高斯消去法得到的上三角矩阵。与克莱姆法则比较，高斯消去法已本质性地改进了求解线性代数方程组的运算效率。但对于求解大规模线性代数方程组而言，高斯消去法需要 $O(N^3)$ 的计算量，运算效率还是太低。此外，当高斯消去法应用于稀疏矩阵时，在消元过程中可能会引入许多非零元素，大大增加存储开销及计算量。

第二节 ILU 分解法

不完全 LU 分解法（ILU 分解法）是油藏数值模拟中广泛使用的一种预处理方法。一般的 ILU 分解法是应用高斯消去过程后再消去一些非零的非对角元实现的，它们之间的主要区别在于用什么准则消除在分解过程中产生的非对角线上的非零元（Saad，2003）。

考虑线性代数方程组 $\boldsymbol{Au}=\boldsymbol{f}$，若系数矩阵 $\boldsymbol{A}$ 可以写成 $\boldsymbol{A}=\boldsymbol{LU}-\boldsymbol{R}$，其中 $\boldsymbol{L}$ 为单位下三角阵，$\boldsymbol{U}$ 为上三角阵，$\boldsymbol{R}$ 为满足一定限制条件的残量矩阵，则 $\boldsymbol{LU}$ 称为 $\boldsymbol{A}$ 的不完全 LU 分解。当 $\boldsymbol{R}$ 为零矩阵，即 $\boldsymbol{A}=\boldsymbol{LU}$ 精确成立时，ILU 分解法就是通常意义下的 LU 分解法，对应的求解方法即为直接法；当 $\boldsymbol{R}$ 不为零时，矩阵 $\boldsymbol{LU}$ 就是预条件子 $\boldsymbol{M}$，用它近似代替矩阵 $\boldsymbol{A}$ 进行预处理求解，可减少求解过程中的迭代次数，提高求解速度。

当矩阵 $\boldsymbol{A}$ 的非零元较少且按一定规则分布时，它的 LU 分解产生的单位下三角矩阵 $\boldsymbol{L}$ 和上三角矩阵 $\boldsymbol{U}$ 一般不能保持和 $\boldsymbol{A}$ 相同的稀疏模式，即如果 $\boldsymbol{A}$ 为带状矩阵，由其分解而成的矩阵 $\boldsymbol{L}$ 和 $\boldsymbol{U}$ 增加了大量的非零元素，不再具有带状形式，加大了计算量和计算难度。ILU 方法是在 $\boldsymbol{LU}$ 分解过程中，将 $\boldsymbol{L}$ 和 $\boldsymbol{U}$ 中的一些非零元素舍去，从而使分解过程简化而得到不完全 LU 分解。根据不同的舍去非零元素的方法，ILU 分解可分为两类：第一类是按照位置舍去非零元，即 ILU(k)方法；第二类是按照元素的大小舍去非零元，即 ILUT 方法。

一、ILU(k)分解

ILU(k)方法是根据填充元位置提出的一种舍弃方法，主要思想是在矩阵中定义填充元的填充级，根据填充级判断是否舍弃填充元。设 k 为任意非负整数且分解因子的(i,j)位置上的元素为 l_{ij}，只有当填充元 l_{ij}的充填级不超过 k 时才保留该元素，否则舍弃该元素，由此得到填充层次为 k 的 ILU 分解。

定义 5.1(充填级):稀疏矩阵 $\boldsymbol{A}$ 中元素 a_{ij} 的初始充填级 L_{ij} 定义如下:当 $a_{ij}\neq 0$ 或者 $i=j$ 时,$L_{ij}=0$;其他情况 $L_{ij}=\infty$。当 a_{ij} 在分解过程中被更新为 $a_{ij}:=a_{ij}-a_{ik}*a_{kj}$ 时,它的增添项充填级相应地被更新:

$$L_{ij}=\min\{L_{ij},L_{ik}+L_{kj}+1\} \tag{5-8}$$

根据定义 5.1,如果矩阵 $\boldsymbol{A}$ 中的第 i 行第 j 列或(i,j)位置的元素非零,那么该元素对应的充填级 $L_{ij}=0$;否则令 $L_{ij}=\infty$(无穷大)或者是一个充分大的正数。如果在原矩阵中(i,j)位置的元素为零,但经过一步 Gauss 消元后,(i,j)位置上产生了非零元,则 L_{ij} 变为 1。一般来说,在 Gauss 消去法的过程中会反复进行代数操作

$$a_{ij}=a_{ij}-a_{ik}a_{kj}$$

如果 $L_{ik}+L_{kj}+1<L_{ij}$,则将 $L_{ik}+L_{kj}+1$ 的值赋给 L_{ij};否则保留原来的值,即令:

$$L_{ij}=\min\{L_{ij},L_{ik}+L_{kj}+1\}$$

当对矩阵 $\boldsymbol{A}$ 进行 ILU 分解时,把充填级 L_{ij} 大于 k 的位置元素都舍去(即用零代替分解过程中产生的非零元素)。ILU(k)算法如下所示(Saad,2003):

算法 5.1 ILU(k)方法

对所有非零元 a_{ij},定义 $L_{ij}=0$
FOR $i=2$ UNTIL N DO
  FOR $k=1$ TO $i-1$ AND IF $L_{ij}\leqslant k$ DO
    $a_{ik}:=a_{ik}/a_{kk}$
    $a_{i*}:=a_{i*}-a_{ik}a_{k*}$
    更新非零元 a_{ij} 的充填级 L_{ij}
  END FOR
  将充填级大于 k 的元素替换为零
END FOR

在 ILU(k)分解中,如果 k 取得越大,则在分解过程中舍去的非零元就会越少,从而得到的 ILU 分解就会越近似 $\boldsymbol{A}$ 的 LU 分解,计算就越精确;但另一方面,k 越大,$\boldsymbol{L}$ 和 $\boldsymbol{U}$ 的非零元也会越多,分解过程所需的存储量也越大,每步预处理的计算量也越大。

特别地,当 $k=0$ 时,就得到 ILU(0)分解。在 ILU(0)分解中,把矩阵 $\boldsymbol{A}$ 中所有原来为零的位置在分解过程中产生的非零元素都作为零舍去,此时 $\boldsymbol{L}$ 和 $\boldsymbol{U}$ 严格地保持了矩阵 $\boldsymbol{A}$ 的非零元分布结构。在应用中,通常取 $k=0,1,2$ 就能得到比较好的实际效果。

ILU(k)分解有一些不足之处。首先,对于 $k>0$ 的情况,填充元的数量以及计算量难以预测;其次,充填级并不提供矩阵元素实际大小的相关信息,所以这种方法可能会舍弃值较大的

元素，造成不精确的不完全分解。经验表明这种 ILU 方法需要很多迭代步才能收敛。从 ILU 方法的构造也可以看出，它对对角占优矩阵会更为有效，因为 ILU 方法一般会舍弃远离矩阵对角线或绝对值较小的元素。

二、ILUT 分解

阈值 ILU(ILUT)方法的主要思想是设定填充元阈值，当填充元的绝对值小于该值时便将其舍弃，即取值为零。显然，舍弃的元素越少，得到的分解就越精确，但对应的分解过程的计算量和存储量、以及预处理子的计算量也就越大。在 ILUT 方法中，有以下两个常用的舍弃规则，因此该方法也常称为双阈值方法：

(1)用参数 p 来控制 $\boldsymbol{L}$ 和 $\boldsymbol{U}$ 中非零元的个数。如果 $\boldsymbol{L}$ 或 $\boldsymbol{U}$ 中非零元个数大于 p，则只保留绝对值最大的 p 个元素，其余的均赋值为 0。

(2)用参数 τ 作为阈值。若消元后第 i 行某元素小于一个与 τ 有关的阈值时，则将此元素赋值为零。

此外，对角线的元素不受这两个规则的制约，不论其值的大小，总是保留。

ILUT 算法如下所示(Saad，2003)：

算法 5.2 ILUT 方法

```
FOR  i=1  TO  N  DO
  w=a_{i*}
  FOR  k=1  TO  i-1  AND IF  w_k≠0  DO
      w_k=w_k/a_{kk}
      对 w_k 应用舍弃规则
      IF  w_k≠0
          w=w-w_k * u_{k*}
      END IF
  END FOR
  对 w 行应用舍弃规则
  FOR  j=1  TO  i-1  DO
    l_{i,j}=w_j
  END FOR
  FOR  j=i  TO  N  DO
    u_{i,j}=w_j
  END FOR
  w=0
END FOR
```

另外,在 ILUT 的计算过程中有可能会遇到主元为零或很小的情况,为避免由此带来的数据溢出及不稳定等问题,引入类似于 Gauss 消去法中的选主元方法是必须的,即选主元的阈值 ILU 方法(ILUTP):在计算之前选取参数 tol,如果第 i 行存在 a_{ij}满足 $tol\times|a_{ij}|>|a_{ii}|$,则重新选主元,否则不选主元。

上述的 ILU 分解法是在分解过程中舍弃一些矩阵元素,在实际应用中也可考虑在其他位置加入这些舍弃的元素值,以此补偿舍弃这些元素所带来的影响,使其更接近原矩阵。一个常用的方法是将每行所有被舍弃的元素加起来得到一个总和,然后在对角元上减去这个总和,这种在对角元位置补充舍弃元素的技巧就是修正的 ILU 方法(MILU 方法),此处不作过多介绍。

三、不完全 Cholesky 分解

如果矩阵 $\boldsymbol{A}=(a_{ij})$是对称的,对不完全 LU 分解法加以改造可得到不完全 Cholesky 分解(IC),算法如下:

算法 5.3 不完全 Cholesky 方法

```
FOR  j=1  TO  N  DO
  a_jj = sqrt(a_jj)
  FOR  i=j+1  TO  N  DO
    IF  (i,j) ∈ P  THEN
        FOR  k=1 TO j-1  DO
          IF  (i,k) ∈ P  AND  (j,k) ∈ P  THEN
            a_ij = a_ij - a_ik × a_kj
          END IF
        END FOR
        a_ij = a_ij / a_jj
        a_ii = a_ii - a_ij^2
    ELSE
      a_ij = 0
    END IF
  END FOR
END FOR
```

在此算法中,P 是一个元素位置集合,P 既可人为指定,也可用前面的 ILU(k)和 ILUT 分解中类似的方法自动选择。如果令 P 为原矩阵中非零元素的位置集合,即完全没有填入,则得到 IC(0)分解;如果根据矩阵元素大小来决定舍入,就可得出类似于 ILUT 的带阈值不完全 Cholesky 方法(ICT)。为了能够控制分解过程中的存储量可以利用类似 ILUT 的舍弃规则来控制每行非零元个数。

第三节 ILU 分解法的应用

一、结构网格上的 ILU 方法

对于具有规则矩阵结构的问题,很多算法有更加高效的实现方法。例如对于 Poisson 方程

$$\frac{\partial^2 u}{\partial x^2}+\frac{\partial^2 u}{\partial y^2}=\boldsymbol{f}$$

的五点差分格式,会得到如图 5-1 所示的稀疏矩阵形式。对该问题作 ILU(0)分解,需要完全保留原来的非零元分布,即只保留图 5-1 中的 5 条对角线。分解后得到如图 5-2 所示的矩阵 $\boldsymbol{L}$ 和 $\boldsymbol{U}$。

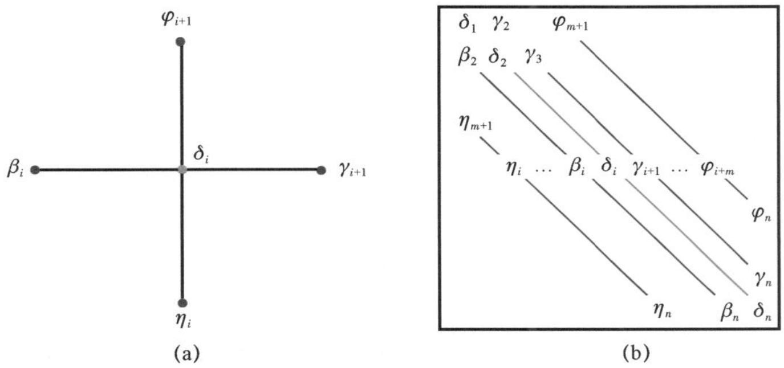

图 5-1 五点差分格式(a)及其矩阵非零元分布(b)

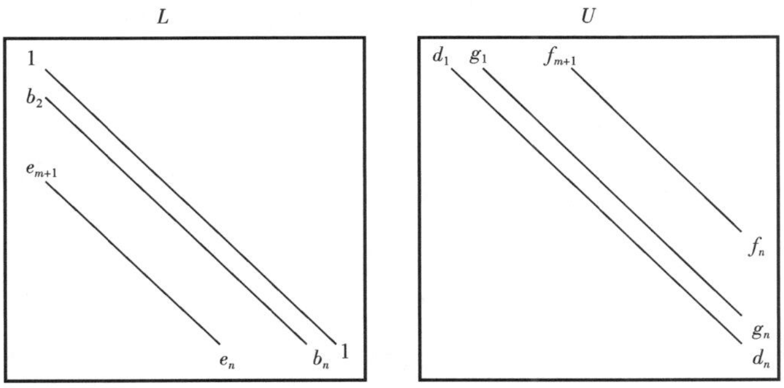

图 5-2 五点差分格式对应的 ILU(0)分解

在 ILU(0)分解中有如下的等式:

$$e_i d_{i-m}=\eta_i$$

$$b_i d_{i-1}=\beta_i$$

$$d_i+b_i g_i+e_i f_i=\delta_i$$

$$g_{i+1} = \gamma_{i+1}$$

$$f_{i+m} = \varphi_{i+m}$$

此处 g_i 和 f_{i+m} 的值可以直接从原矩阵中对应位置的元素得到。对于其他的值，有如下的计算公式：

$$e_i = \frac{\eta_i}{d_{i-m}}$$

$$b_i = \frac{\beta_i}{d_{i-1}}$$

$$d_i = \delta_i - b_i g_i - e_i f_i$$

由于 η_i/d_{i-m} 和 β_i/d_{i-1} 和原矩阵对应位置的元素有简单的线性关系，不需要存储这些值。所以，只需要关于 d_i 的计算公式：

$$d_i = \delta_i - \frac{\beta_i\gamma_i}{d_{i-1}} - \frac{\eta_i\varphi_i}{d_{i-m}}$$

二、块 ILU 方法

前文讨论的各种 ILU 方法可以被应用到分块矩阵的问题上：把每一个子块看作一个矩阵元素，然后使用 ILU 方法，这种方法称为块 ILU（BILU）分解。在块 ILU 分解中，相应的代数操作通过分块矩阵的加、减、乘、求逆来完成。这种方法在油藏数值模拟中有广泛的应用。

图 5-3 给出了块 ILU(0)分解的非零元分布方式，左端矩阵是原矩阵 $\boldsymbol{A}$，中间矩阵是块 ILU(0)分解后得到的矩阵 $\boldsymbol{L}$，右端矩阵是得到的矩阵 $\boldsymbol{U}$。相对应地，ILU(0)分解的非零元分布如图 5-4 所示，左端矩阵是原矩阵 $\boldsymbol{A}$，中间矩阵是分解后得到的矩阵 $\boldsymbol{L}$，右端矩阵是得到的矩阵 $\boldsymbol{U}$。

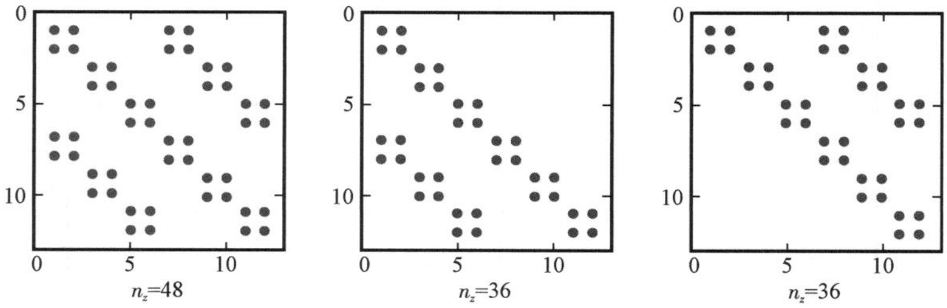

图 5-3　BILU(0)分解示意图

在油藏数值模拟中，每个油藏单元常常有多种不同的物理量以及对应的多个方程，离散形成的系数矩阵具有分块矩阵的形式，如在油水两相模型中，每个单元格上的矩阵都可视为 2×2 的矩阵块。此时，BILU 分解相对于 ILU 分解就有一定的优势：ILU 分解要求对角元非零，而 BILU 分解仅要求对角块可逆，这是一个相对更弱的要求，因此 BILU 分解在油藏数值模拟中有着相当广泛的应用。

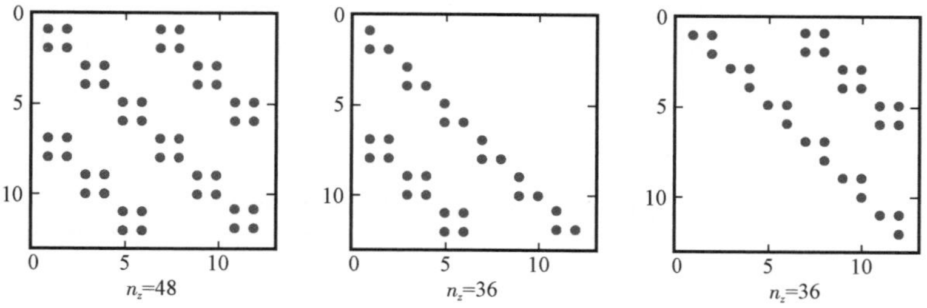

图 5-4　ILU(0)分解示意图

三、数值试验

1. 考虑二维椭圆问题

$$\left.\begin{array}{ll}\dfrac{\partial^2 u}{\partial x^2}+\dfrac{\partial^2 u}{\partial y^2}=f(x,y) & (x,y)\in\Omega:=[0,1]\times[0,1]\\ u(x,y)=0 & (x,y)\in\partial\Omega\end{array}\right\}\tag{5-9}$$

利用预处理共轭梯度 CG 法求解问题(5-9)。令 $\boldsymbol{f}=1$,表 5-1 中给出了在不同的网格上,经过 IC(0)和 ICT 预处理后,利用 CG 方法求解所需迭代次数的比较。CG 终止迭代的相对阈值为 0.001,ICT 方法采用了两个阈值 0.01 和 0.001。这里的 ICT 没有采用类似 ILUT 的舍弃规则 1 的方法来控制每一行非零元的个数,仅通过相对阈值来决定取舍。

表 5-1　IC 预处理共轭梯度的迭代次数比较

网格分划	无预条件	IC(0)	ICT(0.01)	ICT(0.001)
20×20	24	9	5	3
40×40	48	17	9	4
60×60	72	22	13	6
80×80	97	29	16	8

从数值结果得到:

(1)经过预处理后的方程组迭代次数比没有预处理时大大减少;

(2)在 ICT 方法中,舍弃阈值越小,得到的近似分解越接近精确分解,经过预处理的矩阵越接近单位阵,所需的迭代次数就越小,CG 的收敛速度越快;

(3)在阈值较小时,ICT 预处理比 IC(0)的效果好;

(4)虽然各种 ILU 都起到了减少共轭梯度法总迭代步数的作用,但是随着问题规模的增大,所需的迭代步数越来越多。

2. 利用佛罗里达大学的稀疏矩阵库(Davis,2011)中的若干非对称矩阵进行计算

ILUTP 相对舍弃阈值为 0.1,GMRES 迭代法终止阈值为 0.001。这里的 ILUTP 没有采用舍弃规则 1 控制每一行非零元的个数,仅通过相对阈值来决定取舍。计算结果见表 5-2,其中

1000+表示 GMRES 在 1000 步之内不能得到符合精度要求的解。

从表 5-2 中看到 ILU(0)和 ILUTP 这两种预处理方法是有效的,能使 GMRES 迭代次数减少,甚至对某些问题(如 Kaufhold)效果非常理想。但也会有例外的情况,如对矩阵 Hamm/add20使用 ILU 预处理反而使得迭代步数增加。

表 5-2 ILU 方法的预条件 GMRES 迭代次数比较

矩阵名称	矩阵规模	非零元数	无预处理	ILU(0)	ILUTP
HB/arc130	130	1037	8	3	5
Hamm/add20	2395	13151	9	23	33
Hamm/add32	4960	19848	32	27	8
FIDAP/ex29	2870	23754	44	4	10
Kaufhold	8765	42471	1000+	1	3

第六章　多重网格法

多重网格法是求解偏微分方程离散化系统的一种快速算法，通常分为几何多重网格法（Geometric Multigrid，GMG）和代数多重网格法（Algebraic Multigrid，AMG）。几何多重网格基于给定的网格层次拓扑结构，利用几何信息来构造多重网格的各要素，对于定义在结构网格或半结构网格上的应用问题通常可高效求解；而代数多重网格法则仅利用代数信息来构造多重网格的各个要素，具有更强的普适性和稳健性，在数值模拟中得到广泛使用，常用于求解达西定律中的压力方程。近年来，多重网格法已经成为求解大规模科学工程计算问题最有效的工具之一，本章将主要介绍几何多重网格和几种代数多重网格的基本原理和算法。

第一节　多重网格法的算法思想

在应用迭代法计算时有一个有趣的现象，就是一个网格上的简单迭代法对于消除与网格大小相应的误差频率最有效，而对其他频率的误差作用却非常有限，例如 Jacobi 和 Gauss-Seidel迭代法等能够迅速消除误差的高频分量，但在消除低频分量时效率却很低，因此为了快速消除低频分量，可利用不同尺度的网格将低频误差转换为高频误差，从而快速消除全部误差。多重网格法就是基于这一思想，设计不同尺度的网格，在细网格上用经典迭代法，消除细网格上的高频误差；当误差已经变得相对光滑时，再转移到较粗网格上消除与粗网格相对应的那些低频误差；由于粗网格上的迭代法可以有效地消除这些低频误差，这样逐层进行下去直到最粗的网格上，使得各种的频率的误差有效下降。理论分析和实际经验均已证明，对于很多问题来说，多重网格法的收敛速度与网格尺度无关（Trottenberg，2000）。

下面分析迭代法的磨光作用。考虑二维带 Dirichlet 边界条件的泊松问题：

$$\begin{cases} -\Delta u = \boldsymbol{f} & (x,y) \in \Omega \\ \boldsymbol{u} = 0 & (x,y) \in \partial\Omega \end{cases} \tag{6-1}$$

其中开区域 $\Omega \in R^2$，$\boldsymbol{f} \in \boldsymbol{L}^2(\Omega)$。将求解区域 Ω 分别沿 x 方向和 y 方向等距地剖分成 n_x 段和 n_y 段，这样均匀剖分得到的网格尺寸记为 h，并记相应的四边形网格为 Ω_h（图 6-1）。在网格 Ω_h 上对式（6-1）采用五点差分格式进行离散得到方程组：

$$\boldsymbol{A}_h u_h = f_h \tag{6-2}$$

其中系数矩阵具有：

$$
A_h=\begin{pmatrix}
4 & -1 & 0 & -1 & & & & & \\
-1 & 4 & -1 & & -1 & & & & \\
0 & -1 & 4 & & & -1 & & & \\
-1 & & & 4 & -1 & 0 & -1 & & \\
 & -1 & & -1 & 4 & -1 & & -1 & \\
 & & -1 & 0 & -1 & 4 & & & -1 \\
 & & & -1 & & & 4 & -1 & 0 \\
 & & & & -1 & & -1 & 4 & -1 \\
 & & & & & -1 & 0 & -1 & 4
\end{pmatrix}
$$

的形式。当 n_x 和 n_y 趋于无穷时，式(6-2)的解 u_h 趋近于式(6-1)的精确解 u^*。当不产生歧义时，可以省略式(6-2)中的下标 h。

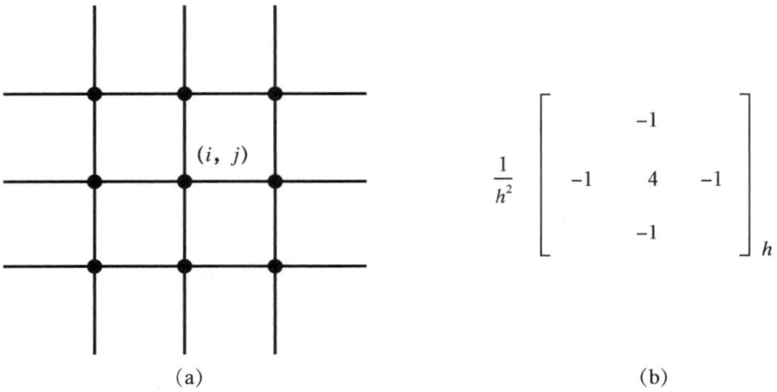

图 6-1　网格示例 Ω_h(a)和五点差分格式示例(b)

利用 Gauss-Seidel 迭代法

$$\boldsymbol{u}^{m+1}=\boldsymbol{u}^{m}+(\boldsymbol{D}-\boldsymbol{L})^{-1}(\boldsymbol{f}-\boldsymbol{A}\boldsymbol{u}^{m})$$

求解方程组(6-2)，其中 $\boldsymbol{u}^{m+1}$ 和 $\boldsymbol{u}^{m}$ 分别为第 $m+1$ 次和第 m 次迭代得到的近似解，$\boldsymbol{D}$ 和 $\boldsymbol{L}$ 分别为矩阵 $\boldsymbol{A}$ 的对角矩阵和严格下三角阵。记近似解和精确解的误差为 $\boldsymbol{e}^{m}=\boldsymbol{u}^{m}-\boldsymbol{u}^{*}$，则有：

$$\boldsymbol{e}^{m+1}=(\boldsymbol{I}-(\boldsymbol{D}-\boldsymbol{L})^{-1}\boldsymbol{A})\boldsymbol{e}^{m}=\cdots=[\boldsymbol{I}-(\boldsymbol{D}-\boldsymbol{L})^{-1}\boldsymbol{A}]^{m+1}\boldsymbol{e}^{0}\tag{6-3}$$

$\boldsymbol{e}^{0}$ 为初始误差。Gauss-Seidel 迭代法消除误差的过程如图 6-2 所示，若干步迭代以后误差变得很光滑，这就是说该迭代法对误差有磨光的效果。

迭代格式(6-3)中的矩阵$[\boldsymbol{I}-(\boldsymbol{D}-\boldsymbol{L})^{-1}\boldsymbol{A}]$称为磨光算子。其定义如下，设求解线性方程组(6-2)的线性定常迭代格式为：

$$\boldsymbol{u}^{m+1}=\boldsymbol{u}^{m}+\boldsymbol{B}(\boldsymbol{f}-\boldsymbol{A}\boldsymbol{u}^{m})\qquad(m=0,1,\cdots)\tag{6-4}$$

其中 $\boldsymbol{B}$ 是矩阵 $\boldsymbol{A}$ 的预条件子。进一步地，式(6-4)可改写为

$$u^{m+1} = Su^m + Bf \qquad (m = 0,1,\cdots) \tag{6-5}$$

的形式，S 称为磨光算子。类似于式(6-3)的计算，迭代法[式(6-5)]收敛的充分必要条件是 $S^{m+1}\to 0$，这等价于磨光算子的谱半径 $\rho(S)<1$。进一步地，若 $\rho(S)$ 越接近 0，迭代法收敛速度越快。

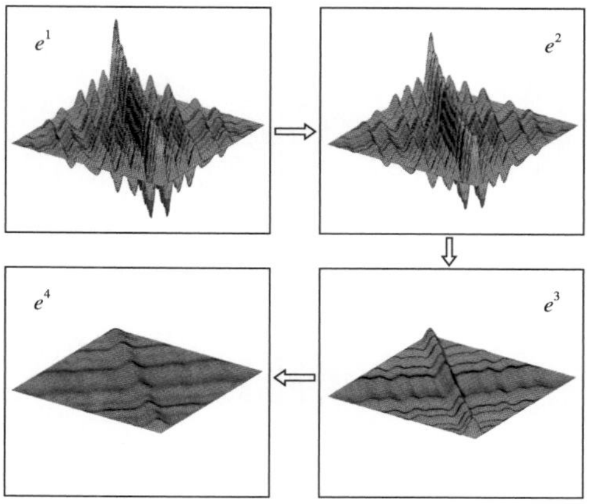

图 6-2　Gauss-Seidel 迭代法的磨光效果

类似地，在 Jacobi 迭代格式

$$u^{m+1} = D^{-1}(L+U)u^m + D^{-1}f$$

中，光滑算子 $S=D^{-1}(L+U)$，其中 D，L 和 U 分别为矩阵 A 的对角矩阵和严格下、上三角阵。

进一步地，可令

$$S = I - \omega D^{-1}A, \quad B = \omega D^{-1} \tag{6-6}$$

此时式(6-6)成为加权 Jacobi 迭代方法，在利用此迭代格式时可令 $\omega = \frac{4}{3}\frac{1}{\rho(A)}$，其中 $\rho(A)$ 为矩阵 A 的谱半径。特别地，当 $\omega=1$ 时对应一般 Jacobi 迭代法。

与 Jacobi 迭代法相比，Gauss-Seidel 方法在迭代过程中能及时使用更新过的解参与计算，具有更好的磨光效果，得到了广泛的应用。

引入能量内积和能量范数的定义：设 $A\in R^{N\times N}$ 是对称正定矩阵，对 $u,v\in R^N$，定义能量内积 $(u,v)_A=(Au,v)$，能量范数 $\|u\|_A=\sqrt{(u,u)_A}$。

令线性代数方程组(6-2)右端常数项 $f=0$，则其精确解为 $u^*=0$。为研究方程组(6-2)数值解与真解之间误差的变化规律，采用一般迭代法求解该方程组。

取 $n_x=n_y=10$，分别采用 Jacobi 迭代法和 Gauss-Seidel 迭代法求解方程组(6-2)，收敛条件为误差的能量范数 $\|e\|_A<10^{-3}$。由数值实验知，Jacobi 迭代法需要 150 次迭代，Gauss-Seidel 迭代法需要 76 次迭代，数值解才能满足收敛条件。图 6-3 给出了前 15 次线性迭代对应的信息，其中横坐标表示迭代步 m，纵坐标为前后迭代步的误差下降率 $Rate=\|e^{m+1}\|_A/\|e^m\|_A$，其中 e^m 表示第 m 次迭代数值解的误差，图中矩形块曲线代表 Jacobi 迭代法，菱形块曲线则代表 Gauss-Seidel 迭代法。

由图 6-3 知，在开始的几步迭代中，$Rate$ 值较小且曲线上升很快，说明此时 Jacobi 迭代法和 Gauss-Seidel 迭代法的误差下降很快；四、五步之后，$Rate$ 基本呈水平状态，这表明在后面的迭代步中误差下降很慢。事实上，线性定常迭代法能快速高效消除残量的高频部分，但对其低频部分磨光效果并不好，例如，Gauss-Seidel 方法每一步都能在一个方向上使能量极小化但却固定了其他所有方向的残差，所以可以消除局部或高频误差(图 6-3)。当高频误差被消除后，剩余的低频误差很难用这种局部优化方法消除，从而导致迭代法后期收敛变慢。由于细网格上的低频部分相应地在粗网格上变成高频，因此可以考虑在粗网格上用同样的迭代法消除低频部分，然后再对细网格上的近似解进行校正，这就构成了多重网格法的主要思想。

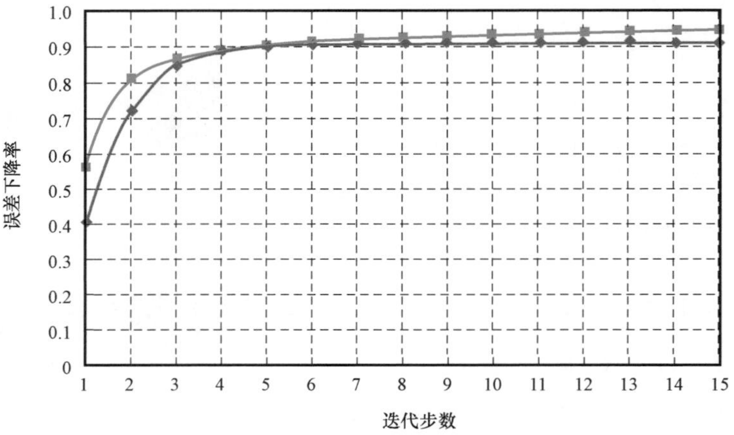

图 6-3 Jacobi 迭代法和 Gauss-Seidel 迭代法误差下降率

第二节 几何多重网格法

由第一节知，多重网格法的基本要素包括网格构造、磨光算子、插值和限制算子、粗网格算子构造等。其求解过程可以分为初始化和求解两个阶段，在初始阶段需要构造不同层次结构的网格、选择磨光算子、设计插值和限制算子、生成粗网格算子等。

下面介绍几何多重网格法（GMG）初始化过程中所需的粗网格点的选取方法、转换算子（限制、插值算子）的构造及粗网格矩阵的生成方法。

一、粗网格点的选取

几何多重网格法的粗网格点选取很简单，根据所求解问题的几何信息，可直接由细网格点限制得到。图 6-4 给出了一维问题粗网格点的选取方法，从图中可以看出，将细网格中偶数序号的节点限制到粗网格，就是粗网格点。

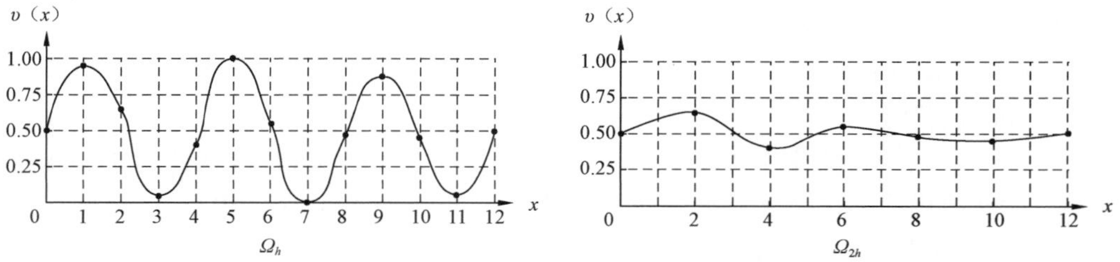

图 6-4 一维问题粗网格点的选取

对于二维情形，粗空间网格节点的选取办法类似于一维情形，如图 6-5 所示，小方块标记的点即为粗网格点，这里不再赘述。

二、转换算子的构造

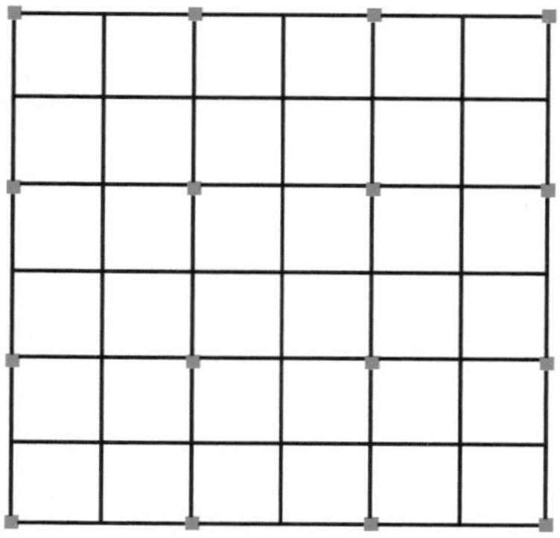

图 6-5　小方块标记的点即为粗网格点

限制和插值算子的构造有多种方法，这里仅给出全系数方式构造限制算子、双线性插值构造提升算子的方法（图 6-6）。

（1）插值算子（I_{2h}^{h}）的构造。

$$v_{2i,2j}^{h}=v_{i,j}^{2h}$$

$$v_{2i+1,2j}^{h}=\frac{1}{2}(v_{i,j}^{2h}+v_{i+1,j}^{2h})$$

$$v_{2i,2j+1}^{h}=\frac{1}{2}(v_{i,j}^{2h}+v_{i,j+1}^{2h})$$

$$v_{2i+1,2j+1}^{h}=\frac{1}{4}(v_{i,j}^{2h}+v_{i+1,j}^{2h}+v_{i,j+1}^{2h}+v_{i+1,j+1}^{2h})$$

这里 h 代表细网格层，$2h$ 代表粗网格层。

（2）限制算子（I_{h}^{2h}）的构造。

$$v_{i,j}^{2h}=\frac{1}{16}[v_{2i-1,2j-1}+v_{2i-1,2j+1}+v_{2i+1,2j-1}+v_{2i+1,2j+1}+$$
$$2(v_{2i,2j-1}+v_{2i,2j+1}+v_{2i-1,2j}+v_{2i+1,2j})+4v_{2i,2j}]$$

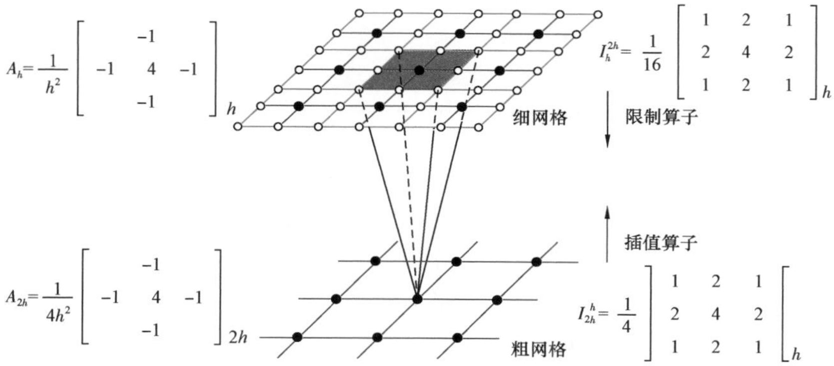

图 6-6　限制和插值算子构造示意图

三、粗网格矩阵（A_{2h}）的生成

设 $\boldsymbol{e}_{2h}\in\Omega_{2h}$，$e_h=I_{2h}^{h}\boldsymbol{e}_{2h}$，则：

$$A_hI_{2h}^{h}\boldsymbol{e}_{2h}=A_he_h=r_h \tag{6-7}$$

对式（6-7）两边同时作用 I_{h}^{2h}，得：

$$I_h^{2h}A_hI_{2h}^h\boldsymbol{e}_{2h}=I_h^{2h}r_h=f_{2h}$$

因此可得 $\boldsymbol{A}_{2h}=I_h^{2h}A_hI_{2h}^h$,这种粗网格矩阵的构造方式又称为 Galerkin 型方法。

选择全系数构造限制算子的主要原因是要使等式 $I_h^{2h}=c\,(I_{2h}^h)^{\mathrm{T}}$ 成立,即 I_h^{2h} 与 $c(I_{2h}^h)$ 互为共轭算子,其中 c 为一常数。这样使得 Galerkin 型方法构造的粗网格矩阵 $\boldsymbol{A}_{2h}$ 与原模型式(6-1)在 Ω_{2h} 上经有限差分离散得到的系统是相同的,因此初始化过程中的粗网格矩阵可通过直接对微分方程离散得到,减少很多工作量。

初始化完成后,即可对线性方程组进行求解。两重网格法求解的算法如下:

算法 6.1　两重网格法　给定初值 u_h^0

Step 1　前磨光:在 Ω_h 上以 u_h^0 初值对线性代数方程组(6-2)作 ν_1 次迭代,得到新的 u_h^0

Step 2　限制残量:

[2. 1]求残量 $r_h=f_h-A_hu_h^0$

[2. 2]限制 $f_{2h}=I_h^{2h}r_h$

Step 3　粗空间求解:精确求解 $A_{2h}e_{2h}=f_{2h}$,得到 $\boldsymbol{e}_{2h}=\boldsymbol{A}_{2h}^{-1}f_{2h}$

Step 4　插值和校正:

[4. 1]提升 $e_h=I_{2h}^h\boldsymbol{e}_{2h}$

[4. 2]校正 $u_h^0=u_h^0+e_h$

Step 5　后磨光:在 Ω_h 上再以 u_h^0 为初值对线性代数方程组(6-2)作 ν_2 次迭代,得到 u_h^1

两层网格法在粗网格 Ω_{2h} 上精确求解残量方程,但当 h 很小时,若粗网格问题的规模仍然很大,则可反复使用两层法直到最粗网格的规模很小时直接求解为止。下面给出多重网格法的算法:

算法 6.2　多重迭代法　$u_h:=MG(h,u_h,f_h)$ 给定初值 u_h^0

Step 1　前磨光:在 Ω_h 以 $u^{h,0}$ 为初值对系统式(6-2)作 ν_1 迭代,得到新的 u_h^0

Step 2　粗网格求解:如果 Ω_h 是最粗网格,则转到 Step4,否则

[2. 1]限制残量:$r_{2h}:=I_h^{2h}r_h=I_h^{2h}(f_h-A_hu_h^0)$

[2. 2]初始化迭代向量:$\boldsymbol{e}_{2h}:=0$

[2. 3]做 γ 次:$e_{2h}:=MG(2h,\boldsymbol{e}_{2h},r_{2h})$

Step 3　提升、校正:$u_h^0:=u_h^0+I_{2h}^h\boldsymbol{e}_{2h}$

Step 4　后磨光:在 Ω_h 上再以 u_h^0 为初值对方程组(6-2)作 ν_2 次迭代,得到新 u_h^1

在实际应用中,通常取 $\gamma=1$ 或 $\gamma=2$,这两种选择分别对应多重网格 V-循环(V-cycle)与多重网格 W-循环(W-cycle),如图 6-7 所示。

除上述 V-循环和 W-循环外,下面再介绍一种多重网格循环方法:代数多重迭代循环(AMLI-cycle)方法。基于 AMLI 循环的多重网格法,对某些问题具有较好的收敛性,其算法如

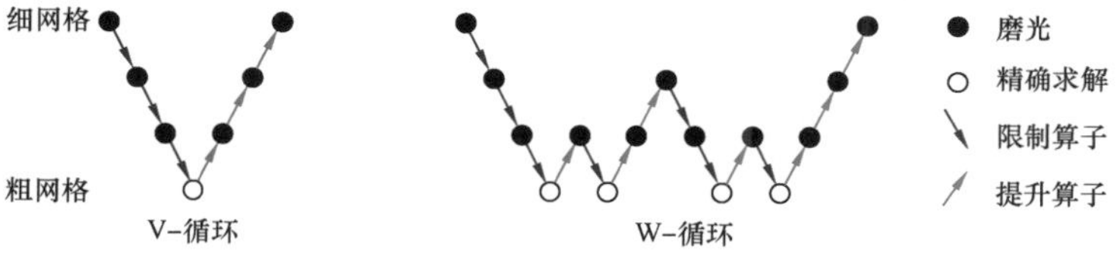

图 6-7　多重迭代法类型

下，这里用 l 表示网格层数，$l=1,2,\cdots L$。

算法 6.3　AMLI-cycle(l,A_l,r_l)

Step 1　前磨光：以 e_l 为初值，对 $A_le_l=r_l$ 做 ν_1 次迭代，得 e_l

Step 2　求残量：$r_l=r_l-A_le_l$

Step 3　限制残量：$r_{l+1}=(P_{l+1}^l)^{\mathrm{T}}r_l$

Step 4　粗空间求解：$A_{l+1}e_{l+1}=r_{l+1}$，如果 $l=L-1$，则 $\tilde{e}_L=A_L^{-1}r_L$，转到 Step 5
否则，进行如下操作：

[4.1]初始化 $\tilde{e}_{l+1}=0,\tilde{w}_{l+1}=r_{l+1}$

[4.2]迭代

FOR $j=0,1,\cdots,\gamma-1$

IF $j>0$ THEN

$\tilde{w}_{l+1}=A_{l+1}v_{l+1}$

END IF

调用 AMLI-cycle$(l+1,A_{l+1},\tilde{w}_{l+1})$得到 v_{l+1}

$\tilde{e}_{l+1}=\tilde{e}_{l+1}+\zeta_{l+1}^{(j)}v_{l+1}$

END FOR

Step 5　粗空间校正：$e_l=e_l+P_{l+1}^l\tilde{e}_{l+1}$。

Step 6　计算残量：$r_l=r_l-A_le_l$。

Step 7　后磨光：以 e_l 为初值，对 $A_le_l=r_l$ 做 ν_2 次磨光，得 e_l

算法 6.3 中 Step 4.2 的加权值 $\zeta_l^{(j)}(j=0,1,\cdots,\gamma-1)$ 可由多项式函数 $p_l(t)$ 的系数确定：

$$p_l(t)=\sum_{j=0}^{\gamma-1}\zeta_l^{(j)}t^j=\frac{1}{t}\frac{T_\gamma\left(\dfrac{1+\kappa_{l+1}^{-1}}{1-\kappa_{l+1}^{-1}}\right)-T_\gamma\left(\dfrac{1+\kappa_{l+1}^{-1}-2t}{1-\kappa_{l+1}^{-1}}\right)}{1+T_\gamma\left(\dfrac{1+\kappa_{l+1}^{-1}}{1-\kappa_{l+1}^{-1}}\right)} \tag{6-8}$$

其中，T_γ 是 γ 阶的切比雪夫多项式，可由递推公式

$$T_0(t)=1,T_1(t)=t,T_k(t)=2tT_k(t)-T_{k-1}(t)\qquad(k>1)$$

得到。

κ_l 可由下面递推公式求出：

$$\kappa_l = \begin{cases} \kappa_{TG} & (l = L-1) \\ \kappa_{TG} + \kappa_{TG} \dfrac{\kappa_{l+1}(1-\kappa_{l+1}^{-1})^{\gamma}}{\left(\sum_{j=1}^{\gamma}(1+\sqrt{\kappa_{l+1}^{-1}})^{\gamma-j}(1-\sqrt{\kappa_{l+1}^{-1}})^{j-1}\right)^2} & (l = L-2,\cdots,1) \end{cases} \quad (6-9)$$

这里 κ_{TG} 为常数。

下面给出几何多重网格法的收敛性定理，证明过程请见文献（Xu，1992；Xu 和 Zikatanov，2002）。

定理 6.1 已知 V 是线性代数方程组（6-2）的解空间，V_i 是对应粗网格层的解空间，T_i 是粗网格算子，$\boldsymbol{E}_L$ 是 V-循环过程对应的迭代矩阵，即 $u^*-\boldsymbol{u}^{(m+1)}=\boldsymbol{E}_L(u^*-\boldsymbol{u}^{(m)})$，其中 u^* 是真解，$\boldsymbol{u}^{(m+1)}$ 是以 $\boldsymbol{u}^{(m)}$ 为初值经一次 V-循环迭代后得到的迭代向量。若条件（1）$V=\sum_{i=1}^{L} V_i$；（2）粗网格算子 $T_i: V_i \to V_i$ 是同构算子，且 $R(T_i)=V_i$；（3）对 $\forall v \in V$，有 $\|T_i v\|^2 \leqslant w(T_i v, v)$，其中 $w \in (0,2)$ 都成立，那么迭代矩阵

$$\boldsymbol{E}_L = (I-T_L)(I-T_{L-1})\cdots(I-T_1)$$

满足估计式：

$$\|\boldsymbol{E}_L\|_A^2 = \frac{c_0}{1+c_0}$$

其中常数 $c_0=\sup\limits_{\|\boldsymbol{v}\|=1}\inf\limits_{\sum_i v_i=v}\sum_{i=1}^{L}(T_i\overline{T}_i^{-1}T_i^* w_i, w_i)<\infty$，$w_i=\sum_{j=i}^{L} v_j - T_i^{-1}v_i$。

表 6-1 是用几何多重网格法求解二维泊松方程的线性代数方程组（6-2）的数值实验结果，其中右端项 $f=0$，初始值为随机向量，磨光算子采用 Gauss-Seidel 迭代法，表中的 V(1,1) 表示采用 V-循环且前后磨光次数均为 1 次。采用的收敛准则为真解 u^* 与数值解 $\boldsymbol{u}$ 的误差的能量范数满足 $\|u^*-\boldsymbol{u}\|_A<10^{-6}$。

表 6-1 V(1,1) 求解线性代数系统(6.2)的收敛结果

网格	问题规模	迭代步数	$\|\boldsymbol{u}-u_h\|_A$
$2^9\times2^9$	262144	13	9.04×10^{-7}
$2^{10}\times2^{10}$	1048576	14	4.91×10^{-7}
$2^{11}\times2^{11}$	4194304	14	1.00×10^{-6}
$2^{12}\times2^{12}$	16777216	15	5.40×10^{-7}

从表 6-1 可知，随着自由度增加，迭代次数基本保持稳定，说明几何多重网格算法的收敛速度与问题的规模无关。

第三节　代数多重网格法

几何多重网格法对一些模型问题可以达到最优的运算效率,但是该方法依赖于各层网格的几何信息及其相互关系,较强地依赖于具体的问题。不仅如此,由于几何多重网格方法的程序实现紧密地依赖于问题和层次网格结构,所以对于不同的问题和离散方法,几何多重网格程序通常也不具有通用性。因此,几何多重网格法的适用范围较窄,很难在实际问题使用。

作为多重网格方法的代数变体,代数多重网格法(AMG)获得了广泛的应用。代数多重网格方法是根据多重网格方法的一般原理和思想建立起来的一种求解线性代数方程组的快速算法,它采用分层思想通过一种纯代数的多层方法处理矩阵方程,特别是大规模稀疏无结构方程组。对于很多的实际问题(与二阶椭圆型方程类似),它表现出与剖分网格无关的收敛率和最优的计算复杂度。由于代数多重网格不需要显式的网格层信息,所以它具有更强的普适性,其相应的数值软件也常可作为黑盒子解法器来使用。本节介绍经典的代数多重网格法。

代数多重网格法与几何多重网格法的主要步骤一样,也是由初始化(Setup)阶段和求解(Solve)阶段两部分组成。其初始化过程如下:

算法 6.4　代数多重网格初始化　令 $l=1$,已知细网格矩阵 $\boldsymbol{A}_l$

Step 1　粗化:

[1.1]粗点选取

[1.2]构造插值算子 P_{l+1}^{l}

[1.3]生成粗网格矩阵 $\boldsymbol{A}_{l+1}=(P_{l+1}^{l})^{\mathrm{T}}\boldsymbol{A}_lP_{l+1}^{l}$

Step 2　更新 $l:=l+1$,转到 Step1 继续粗化,直至第 l 层的自由度足够小或粗化的网格层数 l 已足够多

前文讨论过的多层迭代法都可以用在代数多重网格法上,下面仅以 V-循环为例,给出由第 m 步迭代向量 $\boldsymbol{x}^{(m)}$ 到第 $m+1$ 步迭代向量 $\boldsymbol{x}^{(m+1)}$ 的一次迭代过程的算法描述。

算法 6.5　多重迭代法 V-循环　已知网格层数为 L,最细网格层矩阵 $\boldsymbol{A}_1$

Step 1　前磨光和残量限制:对 $l=1,2,\cdots,L-1$ 循环,作以下三步

[1.1]以 x_l^0 为初值,对 $\boldsymbol{A}_lx_l=b_l$ 作 ν_1 次磨光,得到磨光后向量 $\boldsymbol{x}_l$,其中

$$\boldsymbol{x}_l^0=\begin{cases}x^{(m)}, & l=1\\0, & l>1\end{cases}$$

[1.2]$r_l=b_l-\boldsymbol{A}_l\boldsymbol{x}_l$

[1.3]$b_{l+1}=(P_{l+1}^{l})^{\mathrm{T}}r_l$

Step 2　最粗网格层求解:精确求解 $\boldsymbol{A}_l\boldsymbol{x}_l=b_l$

Step 3　校正和后磨光:对 $l=L-1,L-2,\cdots,1$ 循环,做以下两步

[3.1] $\boldsymbol{x}_l=\boldsymbol{x}_l+P_{l+1}^{l}x_{l+1}$

[3.2] 以 $\boldsymbol{x}_l$ 为初值，对 $\boldsymbol{A}_l\boldsymbol{x}_l=b_l$，作 ν_2 次磨光，得到磨光后的向量 $\boldsymbol{x}_l$

由以上三步得到的 $\boldsymbol{x}_l$，即为所需的 $\boldsymbol{x}^{(m+1)}$

下面讨论怎么从矩阵的代数信息中获得部分问题的几何信息，从而可以在没有完整层次结构的条件下得到高效的多重网格法。

一、矩阵的图

观察网格与矩阵的拓扑结构示意图 6-8。

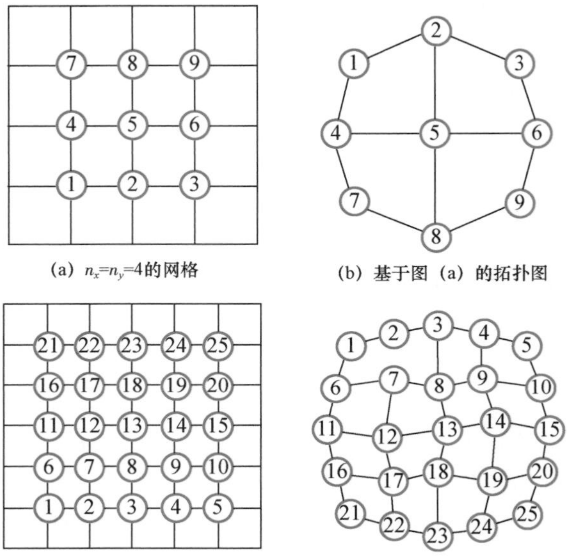

(a) $n_x=n_y=4$的网格　(b) 基于图 (a) 的拓扑图

(c) $n_x=n_y=6$的网格　(d) 基于图 (c) 的拓扑图

图 6-8　网格与矩阵的拓扑结构示意图

图 6-8(a) 是式(6-1)的求解域 Ω 在 x 方向和 y 方向上剖分段数均为 4 的网格，图中标出的数字是内节点的编号。式(6-1)在该网格上经中心差分可得到一个离散代数方程组，其系数矩阵形式与方程组(6-2)中矩阵 $\boldsymbol{A}$ 相同。根据图论知识，每个矩阵都对应着一个拓扑图，因此根据矩阵 $\boldsymbol{A}$ 的非零元素结构得到其拓扑图如图 6-8(b) 所示，其中图 6-8(b) 中的数字编号对应着矩阵 $\boldsymbol{A}$ 的行号。同理，也可以得到基于图 6-8(c) 网格离散系统系数矩阵的拓扑结构，如图 6-8(d) 所示。对比图 6-8(a) 和图 6-8(b) 发现，拓扑图和几何网格中相同编号的节点有着相同的连接关系，这说明矩阵的拓扑结构能正确反映出几何网格节点间的连接关系。进一步可得，只要已知了代数矩阵，对其拓扑结构进行分析就可以获取相关的拓扑信息。代数多重网格法正是基于这样的想法而形成。

设 $\boldsymbol{A}=(a_{ij})$ 为 $N\times N$ 阶稀疏矩阵，它可以通过其(有向)邻接图 $G=(V,E)$ 表示，其中 $V=\{1,2,\cdots,N\}$ 表示顶点(或节点)集合，$E=\{e_{ij}|a_{ij}\neq 0\}$ 表示边集合。E 中的元素 $e_{ij}=(i,j)$ 为一个二元序对，表示从顶点 i 指向顶点 j 的一条有向边，$w_{ij}=|a_{ij}|$ 为该边相应的权重。若 $\boldsymbol{A}$ 具有对称

的非零结构，即 $a_{ij}\neq 0$ 当且仅当 $a_{ji}\neq 0(1\leqslant i,j\leqslant N)$，则其邻接图的每一条边均有两个指向，此时可将其视为一个无向图。

二、基本概念和记号

为了讨论代数多重网格法的算法和思想，先引入一些预备知识：

(1)若矩阵 $\boldsymbol{A}$ 的元素 $a_{ij}\neq 0(i\neq j)$，则在 $\boldsymbol{A}$ 的有向邻接图 G 中存在一条从节点 i 指向节点 j 的有向边。这时称节点 j 影响了节点 i，即 j 是节点 i 的影响点。或者称节点 i 依赖于节点 j，节点 i 是节点 j 的依赖点。

(2)节点 i 的依赖集：$V_i=\{j|a_{ij}\neq 0,j\neq i\}$，即由节点 i 的所有依赖点构成的集合。

(3)节点 i 的影响集：$V_i^{\mathrm{T}}=\{j|i\in V_j\}$，即由节点 i 的所有影响点构成的集合。

(4)节点 i 的强依赖集：$S_i=\{j\in V_i|-a_{ij}\geqslant\theta\max\limits_{k\neq i}(-a_{ik})\}$，$i$ 节点的所有强依赖点构成的集合，其中 $\theta\in(0,1]$ 是强弱连通阈值。

(5)节点 i 的强影响集：$S_i^{\mathrm{T}}=\{j|i\in S_j\}$，即由节点 i 的所有强影响点构成的集合。

(6)节点 i 的依赖值：$v(i)=|S_i|$，其中 $|S_i|$ 表示 S_i 中元素的个数。

(7)节点 i 的影响值：$\tilde{v}(i)=|S_i^{\mathrm{T}}|$。

(8)关于 V 的 C/F 分裂：若成立

$$C\cup F=V,C\cap F=\varnothing \tag{6-10}$$

则称式(6-10)为 V 的一个 C/F 分裂，并分别称 C 和 F 为 V 的粗网格节点集合和细网格节点集合（简称粗点集合和细点集合）。

(9)对任意的 $i\in F$，定义：

① i 的插值节点集合 $C_i=S_i\cap C$。

② 其他集合：

a. $D_i^s=S_i\cap F$；

b. $D_i^w=V_i\setminus\{C_i\cup D_i^s\}$；

c. $F_i=\{j\in D_i^s|$不存在 $k\in C$ 成立 $a_{ik}\neq 0$ 且 $a_{jk}\neq 0\}$。

(10)对任意集合 $W_i\subseteq V_i$，定义 $W_i^+=\{j\in W_i|a_{ij}>0\}$，$W_i^-=\{j\in W_i|a_{ij}<0\}$。

(11)若矩阵 $\boldsymbol{A}\in R^{N\times N}$满足以下三条性质，则称 $\boldsymbol{A}$ 为 M-矩阵。

① $a_{ii}>0(i=1,2,\cdots,N)$；

② $a_{ij}\leqslant 0(i\neq j,i=1,2,\cdots,N;j=1,2,\cdots,N)$；

③ $\boldsymbol{A}$ 可逆且 $\boldsymbol{A}^{-1}\geqslant 0$，即 $\boldsymbol{A}^{-1}$每个元素都大于或等于 0。

设 i,j 为细网格节点集合 F 中的两个元素，称偶对 (i,j) 满足 C_1 是指，若 $j\in S_i$，则对任意 $k\in S_i\cap C$，必有 $k\in S_j$。如果 F 中任意两个元素构成的偶对均满足 C_1 条件，则称 C/F 分裂满足 C_1 条件。如果粗网格节点集合 C 为 V 的某个最大独立集，即 C 中任意两个元素之间不存在强依赖或强影响关系，则称 C/F 分裂满足 C_2 条件。

C_1 条件是对细网格节点集合 F 提出的，即要求 F 中任意两个强关联（强依赖或强影响）的网格节点存在公共的强依赖粗点。C_2 条件是对粗网格节点集合 C 来提的，由该定义知，C

中的网格节点数目已达到最大，即若再增加一个粗点，则独立性不再成立。

三、经典 *C/F* 分裂

对于泊松方程式(6-1)，将其正方形求解区域剖分成 5×5 的一致网格，记 x 方向的自由度个数为 n_x，则节点(i,j)对应的自由度编号为 k，其中 $k=i+j\times n_x$。离散后得到 9 点差分格式为：

$$[L_h]_{i,j}=\frac{1}{h^2}\begin{pmatrix}-1 & -1 & -1\\ -1 & 8 & -1\\ -1 & -1 & -1\end{pmatrix} \tag{6-11}$$

由差分格式(6-11)知方程式(6-1)离散系统节点(i,j)的强影响集为：

$$S_k=\{k-n_x-1,k-n_x,k-n_x+1,k-1,k+1,k+n_x-1,k+n_x,k+n_x+1\}$$

对于任意的 θ，其强依赖集为：

$$S_k^{\mathrm{T}}=\{k-n_x-1,k-n_x,k-n_x+1,k-1,k+1,k+n_x-1,k+n_x,k+n_x+1\}$$

离散节点中每个内点的强依赖值为 8，边界内点的强依赖值为 5，角点的强依赖值为 3。

以图 6-9 为例，其 *C/F* 分裂过程如下：

(1)求出每个网格节点的强依赖值，如图 6-9(a)过程；

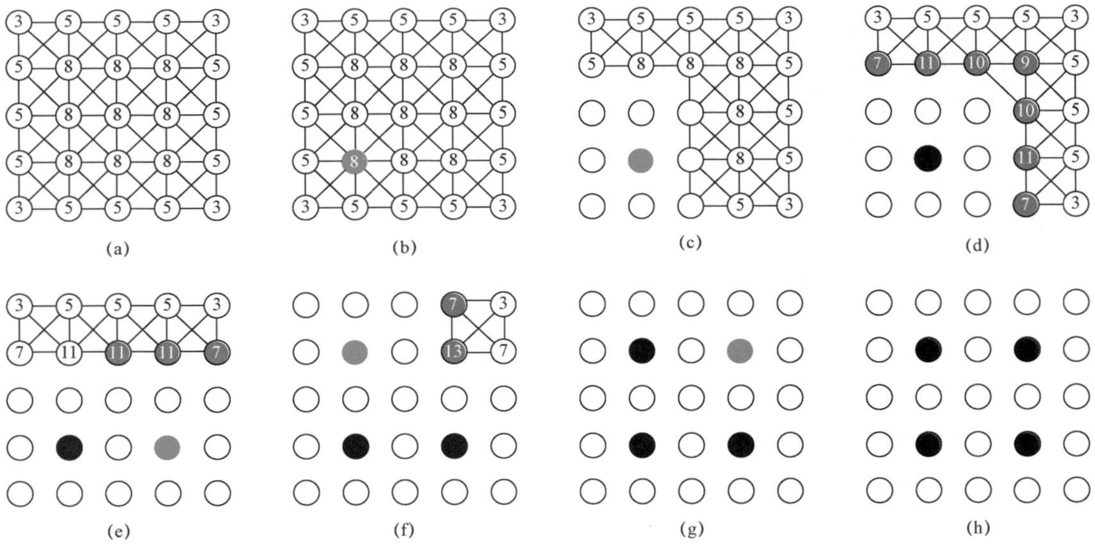

图 6-9　*C/F* 分裂示意图

(2)挑最大强依赖值的节点作为粗网格点，如图 6-9(b)过程中的红色点；

(3)将所选粗网格点的强依赖点都变为细网格点，如图 6-9(c)过程中的空心白色圆圈；

(4)将已经选出来的粗网格点和细网格点从 U 中除去[图 6-9(d)过程中将相应连接边去掉]，并更新细网格点的强依赖点的强依赖值[图 6-9(d)中的蓝色点]；

(5)再对 U 中剩下的节点依次重复上述操作,直至所有分裂完成。最终的分裂结果如子图 6-9(h)所示,黑点即为 C 点,其他的点为 F 点。

将 C/F 分裂算法应用到一致网格上经中心差分得到的代数系统的系数矩阵,得到 C/F 分裂图(图 6-10),红色方块节点为选出的粗网格点。

对比图 6-10 和图 6-5,可以发现几何多重网格法挑选出来的粗网格点和代数方法(C/F 分裂算法)选出来的粗网格点不完全一样。代数方法选出的粗点个数比几何方法选出的多,几何挑选的粗点都包含在代数选出的粗点集合中,说明 C/F 分裂算法能很好地捕捉低频信息。

对图 6-8(d)拓扑图进行 C/F 分裂可以得到一个分裂图,如图 6-11 所示,其中细网格中编号为 1,3,5,7,9,11,13,15,17,19,21,23,25 的节点选成了粗网格点。

进一步,考虑各向异性问题

$$\begin{cases} u_{xx} - \varepsilon u_{yy} = f, & \Omega \\ u = 0, & \partial\Omega \end{cases} \tag{6-12}$$

其中 ε 为常数。采用五点差分格式离散系统[式(6. 12)],对得到的线性系统的系数矩阵做 C/F 分裂,结果如图 6-12 所示(ε 取为10^{-3})。

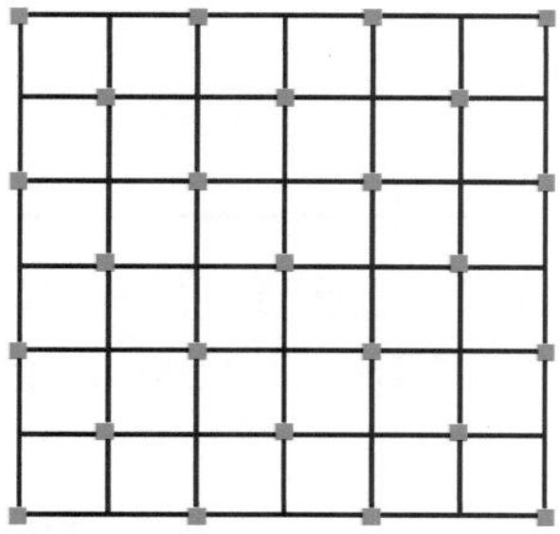

图 6-10 一致网格的 C/F 分裂

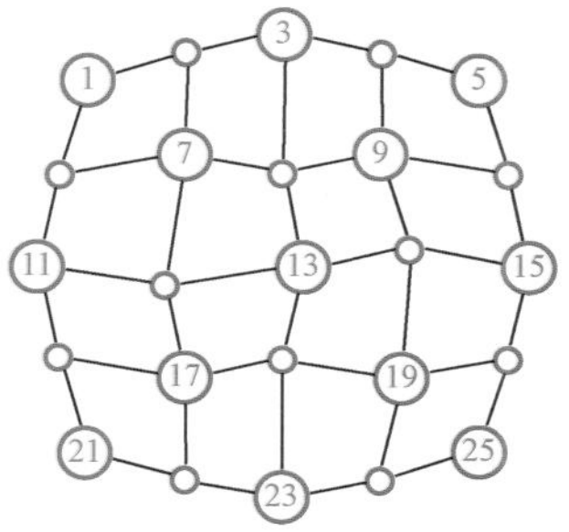

图 6-11 拓扑图的 C/F 分裂

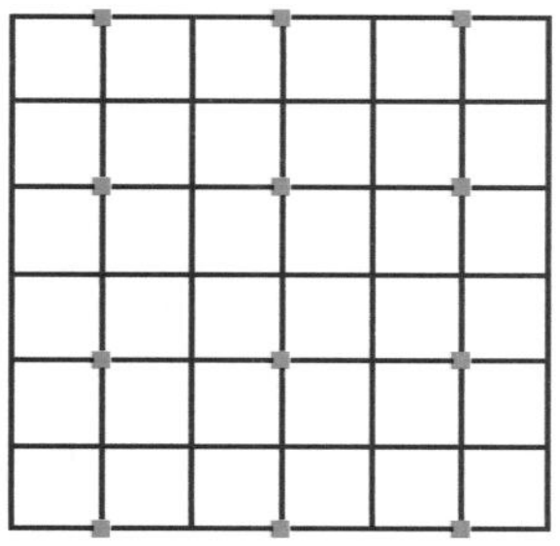

图 6-12 一致网格上各向异性问题的 C/F 分裂

当 ε 分别取为 10^{-4}和 10^{-5}时,由数值实验得 C/F 分裂与 ε 为 10^{-3}时一样。从图 6-12 中发现,只在 x 方向进行了分裂,这是因为当 ε 取为 10^{-3}时,连续方程式(6-12)各向异性,表现出在 x 方向具有很强的依赖性,在 y 方向依赖性则很弱,因此导致了只在 x 方向进行了粗化。由于误差函数的光滑部分(低频部分)在强依赖方向"消失"得很慢,因此网格粗化沿着强依赖的方向进行。因此把光滑部分限制到粗网格求解,再通过插值提升到细网格可以很好的逼近误差函数。

综上所述,指标集 V 的 C/F 分裂算法如下:

算法 6.6 C/F 分裂 给定指标集 $V=\{1,2,\cdots,N\}$

Step 1 初始化:$U=V, C=\varnothing, F=\varnothing$

Step 2 分裂：对 U 做如下操作，直至 U 为$\varnothing$

[2.1]统计 U 中的所有节点 i 的依赖值，记为

$$\lambda_i:\lambda_i = |S_i^{\mathrm{T}} \cap U| + 2|S_i^{\mathrm{T}} \cap F|, i \in U$$

[2.2]找出依赖值最大的节点，记为 i_0：

$$i_0 = \arg\max\{\lambda_i, i \in U\}$$

[2.3]将 i_0 选为粗网格点，同时将节点 i_0 从集合 U 中移除，

$$C = C \cup \{i_0\}, \quad U = U \backslash \{i_0\}$$

[2.4]将 i_0 的强依赖点变为细网格点，同时将这些强依赖点从集合 U 中移除，

$$F = F \cup S_{i_0}^{\mathrm{T}}, U = U \backslash S_{i_0}^{\mathrm{T}}$$

[2.5]若 $U \neq \varnothing$，则转到 Step 2.1，否则转到 Step 3

Step 3 完成分裂后，检查集合 F 中的细网格点是否满足 C_1 条件，若存在强连通的细网格点 i,j（F-F 依赖集）没有公共的强依赖粗点，则将这两个细网格点中依赖值最大的节点变为粗网格点：

$$\text{IF} \quad (S_i^{\mathrm{T}} \cap S_j^{\mathrm{T}} \cap C) = \varnothing, \quad \text{THEN} \quad i_0 = \arg\max\{\lambda_i, \lambda_j\}$$

$$C = C \cup \{i_0\}, \qquad F = F \backslash \{i_0\}$$

注：(1)在算法 6.6 的 Step 2.2 中，具有最大依赖值的节点可能有多个，这时只需从中随机挑选一个作为初始粗网格点即可，这样虽然会导致最后选出的粗网格点不一样，但是 C_1 和 C_2 条件保证了选出的粗网格点都能较好的逼近低频误差。

(2)在一般情形下，要求同时满足 C_1 和 C_2 条件是不太可能的。在实际应用中，一般要求严格满足 C_1 条件，C_2 条件只作为参考。

四、插值算子的构造和粗网格矩阵

下面介绍标准插值和直接插值的构造方法。考虑相邻细粗两个网格层，网格层的编号分别为 l 和 $l+1$，相应的插值矩阵记为 $\boldsymbol{P}_l$，且已知系数矩阵 $\boldsymbol{A}_l=(a_{ij}^l)$，阶数为 N_l。设 $\boldsymbol{A}_l$ 的 C/F 分裂 $C \cup F$，C 为粗点集合，F 为细点集合。为简单起见，以下描述中省略 $\boldsymbol{A}_l$，$\boldsymbol{P}_l$，a_{ij}^l 及 N_l 的上下标 l，将它们分别简记为 $\boldsymbol{A}$、$\boldsymbol{P}$、a_{ij} 和 N。经典插值和直接插值的插值矩阵 $\boldsymbol{P}$ 均依据求解线性系统 $\boldsymbol{Ae}=0$ 来构造。设误差向量 $\boldsymbol{e}$ 在点 i 的插值公式为：

$$e_i = \begin{cases} e_i & (i \in C) \\ \sum_{j \in C_i} w_{ij} e_j & (i \in F) \end{cases} \tag{6-13}$$

下面推导式(6-13)中权重 w_{ij} 的表达式。

1. 标准插值

考虑方程 $\boldsymbol{Ae}=0$ 的第 i 行 $\sum_{j=1}^{n} a_{ij}e_j=0$,即:

$$a_{ii}e_i + \sum_{j\in V_i} a_{ij}e_j = 0 \tag{6-14}$$

由于 $V_i=C_i\cup D_i^s\cup D_i^w$,式(6-14)可以进一步写成:

$$a_{ii}e_i + \sum_{j\in C_i} a_{ij}e_j + \sum_{j\in D_i^w} a_{ij}e_j + \sum_{j\in D_i^s} a_{ij}e_j = 0 \tag{6-15}$$

在式(6-15)中作以下两个近似:

$$e_j \approx e_i \qquad (j\in D_i{}^w)$$

$$e_j \approx \sum_{k\in C_i} \frac{a_{jk}}{\sum_{m\in C_i} a_{jm}} e_k = \frac{1}{\sum_{m\in C_i} a_{jm}} \sum_{k\in C_i} a_{jk}e_k \qquad (j\in D_i^s)$$

将上两式中的"≈"换为"=",代入式(6-15)得:

$$a_{ii}e_i + \sum_{j\in C_i} a_{ij}e_j + \sum_{j\in D_i^w} a_{ij}e_i + \sum_{j\in D_i^s} a_{ij} \sum_{k\in C_i} \frac{a_{jk}}{\sum_{m\in C_i} a_{jm}} e_k = 0$$

即

$$-\left(a_{ii} + \sum_{j\in D_i^w} a_{ij}\right)e_i = \sum_{j\in C_i} a_{ij}e_j + \sum_{j\in C_i}\sum_{k\in D_i^s} \frac{a_{ik}a_{kj}}{\sum_{m\in C_i} a_{km}} e_j = \sum_{j\in C_i}\left(a_{ij} + \sum_{k\in D_i^s} \frac{a_{ik}a_{kj}}{\sum_{m\in C_i} a_{km}}\right)e_j \tag{6-16}$$

对比式(6-13)和式(6-16),可知:

$$w_{ij} = -\frac{1}{a_{ii} + \sum_{k\in D_i^w} a_{ik}}\left(a_{ij} + \sum_{k\in D_i^s} \frac{a_{ik}a_{kj}}{\sum_{m\in C_i} a_{km}}\right) \tag{6-17}$$

一般情形下 $C_i\neq\varnothing$,因此若 $D_i^s\neq\varnothing$,则对 $\forall k\in D_i^s, m\in C_i$,节点 i,k,m 之间的边有如下关系:

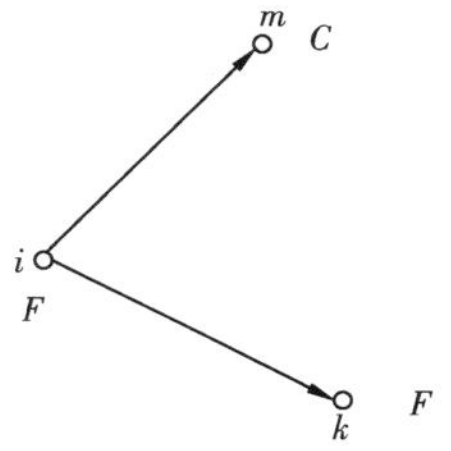

但是节点 m 与 k 之间的边关系不清楚，对于固定的 $k\in D_i^s$，此时有以下两种情况会使得式(6-17)中的求和项 $\sum\limits_{m\in C_i} a_{km}$ 为零。

(1)对 $\forall m\in C_i$，均有 $a_{km}=0$，此时显然有 $\sum\limits_{m\in C_i} a_{km}=0$。

(2)当 $|C_i|\geqslant 2$ 时，由于 $a_{km}, m\in C_i$ 中正负抵消，使得 $\sum\limits_{m\in C_i} a_{km}=0$，即使 C/F 分裂满足 C_1 条件，也不能保证式(6-17)中的 $\sum\limits_{m\in C_i} a_{km}\neq 0$，因此需要对式(6-17)进行改良。

对于任意需进行插值的 F 中的点 i，若要经典插值公式保持常向量，即对 $\boldsymbol{e}^H=(1,1,\cdots,1)^{\mathrm{T}}\in R^{n_{l+1}}$，有 $\boldsymbol{Pe}^H=(1,1,\cdots,1)^{\mathrm{T}}\in R^{n_l}$，则需要 $\sum\limits_{j\in C_i} w_{ij}=1$。可以证明 $\sum\limits_{j\in C_i} w_{ij}=1$ 的充要条件是 $\sum\limits_{j=1}^{n} a_{ij}=0$。

由式(6-17)知：

$$
\begin{aligned}
\sum_{j\in C_i} w_{ij} &= -\frac{1}{a_{ii}+\sum\limits_{k\in D_i^w} a_{ik}} \sum_{j\in C_i}\left(a_{ij}+\sum_{k\in D_i^s}\frac{a_{ik}a_{kj}}{\sum\limits_{m\in C_i} a_{km}}\right) \\
&= -\frac{1}{a_{ii}+\sum\limits_{k\in D_i^w} a_{ik}} \left(\sum_{j\in C_i} a_{ij}+\sum_{k\in D_i^s}\frac{a_{ik}\sum\limits_{j\in C_i} a_{kj}}{\sum\limits_{m\in C_i} a_{km}}\right) \\
&= -\frac{\sum\limits_{j\in C_i} a_{ij}+\sum\limits_{k\in D_i^s} a_{ik}}{a_{ii}+\sum\limits_{k\in D_i^w} a_{ik}}。
\end{aligned}
$$

因此，$\sum\limits_{j\in C_i} w_{ij}=1$ 的充要条件是 $-\dfrac{\sum\limits_{j\in C_i} a_{ij}+\sum\limits_{k\in D_i^s} a_{ik}}{a_{ii}+\sum\limits_{k\in D_i^w} a_{ik}}=1$，即 $\sum\limits_{j=1}^{n} a_{ij}=0$。

既然式(6-17)中的 $\sum\limits_{m\in C_i} a_{km}$ 有可能为0，那么用式(6-17)定义插值算子的权系数是不合理的，需要对其进行修正。修正公式为：

$$
w_{ij}=-\frac{1}{a_{ii}+\sum\limits_{k\in D_i^w\cup F_i} a_{ik}}\left(a_{ij}+\sum_{k\in D_i^s\backslash F_i}\frac{a_{ik}\hat{a}_{kj}}{\sum\limits_{m\in C_i}\hat{a}_{km}}\right) \tag{6-18}
$$

其中

$$
\hat{a}_{ij}=\begin{cases} 0 & (\text{如果 } \operatorname{sign}(a_{ij})=\operatorname{sign}(a_{ii})) \\ a_{ij} & (\text{其他}) \end{cases}
$$

式(6-18)相当于过滤掉与对角元同号的元素,即当对角元为正时,过滤掉(满足要求的非对角元中的)正元素。

式(6-18)将 D_i^w 当成 F_i 来处理,将 D_i^s 改为 $D_i^s \backslash F_i$,这是为了保证每个 a_{km} 均不为零,将 a_{km} 改为 $\hat{a}_{km}$ 是为了保证求和号下为同号数相加,从而使 $\sum\limits_{m \in C_i} \hat{a}_{km} \neq 0$。

2. 直接插值

首先考虑 C_i^+ 和 C_i^- 均非空的情形,此时 $\boldsymbol{Ae}=0$ 限制在第 i 个节点上的方程为:

$$-a_{ii}e_i = \left(\sum_{j \in C_i^+} a_{ij}e_j + \sum_{j \in D_i^+} a_{ij}e_j\right) + \left(\sum_{j \in C_i^-} a_{ij}e_j + \sum_{j \in D_i^-} a_{ij}e_j\right) \tag{6-19}$$

为去掉式(6-19)中由 $j \in D_i$ 对应的求和项,作以下近似

$$\sum_{j \in C_i^-} a_{ij}e_j + \sum_{j \in D_i^-} a_{ij}e_j \approx \alpha_i \sum_{j \in C_i^-} a_{ij}e_j \tag{6-20}$$

和

$$\sum_{j \in C_i^+} a_{ij}e_j + \sum_{j \in D_i^+} a_{ij}e_j \approx \beta_i \sum_{j \in C_i^+} a_{ij}e_j \tag{6-21}$$

为了使得式(6-20)和式(6-21)保持常数逼近,要求式(6-20)和式(6-21)对 $e=(1,1,\cdots,1)^{\mathrm{T}}$ 精确成立,将 $\boldsymbol{e}$ 代入式(6-21),可得:

$$\alpha_i = \frac{\sum\limits_{j \in V_i^-} a_{ij}}{\sum\limits_{j \in C_i^-} a_{ij}}, \quad \beta_i = \frac{\sum\limits_{j \in V_i^+} a_{ij}}{\sum\limits_{j \in C_i^+} a_{ij}} \tag{6-22}$$

综上可知,当 C_i^+ 和 C_i^- 均非空时,F 点 i 对应的直接插值公式为:

$$e_i = \sum_{j \in C_i} w_{ij}e_j$$

其中,插值系数

$$w_{ij} = \begin{cases} -\alpha_i \dfrac{a_{ij}}{a_{ii}} & (j \in C_i^-) \\ \\ -\beta_i \dfrac{a_{ij}}{a_{ii}} & (j \in C_i^+) \end{cases} \tag{6-23}$$

当 $C_i^+=\varnothing$时,插值系数公式(6-23)需修改为:

$$w_{ij} = -\alpha_i \frac{a_{ij}}{a_{ii} + \sum\limits_{j \in V_i^+} a_{ij}} \quad (j \in C_i^-) \tag{6-24}$$

在插值系数公式(6-23)中 $\sum\limits_{j \in C_i} w_{ij}=1$ 的充要条件是 $\sum\limits_{j=1}^{n} a_{ij}=0$。事实上,由式(6-22)和式(6-23),有:

$$\sum_{j\in C_i} w_{ij} = -\left(\sum_{j\in C_i^-} \frac{\sum\limits_{k\in V_i^-} a_{ik}}{\sum\limits_{k\in C_i^-} a_{ik}} \cdot \frac{a_{ij}}{a_{ii}} + \sum_{j\in C_i^+} \frac{\sum\limits_{k\in V_i^+} a_{ik}}{\sum\limits_{k\in C_i^+} a_{ik}} \cdot \frac{a_{ij}}{a_{ii}}\right)$$

$$= -\left(\frac{\sum\limits_{k\in V_i^-} a_{ik}}{\sum\limits_{k\in C_i^-} a_{ik}} \cdot \frac{\sum\limits_{j\in C_i^-} a_{ij}}{a_{ii}} + \frac{\sum\limits_{k\in V_i^+} a_{ik}}{\sum\limits_{k\in C_i^+} a_{ik}} \cdot \frac{\sum\limits_{j\in C_i^+} a_{ij}}{a_{ii}}\right)$$

$$= -\frac{\sum\limits_{k\in V_i^-} a_{ik} + \sum\limits_{k\in V_i^+} a_{ik}}{a_{ii}} = -\frac{\sum\limits_{k\in V_i} a_{ik}}{a_{ii}}$$

因此，$\sum\limits_{j\in C_i} w_{ij} = 1$ 的充要条件是 $-\dfrac{\sum\limits_{k\in V_i} a_{ik}}{a_{ii}} = 1$，即 $\sum\limits_{j=1}^{n} a_{ij} = 0$。

式(6-24)和式(6-23)的区别在于前者将 $\sum\limits_{j\in V_i^+} a_{ij}$ 加到对角线元素上，这样修改的目的是使 $\sum\limits_{j\in C_i} w_{ij} = 1$ 的充要条件是 $\sum\limits_{j=1}^{n} a_{ij} = 0$ 成立。事实上，由式(6－24)和式(6－23)，并注意 $C_i = C_i^-$，有：

$$\sum_{j\in C_i} w_{ij} = -\sum_{j\in C_i}\left(\frac{\sum\limits_{k\in V_i^-} a_{ik}}{\sum\limits_{k\in C_i^-} a_{ik}} \cdot \frac{a_{ij}}{a_{ii} + \sum\limits_{j\in V_i^+} a_{ij}}\right)$$

$$= -\frac{\sum\limits_{k\in V_i^-} a_{ik}}{\sum\limits_{k\in C_i^-} a_{ik}} \cdot \frac{\sum\limits_{j\in C_i} a_{ij}}{a_{ii} + \sum\limits_{j\in V_i^+} a_{ij}}$$

$$= -\frac{\sum\limits_{k\in V_i^-} a_{ik}}{a_{ii} + \sum\limits_{j\in V_i^+} a_{ij}}$$

由上式易知，$\sum\limits_{j\in C_i} w_{ij} = 1$ 的充要条件是：

$$-\frac{\sum\limits_{k\in V_i^-} a_{ik}}{a_{ii} + \sum\limits_{j\in V_i^+} a_{ij}} = 1$$

即 $\sum\limits_{j=1}^{n} a_{ij} = 0$。

特别地，对于 $\boldsymbol{M}$ 矩阵，由于 $V_i^+ = \varnothing$，因此相应的插值系数变为：

$$w_{ij}=-\alpha_i\frac{a_{ij}}{a_{ii}},\quad \alpha_i=\frac{\sum_{j\in V_i}a_{ij}}{\sum_{j\in C_i}a_{ij}}$$

得到插值公式后,即可利用 Galerkin 方法得到粗网格矩阵 $\boldsymbol{A}_{l+1}=(\boldsymbol{P}_{l+1}^{l})^{\mathrm{T}}\boldsymbol{A}_l\boldsymbol{P}_{l+1}^{l}$。

第四节　基于聚集法的代数多重网格法

本节介绍基于聚集法的 AMG 方法。首先引入一些记号:

节点 i 的强弱连通指标集

$$S_i(\varepsilon)=\{j\in V:|a_{ij}|\geqslant\varepsilon\sqrt{|a_{ii}|\cdot|a_{jj}|}\},\forall i\in V \tag{6-25}$$

其中,$\varepsilon\in[0,1)$为强弱连通阈值。

矩阵 $\boldsymbol{A}$ 的强弱连通矩阵 $\boldsymbol{S}=(s_{ij})_{N\times N}$,其中

$$s_{ij}=\begin{cases}a_{ij} & (j\in S_i(\varepsilon))\\ 0 & (其他)\end{cases} \tag{6-26}$$

由定义式(6-26),易知 $i\in S_i(\varepsilon)$。

一、基于聚集的粗化方法

聚集,顾名思义就是根据某种标准把若干个点聚到一起形成一个集合;换言之,就是生成一些互不相交的非空集合 G_i,使得 $\bigcup_{i=1}^{n_c}G_i=V$,其中 n_c 为集合的个数,这里的非空集合 $G_i(i=1,2,\cdots,n_c)$就是聚集。显然,不同的标准就会产生不同的聚集。下面介绍几种常用的聚集方法。

1. 图匹配聚集法

图匹配聚集法是一种简单的两两聚集算法,其目的是使粗化过程中生产的粗网格矩阵仍是 $\boldsymbol{M}$ 阵,这通常需要结合特殊的插值算子才得以实现。该聚集算法的主要思想是每个节点跟它的一个邻居节点组成一个聚集。这种算法优点在于易于实现、复杂度低,缺点在于没有利用矩阵的信息,生成的粗空间不够精确。图匹配聚集法的算法如下:

算法 6.7　图匹配聚集法　已知指标集 V

Step 1　初始化:

[1.1]聚集标志数组 $v(i)=0,i\in V$

[1.2]节点编号 $i=1$

[1.3]聚集个数 $m=1$

Step 2　确定节点的聚集归属:

WHILE　$(i\leqslant n)$　DO

```
  IF   v(i)=0  THEN
        FOR   k∈V_i  DO
           IF   v(k)=0  THEN
              v(i)=m
              v(k)=m
                 GOTO Flag
           END IF
        END FOR
        v(i)=m
     Flag:m=m+1;
  END IF
  i=i+1;
END WHILE
```

上述算法结束后,聚集 G_i定义如下:

$$G_i = \{j \mid v(j) = i, j \in V\}$$

其中 $i=1,2,\cdots,n_c$。

2. Pairwise 聚集法

Pairwise 聚集法本质上也是一种图匹配算法,与算法 6.7 不同的是,该算法要求在每个聚集上满足两网格 AMG 的收敛性。即每个聚集上的局部收敛来保证在 AMG 全局收敛。在每一次粗化过程中,通常需要初始聚集和再次聚集两步,分别见算法 6.8 和算法 6.9。

算法 6.8　两两聚集法(初始聚集)

Step 1　初始化:

[1.1] $G_0=\{i \mid a_{ii} \geqslant \frac{\kappa+1}{\kappa-1}(\sum_{k=1,k\neq i}^{n} |a_{ik}|)\}$

[1.2] $U=[1,n]\backslash G_0$

[1.3] $n_c=0$

[1.4] $S_i=-\sum_{j\neq i} a_{ij}$对所有 $i \in U$

Step 2　聚集:

WHILE $U\neq\varnothing$ DO

　选择一个　$i\in U$

　求 $j\in U\backslash\{i\}$使得 $\mu(\{i,j\})=\dfrac{-a_{ij}+\left(\dfrac{1}{a_{ii}+s_i+2a_{ij}}+\dfrac{1}{a_{jj}+s_j+2a_{ij}}\right)^{-1}}{-a_{ij}+\left(\dfrac{1}{a_{ii}-s_i}+\dfrac{1}{a_{jj}-s_j}\right)^{-1}}$极小且 $a_{ij}\neq 0$

　$n_c=n_c+1$

IF $(\mu(i,j)\leqslant\kappa)$ THEN $G_{n_c}=\{i,j\}$, $U=U\backslash\{i,j\}$

ELSE $G_{n_c}=i$, $U=U\backslash\{i\}$

END IF

END WHILE

算法 6.8 生成的聚集和形成的粗网格矩阵分别称为临时聚集和临时粗网格矩阵，分别记为 $\widetilde{G}_k(k=1,2,\cdots,n_c)$ 和 $\widetilde{A}$。算法 6.9 基于上述临时聚集和临时粗网格矩阵再次聚集，与初始聚集不一样的是，再次聚集需要在临时聚集形成的预备聚集上满足两网格 AMG 的收敛性。实现上比算法 6.9 更加复杂些。

算法 6.9 两两聚集法(再次聚集)

Step 1 初始化：

[1.1] $U=[1,n_c]$

[1.2] $n_c=0$

[1.4] $\widetilde{S}_i=-\sum\limits_{k\in G_i}\sum\limits_{j\notin G_i}a_{kj}$，对所有 $i\in U$

Step 2 聚集：

WHILE $U\neq\varnothing$ DO

选择 $i\in U$

令 $T=\{j|\widetilde{a}_{ij}\neq 0$ 且 $\widetilde{\mu}(\{i,j\})\leqslant\kappa\}$，其中

$$\widetilde{\mu}(\{i,j\})=\frac{-\widetilde{a}_{ij}+\left(\dfrac{1}{\widetilde{a}_{ii}+\widetilde{s}_i+2\widetilde{a}_{ij}}+\dfrac{1}{\widetilde{a}_{jj}+\widetilde{s}_j+2\widetilde{a}_{ij}}\right)^{-1}}{-\widetilde{a}_{ij}+\left(\dfrac{1}{\widetilde{a}_{ii}-\widetilde{s}_i}+\dfrac{1}{\widetilde{a}_{jj}-\widetilde{s}_j}\right)^{-1}}$$

$n_c=n_c+1$

Flag: IF $(T\neq\varnothing)$ THEN

选择使 $\widetilde{\mu}(\{i,j\})$ 达到最小的 $j\in T$

IF $\widetilde{\mu}(\{\widetilde{G}_i\cup\widetilde{G}_j\})$ THEN

$G_{n_c}=\widetilde{G}_i\cup\widetilde{G}_j$, $U=U\{i,j\}$

ELSE

$T=T\backslash\backslash\{j\}$; GOTO Flag

END IF

ELSE

$G_{n_c}=\widetilde{G}_i$, $U=U\backslash\backslash\{i\}$

END IF

END WHILE

3. 最大独立子集聚集法

图匹配聚集算法没有准确的挑选聚集的标准,准确的说仅考虑了连接关系,只要有边相连,就可以聚到一起成为聚集。Pairwise 聚集算法则提出了明确的标准,即要求预备聚集上满足两网格 AMG 的收敛性。下面介绍另外一种基于矩阵对应连接图,考虑每个节点强弱连接节点集 $S_i(\varepsilon)$ 形成聚集的方法,这种聚集法称为最大独立子集法。

算法 6.10　最大独立子集聚集算法　假设已知定点集合 V

Step 1　初始化:

[1.1]选择未归属聚集的节点集 $U=\{i\in I_A:S_i(\varepsilon)\neq\{\mathrm{i}\}\}$

[1.2]聚集个数 $n_c:=0$

Step 2　生成初始覆盖:对节点 $i\in U$ 循环,若 $S_i(\varepsilon)\subset U$,则做以下步骤:

[2.1] $n_c=n_c+1$

[2.2] $G_{n_c}=S_i(\varepsilon)$

[2.3] $U=U\backslash G_{n_c}$

Step 3　不增聚集个数的前提下,自然扩充初始覆盖:若 $U\neq\varnothing$,则做以下步骤:

[3.1]复制 $\widetilde{G}_k=G_k,k\in I=\{1,\cdots,n_c\}$

[3.2]对节点 $i\in U$ 循环,若存在 $k\in I$ 使得 $S_i(\varepsilon)\cap\widetilde{G}_k\neq\varnothing$,则做以下步骤:

[3.2.1]若存在多个 k 满足条件,则按给定原则选出 i 的唯一归属聚集 k

[3.2.2] $G_k=G_k\cup\{i\}$

[3.2.3] $U=U\backslash\{i\}$

Step 4　处理剩余节点:若 $U\neq\varnothing$,则对节点 $i\in U$ 循环,做以下操作:

[4.1] $n_c=n_c+1$

[4.2] $G_{n_c}=U\cap S_i(\varepsilon)$

[4.3] $U=U\backslash G_{n_c}$

在算法 6.10 中 Step 3 中[3.2.1]将节点 i 归属到其强相连的聚集时,具有随机性,与稀疏矩阵的存储相关,因此可以考虑以下三种改进方法:

(1)归属到第 l 个聚集,其中节点 i 与该聚集的强相连关系最多(优先考虑);

(2)归属到第 l 个聚集,其中该聚集的所含节点最少;

(3)归属到第 l 个聚集,该聚集含有节点 j,且

$$\frac{a_{ij}}{a_{jj}}=\max_{k\in S_i(\varepsilon)}\left\{\frac{a_{ik}}{a_{kk}}\right\}.$$

此外,算法 6.10 中 Step 3 中[3.2]利用 $S_i(\varepsilon)\cap\widetilde{G}_k\neq\varnothing$进行判别,而不是利用 $S_i(\varepsilon)\cap$

$G_k \neq \varnothing$,由于 $\widetilde{G}_k \subset G_k$,这样将使聚集个数增加的概率增大。进一步地,$\widetilde{G}_k \cap S_i(\varepsilon) \subset G_k \cap S_i(\varepsilon)$,即 $\widetilde{G}_k \cap S_i(\varepsilon) \neq \varnothing$ 的概率比 $G_k \cap S_i(\varepsilon)$ 的概率小,使得节点 i 归入已有聚集的可能性减小,聚集个数增加的概率变大。

一般地,经过 Step 3 之后,$R=\varnothing$,Step 4 不再执行。

二、两种插值方法

聚集法粗化完成后,同经典 AMG 一样,也需要相应的限制和插值算子来交换网格层间的信息,同时粗网格矩阵的形成也要用到插值算子 P 和限制算子 R。下面介绍两种针对聚集法的插值算子,一种是恒等插值算子,另外一种是光滑插值算子。

这里仍然考虑插值算子与限制算子满足 Galerkin 模式:即 $A^k=P^{\mathrm{T}}A^{k+1}P$,$R=P^{\mathrm{T}}$,$k$ 和 $k+1$ 分别表粗、细网格层。

1. 恒等插值算子

通过聚集算法生成聚集 $G_i(i=1,2,\cdots,n_c)$ 后,利用如下公式构造插值算子 P:

$$P_{ij}=\begin{cases}1.0 & (\text{如果 } i\in G_j)\\ 0.0 & (\text{其他})\end{cases} \tag{6-27}$$

在插值过程中,式(6-27)将粗空间自由度的值直接赋给了属于这个聚集的细网格节点的自由度,因此将该插值算子称为恒等插值算子。式(6-27)构造的插值算子有如下特点:

(1)插值算子 P 的元素不是 0 就是 1;

(2)每行只有一个非零元 1。

由于插值算子 P 非常稀疏,如图 6-13 所示,通过 Galerkin 模式生成的粗网格矩阵也非常稀疏,这种利用恒等插值算子的聚集 AMG 法又称为非光滑聚集(UA)AMG 法。(UA)AMG 法的典型特征是网格复杂度和算子复杂度都很低,但由于插值算子的构造过于简单,因此通常在 AMG 求解阶段采用加强循环模式或者加强磨光方法。

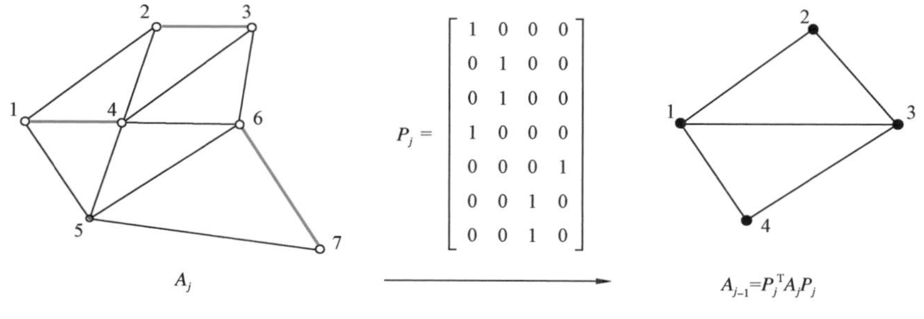

图 6-13 恒等插值算子的构造

在程序设计中,矩阵 $\boldsymbol{P}_{l+1}^{l}$ 和 $(\boldsymbol{P}_{l+1}^{l})^{\mathrm{T}}$ 的 CSR 存储格式中不需存储非零元,其转置模块仅考虑对行列指标进行相应的操作。在生成粗网格算子 $(\boldsymbol{P}_{l+1}^{l})^{\mathrm{T}}\boldsymbol{A}\boldsymbol{P}_{l+1}^{l}$ 时,省去了乘法运算且不需对 $\boldsymbol{P}_{l+1}^{l}$ 中每行非零元遍历。所以,这种插值算子不仅节省了内存开销,还降低了运算复杂性。

2. 光滑插值算子

下面介绍一种与恒等插值算子不同的插值算子：

光滑插值算子。首先，基于生成的聚集 $G_i(i=1,2,\cdots,n_c)$，定义一个临时插值算子 P，其中

$$P_{ij}=\begin{cases}1.0 & (\text{如果 } i\in G_j)\\ 0.0 & (\text{其他})\end{cases} \tag{6-28}$$

然后对 P 进行磨光，如加权 Jacobi 磨光，得到最终的算子 $\boldsymbol{P}_{l+1}^{l}$：

$$\boldsymbol{P}_{l+1}^{l}=(I-\omega D^{-1}\boldsymbol{A}_l^F)P \tag{6-29}$$

其中 $D=\mathrm{diag}(\boldsymbol{A}_l^F)$，滤化矩阵 $\boldsymbol{A}_l^F=(a_{ij}^F)$。如果 $i\neq j$，则有：

$$a_{ij}^F=\begin{cases}a_{ij} & (\text{如果 } j\in S_i(\varepsilon))\\ 0.0 & (\text{其他})\end{cases}$$

而对角线上元素

$$a_{ii}^F=a_{ii}-\sum_{j=1,j\neq i}^{n}(a_{ij}-a_{ij}^F)=a_{ii}-\sum_{j\notin S_i(\varepsilon)}a_{ij}$$

显然，磨光后得到的插值算子比临时插值算子稠密，这种基于光滑插值算子的聚集 AMG 方法称为光滑聚集(SA)AMG 法。相比 UA-AMG 法，SA-AMG 法的复杂度要高些。

在式(6-29)中，$\boldsymbol{A}_l^F$ 选为 Laplace 算子对应的刚度矩阵，具有好的磨光效果，可通过网格信息在 Setup 中生成。

第五节 基于能量极小的代数多重网格法

基于能量极小的代数多重网格法的主要思想是通过构造能量极小意义下的粗网格空间来提高算法的效率和稳定性。为方便接下来的叙述，先引入几个概念。

假设$\{\phi_i^h\}_{i=1}^N$，$\{\phi_i^H\}_{i=1}^M$分别是空间 V^h，V^H 的基函数，由于 $V^H\subset V^h$，则必然存在唯一的矩阵 $\boldsymbol{I}_H^h\in\mathbb{R}^{N\times M}$，使得

$$[\phi_1^H,\phi_2^H,\cdots,\phi_m^H]=[\phi_1^h,\phi_2^h,\cdots,\phi_n^h]\boldsymbol{I}_H^h \tag{6-30}$$

这里 $\boldsymbol{I}_H^h$ 就是插值算子，$(\boldsymbol{I}_H^h)^{\mathrm{T}}$ 即为限制算子。由式(6-30)知，若已知粗空间 V^H 的一组基$\{\phi_i^H\}_{i=1}^M$，则可得到插值算子 $\boldsymbol{I}_H^h$。

下面介绍粗空间的基函数$\{\phi_i^H\}_{i=1}^M$所要满足的条件及构造算法，详细推导过程请参考(Xu 和 Zikatanov，2004)。首先将求解域 Ω 分解成

$$\Omega=\bigcup_{i=1}^{m}\Omega_i,\quad \overline{\Omega}_i\cap\Big(\bigcup_{j\neq i}\Omega_i\Big)^c\neq\varnothing$$

上标 c 表示集合的补集。

粗空间的基函数$\{\phi_i^H\}_{i=1}^M$满足以下三个条件。

(1)具有局部支集的性质:

$$\mathrm{supp}(\phi_i^H)\subset\overline{\Omega_i}$$

(2)单位分解:

$$\sum_{i=1}^{M}\phi_i^H(x)\equiv 1,\forall x\in\Omega$$

(3)能量极小:

$$\min\sum_{i=1}^{M}\|\phi_i^H\|_A,\phi_j^H\in V_j,\sum_{j=1}^{M}\phi_j^H(x)=1,x\in\Omega$$

此处 $V_j=\{v\in V^h:supp(v)\subset\overline{\Omega_j}\}$。

条件(1)和(2)保证了$\{\phi_i^H\}_{i=1}^M$是线性独立的,条件(3)保证了$\{\phi_i^H\}_{i=1}^M$能量极小。

基于上述三个条件,第 $l+1$ 网格层到第 l 网格层的能量极小插值算子 $\boldsymbol{P}_{l+1}^l$ 的构造算法如下:

算法 6.11 能量极小插值 已知细网格矩阵 $\boldsymbol{A}_l$

Step 1 对于 $k=1,\cdots,n_c$,按下面方式构造 A_k:

$$A_k=(e_{k_1},\cdots,e_{k_{n_k}})^{\mathrm{T}}\boldsymbol{A}_l(e_{k_1},\cdots,e_{k_{n_k}})$$

其中 $\boldsymbol{e}_{k_j}$表示单位矩阵 $\boldsymbol{I}\in\mathbb{R}^{n\times n}$ 的第 k_j 列,k_j 表示第 k 个聚集中的第 j 号节点所对应的细网格节点编号,n_k 表示第 k 个聚集所包含的网格节点数。

Step 2 对于 $k=1,\cdots,n_c$,计算 $T_k=(e_{k_1},\cdots,e_{k_{n_k}})A_k^{-1}(e_{k_1},\cdots,e_{k_{n_k}})^{\mathrm{T}}$;

Step 3 记 1 为所有分量都是 1 的向量,计算 $g:=(\sum_{k=1}^{n_c}T_k)^{-1}1$;

Step 4 对于 $k=1,\cdots,n_c$,计算插值矩阵 $\boldsymbol{P}_{l+1}^l$的第 k 列 p_k:

$$p_k=T_kg$$

经过上述四步,就构造出了插值算子 $\boldsymbol{P}_{l+1}^l=(p_1,p_2,\cdots,p_{n_c})$

在上述算法的 Step 3 中,矩阵 $\sum_{k=1}^{n_c}T_k$ 通常具有好的条件数或者能被很好的预处理,因此 Step 3 中的计算开销不会很大。

利用上述插值矩阵 $\boldsymbol{P}_{l+1}^l$,就可以构造粗网格矩阵

$$\boldsymbol{A}_{l+1}=(\boldsymbol{P}_{l+1}^l)^{\mathrm{T}}\boldsymbol{A}_l\boldsymbol{P}_{l+1}^l\qquad(l=1,2,\cdots,L-1)$$

第七章　多阶段预处理方法

在渗流模型中，不同的物理变量体现出不同的数学特点，如黑油模型的压力变量方程具有椭圆方程的性质、饱和度方程具有双曲方程的性质，这些不同性质的方程一起求解方法受限、求解速度慢，因此可以考虑为每个未知量引入相应的辅助问题，构造辅助空间预条件子，从而提高方程组整体求解速度。针对渗流模型的物理与解析性质，本章中主要介绍辅助空间预条件方法和多阶段预处理方法，结合 Krylov 子空间方法后实现了快速、准确的油藏数值模拟计算。

第一节　辅助空间预处理方法

单相或多相渗流压力方程可以看作是某种二阶椭圆型偏微分方程，其离散后得到的线性方程组可以利用多重网格法求解，但在实际计算中，油气藏的非对称和非匀质性质、预处理步骤及井未知量都会破坏压力问题的椭圆性质，导致 AMG 方法性能退化，针对这种情况，本节将介绍一种由非扩张磨光算子和预条件子结合得到的复合预条件子，该预条件子可以快速有效地提高此类线性方程组的求解速度。

一、复合型预条件子的构造

设 Ω 是$\mathbb{R}^3$ 的有界区域，考虑二阶椭圆问题：

$$\begin{cases} -\nabla\cdot(a\nabla p)+cp=f & \Omega \\ p=g_D & \Gamma_D \\ (a\nabla p)\cdot \boldsymbol{n}=g_N & \Gamma_N \end{cases} \tag{7-1}$$

其中 p 为流体压力；$a\in[L^{\infty}(\Omega)]^{3\times3}$为扩散张量，依赖于渗透性和黏性等参数；$c\in L^{\infty}(\Omega)$非负且与时间步长相关；$\Gamma_D$和 Γ_N 为边界$\partial\Omega$ 的两个互不相交的部分，满足$\overline{\Gamma_D\cup\Gamma_N}=\partial\Omega$；$g_D$和 g_N 为事先给定的函数，$\boldsymbol{n}$ 是$\partial\Omega$ 的外法向向量。

设式(7-1)离散形成线性系统

$$\boldsymbol{Au}=\boldsymbol{f} \tag{7-2}$$

为了方便理论分析，本章假设 $\boldsymbol{A}$ 为对称正定矩阵。由第四章知式(7-2)的线性定常迭代格式为：

$$\boldsymbol{u}^m=\boldsymbol{u}^{m-1}+\boldsymbol{B}(\boldsymbol{f}-\boldsymbol{Au}^{m-1})\qquad(m=1,2,3,\cdots) \tag{7-3}$$

其中 $\boldsymbol{B}$ 为 $\boldsymbol{A}$ 的某种近似逆。以简单情形为例，设 $\boldsymbol{A}=(a_{ij})\in R^{N\times N}$ 且 $\boldsymbol{A}=\boldsymbol{D}-\boldsymbol{L}-\boldsymbol{U}$，其中 $\boldsymbol{D},\boldsymbol{L}$ 和 $\boldsymbol{U}$ 分别为矩阵 $\boldsymbol{A}$ 的对角线、严格下三角矩阵和严格上三角矩阵。若取 $\boldsymbol{B}=\boldsymbol{D}^{-1}$，则得到Jacobi迭代法；若取 $\boldsymbol{B}=(\boldsymbol{D}-\boldsymbol{L})^{-1}$，则得到 Guass-Seidel 迭代法；若近似逆矩阵 $\boldsymbol{B}$ 对称正定，则它可用作 CG 等方法的预条件子；若 $\boldsymbol{B}$ 非对称正定，则它可用作 GMRES 等方法的预条件子。

近似逆矩阵 $\boldsymbol{B}$ 有许多不同的构造方法，其中一种快速有效的方法就是辅助空间方法，该方法是通过求解辅助空间问题：

$$\bar{V}=V\times W_1\times W_2\times\cdots\times W_J \tag{7-4}$$

得到系统式(7-2)的预条件子，其中 $W_1,W_2,\cdots,W_J(J\in N)$ 是被赋予 Hilbert 内积 $\bar{a}_j(\cdot,\cdot)=(\bar{A}_j\cdot,\cdot)$ 的辅助空间。

首先，给出内积的相关定义。$(\cdot,\cdot)$ 是定义在有限维 Hilbert 空间 V 上的内积，诱导范数 $\|\cdot\|$。矩阵 $\boldsymbol{A}$ 关于 $(\cdot,\cdot)$ 的转置 $\boldsymbol{A}^{\mathrm{T}}$ 定义为对任意的 $\boldsymbol{u},\boldsymbol{v}\in V$，$(\boldsymbol{A}\boldsymbol{u},\boldsymbol{v})=(\boldsymbol{u},\boldsymbol{A}^{\mathrm{T}}\boldsymbol{v})$ 成立。若 $\boldsymbol{A}$ 是对称正定矩阵，即对任意的 $\boldsymbol{v}\in V\backslash\{0\}$，有 $\boldsymbol{A}^{\mathrm{T}}=\boldsymbol{A}$ 及 $(\boldsymbol{A}\boldsymbol{v},\boldsymbol{v})>0$，则双线性形式 $(\boldsymbol{A}\cdot,\cdot)$ 定义了空间 V 的内积 $(\cdot,\cdot)_A$，诱导范数 $\|\cdot\|_A$。

对于辅助空间 $W_j(j=1,2,\cdots,J)$，引入转换算子 $\Pi_j:W_j\ \alpha\ V$，可构造如下形式的加法型或并行辅助空间预条件子：

$$\boldsymbol{B}=\boldsymbol{S}+\sum_{j=1}^{J}\boldsymbol{\Pi}_j\bar{\boldsymbol{A}}_j^{-1}\boldsymbol{\Pi}_j^{*} \tag{7-5}$$

若式(7-4)中的辅助空间对任意 j 均满足条件 $W_j\subset V$，则得到辅助空间预条件方法的特殊情形子空间校正方法。在构造辅助空间预条件子时，如果依次使用辅助空间求解算子也可以得到乘法型辅助空间预条件子。

在式(7-5)中，令 $\bar{\boldsymbol{B}}=\sum\limits_{j=1}^{J}\Pi_j\bar{\boldsymbol{A}}_j^{-1}\Pi_j^{*}$，考虑部分乘法型方法($\boldsymbol{u}^{m-1}\rightarrow\boldsymbol{u}^{m}$)：

$$\begin{cases}\boldsymbol{u}^{m-\frac{2}{3}}=\boldsymbol{u}^{m-1}+\boldsymbol{S}(\boldsymbol{f}-\boldsymbol{A}\boldsymbol{u}^{m-1})\\ \boldsymbol{u}^{m-\frac{1}{3}}=\boldsymbol{u}^{m-2/3}+\bar{\boldsymbol{B}}(\boldsymbol{f}-\boldsymbol{A}\boldsymbol{u}^{m-\frac{2}{3}})\\ \boldsymbol{u}^{m}=\boldsymbol{u}^{m-1/3}+\boldsymbol{S}(\boldsymbol{f}-\boldsymbol{A}\boldsymbol{u}^{m-\frac{1}{3}})\end{cases} \tag{7-6}$$

则有 $\boldsymbol{u}-\boldsymbol{u}^{m}=(\boldsymbol{I}-\widetilde{\boldsymbol{B}}\boldsymbol{A})(\boldsymbol{u}-\boldsymbol{u}^{m-1})$，其中

$$\boldsymbol{I}-\widetilde{\boldsymbol{B}}\boldsymbol{A}=(\boldsymbol{I}-\boldsymbol{S}\boldsymbol{A})(\boldsymbol{I}-\bar{\boldsymbol{B}}\boldsymbol{A})(\boldsymbol{I}-\boldsymbol{S}\boldsymbol{A}) \tag{7-7}$$

此处，如果 $\bar{\boldsymbol{B}}$ 选取不恰当，则可能导致该算子不满足 $\rho(\boldsymbol{I}-\bar{\boldsymbol{B}}\boldsymbol{A})<1$，那么乘法型预条件子式(7-7)作为迭代法有可能不收敛。下面讨论 $\bar{\boldsymbol{B}}$ 满足何种条件，乘法型预条件子是有效的。

引入压缩磨光算子和非扩张磨光算子的概念。

算子$(\boldsymbol{I}-\boldsymbol{S}\boldsymbol{A})$是压缩磨光算子是指存在 $\rho\in[0,1)$，使得对任意的 $\boldsymbol{v}\in V$ 有：

$$\|(\boldsymbol{I}-\boldsymbol{S}\boldsymbol{A})\boldsymbol{v}\|_A^2\leqslant\rho\|\boldsymbol{v}\|_A^2 \tag{7-8}$$

即$(\boldsymbol{I}-\boldsymbol{SA})$在$\|\cdot\|_A$范数意义下是压缩的。

由式(7-8)知,

$$\|\boldsymbol{SAv}\|_A = \|[\boldsymbol{I}-(\boldsymbol{I}-\boldsymbol{SA})]\boldsymbol{v}\|_A \geqslant \|\boldsymbol{v}\|_A - \|(\boldsymbol{I}-\boldsymbol{SA})\boldsymbol{v}\|_A \geqslant (1-\sqrt{\rho})\ \|\boldsymbol{v}\|_A \tag{7-9}$$

这说明 $\boldsymbol{SA}$ 是强制的、$\boldsymbol{S}$ 是可逆的。

若算子 $\widetilde{\boldsymbol{S}}$ 满足 $\boldsymbol{I}-\widetilde{\boldsymbol{S}}\boldsymbol{A}=(\boldsymbol{I}-\boldsymbol{S}^{\mathrm{T}}\boldsymbol{A})(\boldsymbol{I}-\boldsymbol{SA})$ 及 $\widetilde{\boldsymbol{S}}=\boldsymbol{S}+\boldsymbol{S}^{\mathrm{T}}-\boldsymbol{S}^{\mathrm{T}}\boldsymbol{AS}$,则称 $\widetilde{\boldsymbol{S}}$ 是 $\boldsymbol{S}$ 的对称化算子。

式(7-8)成立的充要条件是算子 $\widetilde{\boldsymbol{S}}$ 对称正定,即对于任意的 $\boldsymbol{v}\in V\backslash\{0\}$,当且仅当 $(\widetilde{\boldsymbol{S}}\boldsymbol{v},\boldsymbol{v})>0$时,有 $\|\boldsymbol{I}-\boldsymbol{SA}\|_A<\rho$。

算子$(\boldsymbol{I}-\boldsymbol{SA})$是非扩张磨光算子是指对于任意的 $\boldsymbol{v}\in V$ 有:

$$\|(\boldsymbol{I}-\boldsymbol{SA})\boldsymbol{v}\|_A^2 \leqslant \|\boldsymbol{v}\|_A^2 \tag{7-10}$$

上述两类算子的不同之处在于对于非扩张算子 $\boldsymbol{S}$,$\widetilde{\boldsymbol{S}}$ 可以是半正定的;而对于压缩算子 $\boldsymbol{S}$,$\widetilde{\boldsymbol{S}}$ 是正定的。显然,压缩算子也是非扩张算子。

给定压缩磨光算子 $\boldsymbol{S}$ 与对称正定的预条件子 $\boldsymbol{B}$,按算法 7.1 可得复合预条件子 B_{co},即对于给定初值 $\boldsymbol{u}^{k,0}=\boldsymbol{u}^k$有 $\boldsymbol{u}^{k+1}=B_{\mathrm{co}}\boldsymbol{u}^k$。

算法 7.1 复合型预条件子

Step 1 $\boldsymbol{u}^{k,1}=\boldsymbol{u}^{k,0}+\boldsymbol{S}(\boldsymbol{f}-\boldsymbol{A}\boldsymbol{u}^{k,0})$
Step 2 $\boldsymbol{u}^{k,2}=\boldsymbol{u}^{k,1}+\boldsymbol{B}(\boldsymbol{f}-\boldsymbol{A}\boldsymbol{u}^{k,1})$
Step 3 $\boldsymbol{u}^{k+1}=\boldsymbol{u}^{k,2}+\boldsymbol{S}^{\mathrm{T}}(\boldsymbol{f}-\boldsymbol{A}\boldsymbol{u}^{k,2})$

由算法 7.1 可知,算子 $\boldsymbol{B}_{\mathrm{co}}$满足:

$$\boldsymbol{I}-\boldsymbol{B}_{\mathrm{co}}\boldsymbol{A}=(\boldsymbol{I}-\boldsymbol{S}^{\mathrm{T}}\boldsymbol{A})(\boldsymbol{I}-\boldsymbol{BA})(\boldsymbol{I}-\boldsymbol{SA})$$

从而:

$$\begin{aligned}\boldsymbol{B}_{\mathrm{co}} &= \widetilde{\boldsymbol{S}}+(\boldsymbol{B}-\boldsymbol{S}^{\mathrm{T}}\boldsymbol{AB}-\boldsymbol{BAS}+\boldsymbol{S}^{\mathrm{T}}\boldsymbol{ABAS})\\ &= \widetilde{\boldsymbol{S}}+(\boldsymbol{I}-\boldsymbol{S}^{\mathrm{T}}\boldsymbol{A})\boldsymbol{B}(\boldsymbol{I}-\boldsymbol{AS})\end{aligned} \tag{7-11}$$

定理 7.1 设 $\boldsymbol{S}:V\to V$ 是非扩张磨光算子,$\boldsymbol{B}:V\to V$ 是对称正定预条件子,那么由式(7-11)定义的复合预条件子 B_{co}是对称正定的。

证明:对于任意的 $x\in V$,$x\neq0$,定义$\tilde{x}:=(\boldsymbol{I}-\boldsymbol{SA})x$,则有:

$$\big((\boldsymbol{I}-\boldsymbol{B}_{\mathrm{co}}\boldsymbol{A})x,x\big)_A=\big((\boldsymbol{I}-\boldsymbol{BA})(\boldsymbol{I}-\boldsymbol{SA})x,(\boldsymbol{I}-\boldsymbol{SA})x\big)_A$$

$$= \left((\boldsymbol{I} - \boldsymbol{BA})\tilde{x}, \tilde{x} \right)_{A}$$

$$= (\tilde{x}, \tilde{x})_{A} - (\boldsymbol{A}\tilde{x}, \boldsymbol{A}\tilde{x})_{B} \tag{7.12}$$

其中$(\cdot,\cdot)_B := (\boldsymbol{B}\cdot,\cdot)$为定义在 V 上的内积。

在式(7-12)中,当 $\tilde{x}=0$ 时,有$((\boldsymbol{I}-\boldsymbol{B}_{co}\boldsymbol{A})x,x)_A=0<\|x\|_A^2$。当 $\tilde{x}\neq 0$ 时,有:

$$\|x\|_A^2 - (\boldsymbol{B}_{co}\boldsymbol{A}x,x)_A = ((\boldsymbol{I}-\boldsymbol{B}_{co}\boldsymbol{A})x,x)_A < \|\tilde{x}\|_A^2 \leqslant \|x\|_A^2$$

从而$(\boldsymbol{B}_{co}\boldsymbol{A}x,\boldsymbol{A}x)>0$。由于矩阵 $\boldsymbol{A}$ 非奇异、$x\in V$ 任意,因此 $\boldsymbol{B}_{co}\boldsymbol{A}$ 正定,最后注意到 $\boldsymbol{A}$ 和 $\boldsymbol{B}$ 是对称的,可得到 $\boldsymbol{B}_{co}$ 对称正定。

定理 7.1 证明了复合预条件子 $\boldsymbol{B}_{co}$ 是对称正定的,因此该算子可用做共轭梯度法的预条件子,此时预条件共轭梯度法收敛。

在算法 7.1 中算子 $\boldsymbol{S}$ 和 $\boldsymbol{B}$ 的排列顺序对于保持 $\boldsymbol{B}_{co}$ 的正定性至关重要,如果通过式(7-13)定义 $\overline{\boldsymbol{B}}$:

$$\boldsymbol{I} - \overline{\boldsymbol{B}}\boldsymbol{A} = (\boldsymbol{I} - \boldsymbol{BA})(\boldsymbol{I} - \tilde{\boldsymbol{S}}\boldsymbol{A})(\boldsymbol{I} - \boldsymbol{BA}),\overline{\boldsymbol{B}} - \overline{\boldsymbol{B}}\boldsymbol{A} = (\boldsymbol{I} - \boldsymbol{BA})(\boldsymbol{I} - \tilde{\boldsymbol{S}}\boldsymbol{A})(\boldsymbol{I} - \boldsymbol{BA}) \tag{7-13}$$

通常不能保证 $\overline{\boldsymbol{B}}$ 是对称正定的。因此,如果使用不完全分解法作为预条件子 $\boldsymbol{B}$,找到能够保证 $\overline{\boldsymbol{B}}$ 正定性的缩放因子是很难的。如果 $\overline{\boldsymbol{B}}$ 是不定的,将其用做预条件子的共轭收敛法将有可能导致其不收敛。

二、复合型预条件子的有效性

下面说明在适合的条件下,复合预条件子 $\boldsymbol{B}_{co}$ 的效果不会弱于它的两个组成部分,甚至可能远远优于其中任何一个组成部分。

设:

$$m_1 = \lambda_{\max}(\boldsymbol{BA}), m_0 = \lambda_{\min}(\boldsymbol{BA}) \tag{7-14}$$

不失一般性,假设预条件子 $\boldsymbol{B}$ 使得不等式

$$m_1 > 1 \geqslant m_0 > 0 \tag{7-15}$$

成立。

定理 7.2 如果 $\boldsymbol{S}$ 是压缩磨光算子,并且 $\boldsymbol{B}_{co}$ 如式(7-11)中定义,那么

$$\text{cond}(\boldsymbol{B}_{co}A) \leqslant \frac{(1 - m_1)(1 - \rho) + m_1}{(1 - m_0)(1 - \rho) + m_0} \tag{7-16}$$

并且

$$\text{cond}(\boldsymbol{B}_{co}\boldsymbol{A}) < \text{cond}(\boldsymbol{BA}) \tag{7-17}$$

更进一步，如果 $\boldsymbol{S}$ 能使式(7-10)成立并且 $\rho \geqslant 1-\frac{m_0}{m_1-1}$，那么条件数

$$\operatorname{cond}(\boldsymbol{B}_{co}\boldsymbol{A}) \leqslant \operatorname{cond}(\widetilde{\boldsymbol{S}}\boldsymbol{A}) \tag{7-18}$$

证明：由条件式(7-15)知 $\boldsymbol{B}$ 是对称正定的，并且 $\operatorname{cond}(\boldsymbol{BA})=m_1/m_0$。由 $\widetilde{\boldsymbol{S}}$ 的定义，有：

$$0 \leqslant \left((I-\widetilde{\boldsymbol{S}}\boldsymbol{A})w,w\right)_{\boldsymbol{A}} = \left((I-\boldsymbol{SA})w,(I-\boldsymbol{SA})w\right)_{\boldsymbol{A}} = \|(I-\boldsymbol{SA})w\|_{\boldsymbol{A}}^2 \leqslant \rho\|w\|_{\boldsymbol{A}}^2$$

此处利用了 $\boldsymbol{S}$ 的压缩性。通过选取 $\boldsymbol{v}=\boldsymbol{A}w$，可得：

$$(1-\rho)(\boldsymbol{A}^{-1}\boldsymbol{v},\boldsymbol{v}) \leqslant (\widetilde{\boldsymbol{S}}\boldsymbol{v},\boldsymbol{v}) \leqslant (\boldsymbol{A}^{-1}\boldsymbol{v},\boldsymbol{v}) \tag{7-19}$$

此外，因为 $m_1=\lambda_{\max}(\boldsymbol{BA})$，$m_0=\lambda_{\min}(\boldsymbol{BA})$，可得：

$$m_0(\boldsymbol{A}^{-1}\boldsymbol{v},\boldsymbol{v}) \leqslant (\boldsymbol{Bv},\boldsymbol{v}) \leqslant m_1(\boldsymbol{A}^{-1}\boldsymbol{v},\boldsymbol{v})$$

由式(7-4)中的定义，有：

$$\begin{aligned}(\boldsymbol{B}_{co}\boldsymbol{v},\boldsymbol{v}) &= (\widetilde{\boldsymbol{S}}\boldsymbol{v},\boldsymbol{v}) + (\boldsymbol{B}(I-\boldsymbol{AS})\boldsymbol{v},(I-\boldsymbol{AS})\boldsymbol{v}) \\ &\leqslant (\widetilde{\boldsymbol{S}}\boldsymbol{v},\boldsymbol{v}) + m_1\left(\boldsymbol{A}^{-1}(I-\boldsymbol{AS})\boldsymbol{v},(I-\boldsymbol{AS})\boldsymbol{v}\right) \\ &= (1-m_1)(\widetilde{\boldsymbol{S}}\boldsymbol{v},\boldsymbol{v}) + m_1(\boldsymbol{A}^{-1}\boldsymbol{v},\boldsymbol{v})\end{aligned}$$

类似地，可得：

$$\begin{aligned}(\boldsymbol{B}_{co}\boldsymbol{v},\boldsymbol{v}) &= (\widetilde{\boldsymbol{S}}\boldsymbol{v},\boldsymbol{v}) + \left((\boldsymbol{B}(I-\boldsymbol{AS})\boldsymbol{v},(I-\boldsymbol{AS})\boldsymbol{v})\right) \\ &\geqslant (\widetilde{\boldsymbol{S}}\boldsymbol{v},\boldsymbol{v}) + m_0\left(\boldsymbol{A}^{-1}(I-\boldsymbol{AS})v,(I-\boldsymbol{AS})\boldsymbol{v}\right) \\ &= (1-m_0)(\widetilde{\boldsymbol{S}}\boldsymbol{v},\boldsymbol{v}) + m_0(\boldsymbol{A}^{-1}\boldsymbol{v},\boldsymbol{v})\end{aligned}$$

因为 $m_1>1$，$m_0\leqslant 1$，有：

$$[(1-m_0)(1-\rho)+m_0](\boldsymbol{A}^{-1}\boldsymbol{v},\boldsymbol{v}) \leqslant (\boldsymbol{B}_{co}\boldsymbol{v},\boldsymbol{v}) \leqslant [(1-m_1)(1-\rho)+m_1](\boldsymbol{A}^{-1}\boldsymbol{v},\boldsymbol{v})$$

那么 $\boldsymbol{B}_{co}\boldsymbol{A}$ 的条件数满足：

$$\operatorname{cond}(\boldsymbol{B}_{co}\boldsymbol{A}) \leqslant \frac{(1-m_1)(1-\rho)+m_1}{(1-m_0)(1-\rho)+m_0}$$

由 $m_1>1$，可得：

$$(1-m_1)(1-\rho)+m_1 < m_1$$

由 $1\geqslant m_0>0$，可得：

$$(1-m_0)(1-\rho)+m_0 \geqslant m_0$$

注意到：

$$\mathrm{cond}(\boldsymbol{B}_{co}\boldsymbol{A}) \leqslant \frac{(1-m_1)(1-\rho)+m_1}{(1-m_0)(1-\rho)+m_0} < \frac{m_1}{m_0} = \mathrm{cond}(\boldsymbol{BA})$$

因此，仅当$m_1>1, 1\geqslant m_0>0$时，式(7-17)成立。另外，式(7-18)可由式

$$\frac{(1-m_1)(1-\rho)+m_1}{(1-m_0)(1-\rho)+m_0} \leqslant \frac{1}{1-\rho} \leqslant \mathrm{cond}(\widetilde{\boldsymbol{S}}\boldsymbol{A}) \tag{7-20}$$

得到，其中最后一个不等式来自式(7-19)，注意到

$$\frac{(1-m_1)(1-\rho)+m_1}{(1-m_0)(1-\rho)+m_0} = \frac{1+\rho(m_1-1)}{(1-\rho)+\rho m_0}$$

因为当$\frac{c}{d}\leqslant\frac{a}{b}, a,b,c,d>0$时，$\frac{a+c}{b+d}\leqslant\frac{a}{b}$。因此式(7-20)在$\frac{m_1-1}{m_0}\leqslant\frac{1}{1-\rho}$时成立，即：

$$\rho \geqslant 1-\frac{m_0}{m_1-1}$$

在定理 7.2 中，如果$\frac{m_1-1}{m_0}<\frac{1}{1-\rho}$，那么式(7-20)可被改进为

$$\mathrm{cond}(\boldsymbol{B}_{co}\boldsymbol{A}) < \mathrm{cond}(\widetilde{\boldsymbol{S}}\boldsymbol{A})$$

如果$\widetilde{\boldsymbol{S}}$或者$\boldsymbol{B}$单独作为预条件子就可以得到很好的效果，那么就不必构造复合型预条件子；但如果两者各自单独做预条件子效果不好时，即可利用复合预条件子，并使用定理 7.2 保证其效果在合适条件下优于各部分单独使用的效果，该条件就是：

$$\rho \geqslant 1-m_0/(m_1-1)$$

当$m_1\gg1$时

$$\rho \geqslant 1-m_0/(m_1-1) \approx 1-\mathrm{cond}(\boldsymbol{BA})^{-1}$$

如果$\boldsymbol{B}$不是一个好的预条件子，也就是说 cond($\boldsymbol{BA}$)较大，那么$\rho\approx1$。这意味着$\widetilde{\boldsymbol{S}}$单独使用也没有很好的效果。定理 7.2 保证了新的复合预条件子至少不比原来的差，实际上新预条件子常可以得出更好的收敛性。

三、油藏数值模拟中的复合预条件子

油藏复杂的几何和物理性质常常导致扩散张量是各向异性的、非均质的、且有较大的跳跃；地质断层、尖灭点也会导致数值模拟中的网格扭曲、退化，或网格单元不匹配等情况，这些因素使得式(7-1)的离散线性系统求解变得困难。针对这种情况，可以利用代数多重网格算法设计一种新的复合型预条件子，令 AMG 方法对应磨光算子$\boldsymbol{S}$，ILU 方法对应预条件子$\boldsymbol{B}$，由式(7-11)即可得到 ILU-AMG 复合预条件子$\boldsymbol{B}_{co}$。

当系数矩阵对称正定时，ILU(k)被不完全 Cholesky 分解法 IC(0)代替，很容易看出它是对称正定的，满足定理 7.1 的假设。

由第六章知，在代数多重网格法中 $\boldsymbol{A}_l=\boldsymbol{P}_l^{\mathrm{T}}\boldsymbol{A}_{l+1}\boldsymbol{P}_l(l=L-1,\cdots,0)$，$\boldsymbol{A}_L=\boldsymbol{A}$ 和 $\boldsymbol{P}_l$ 如前文所定义，由于系数矩阵 $\boldsymbol{A}$ 是对称正定的，因此对于 $l=0,1,\cdots,L$，$\boldsymbol{A}_l$ 对称正定，Gauss-Seidel 磨光算子在每一层都是压缩的。根据算法 6.1，定义 $\boldsymbol{B}_l(l=1,2,\cdots,L)$ 为：

$$\boldsymbol{I}-\boldsymbol{B}_l\boldsymbol{A}_l=(\boldsymbol{I}-\boldsymbol{S}_l^{\mathrm{T}}\boldsymbol{A}_l)(\boldsymbol{I}-\boldsymbol{P}_{l-1}\boldsymbol{B}_{l-1}\boldsymbol{P}_{l-1}^{\mathrm{T}}\boldsymbol{A}_l)(\boldsymbol{I}-\boldsymbol{S}_l\boldsymbol{A}_l)$$

其中 $B_0=A_0^{-1}$。由于

$$\|\boldsymbol{I}-\boldsymbol{S}_l\boldsymbol{A}_l\|_{\boldsymbol{A}_l}<1 \text{ 且 } \|\boldsymbol{I}-\boldsymbol{P}_{l-1}\boldsymbol{B}_{l-1}\boldsymbol{P}_{l-1}^{\mathrm{T}}\boldsymbol{A}_l\|_{\boldsymbol{A}_l}\leqslant 1$$

通过数学归纳法，可以得到：

$$\|\boldsymbol{I}-\boldsymbol{B}_l\boldsymbol{A}_l\|_{\boldsymbol{A}_l}<1$$

因为经典 AMG 方法的迭代算子是压缩磨光算子，所以 AMG 方法对于对称正定的问题是收敛的。由此知 ILU 方法和 AMG 方法根据算法 7.1 组合成的复合预条件子是对称正定的。

推论 7.1(ILU-AMG 复合预条件子的对称正定性)：在算法 7.1 中，当 $\boldsymbol{S}$ 为经典 AMG 方法，$\boldsymbol{B}$ 为 ILU 方法时，由式(7-11)定义的 B_{co}是对称正定的。

ILU 方法与其他常用的磨光算法类似，对误差的高频部分具有良好的磨光性质，在算法开始的几步内误差下降很快，之后收敛速度就会越来越慢。考虑到多重网格方法中仅需要在每一层对高频部分进行磨光，所以 ILU 也常被用来做前后磨光算子。特别地，当 ILU 被用于各向异性问题求解时，可以从理论上证明其稳定性。

在数值实验中，可以运用预条件共轭梯度法，配以多种预条件子来求解线性方程组(7-2)。从真实的油藏数据中选出 8 个问题，在台式电脑上做测试，表 7-1 为自由度的个数以及测试问题的非零元个数等代数信息。模型 1 和模型 2 的区别是前者的渗透系数是各向同性的且相对连续，后者的渗透系数有很大的跳跃不连续且是各向异性的；模型 3 和模型 4 使用的是高度各向异性的渗透系数。模型 5 至模型 8 规模相对较大，其中模型 5 和模型 6 的计算区域是相同的，但是物理性质，例如孔隙度和渗透率都是不一样的；模型 7 和模型 8 的计算区域是相同的，但是模型 7 的渗透率来源于真实数据，而模型 8 的渗透率则是为了使离散问题更难求解而人为构造的。

表 7-1　模型问题的自由度和非零元个数统计

测试问题	模型 1	模型 2	模型 3	模型 4
自由度个数	156036	156036	287553	287553
非零元个数	1620356	1620356	3055173	3055173
测试问题	模型 5	模型 6	模型 7	模型 8
自由度个数	1291672	1291672	4047283	4047283
非零元个数	13930202	13930202	45067789	45067789

表 7-2 比较了不同预条件子的效果,其中所记录的 CPU 时间是总的求解时间,包含了初始设置时间和后续求解时间。这里只考虑了 ILU(0),这是因为该方法使用的内存容量比较经济,而由于网格高度不规则,如果使用 ILU(k),则 ILU 分解中增加的非零元个数将难以控制。表中 AMG(GS)指的是 V-cycle 的多重网格方法,各层采用 Gauss-Seidel 磨光算子。AMG(ILU)指的是 V-cycle 的多重网格方法,在最细网格使用 ILU(0)磨光算子,而后在其他各层使用 Gauss-Seidel 磨光算子。两种情况在各层都同时使用对称的前后磨光,从而可以用做共轭梯度法的预条件子。在 B_{co}的定义中,算子 $\boldsymbol{S}$ 对应一个经典代数多重网格法的 V-循环,以 Gauss-Seidel 磨光算子在每层进行磨光,预条件子 $\boldsymbol{B}$ 对应于 IC(0)方法。$\hat{B}$ 是加性复合预条件子式(7-5),这里选用了 $J=1, W_1=V, \Pi_1=I$,并用 $\boldsymbol{B}$ 代替 $\boldsymbol{A}_1^{-1}$。

由表 7-2 知,ILU(0)分解对于模型 1 和模型 3 比较有效,这两个模型都是规模较小的,并且它们的渗透系数是各向同性的,但其对于各向异性的问题效果不好(模型 2 和模型 4)。同时对于大规模问题 ILU(0)分解也不是十分有效(模型 5 至模型 8),其表现难以预测甚至有时会彻底失效(模型 5 和模型 6)。采用 Gauss-Seidel 磨光算子的 AMG 方法要比采用 ILU(0)更有效,但是对于模型1 至模型 4仍然需要超过 100 步迭代。如果使用 ILU(0)在最细网格做光滑子,那么相应的 AMG 方法也许不是对称正定的,这是因为 ILU(0)可能不收敛。从数值结果上看出对于模型 1 至模型 4,采用 ILU(0)做光滑子的 AMG 方法没有采用 Gauss-Seidel 光滑子的效果好,前者因为缺少对称正定性而失效(例如模型 3)。然而,如果按照算法 6.1 将两种预条件子结合,新定义的预条件子 B_{co}从 CPU 计算时间角度表现最佳,对于问题的规模和各向异性也表现出较高的稳定性和稳健性。加性算法 $\hat{B}$ 的效果也很有效并且是稳健的。

表 7-2　不同预条件子的比较(迭代停止条件为相对残量小于 10^{-10})

测试问题	模型 1		模型 2		模型 3		模型 4	
预条件子	迭代步	CPU 时间(s)	迭代步	CPU 时间(s)	迭代步	CPU 时间(s)	迭代步	CPU 时间(s)
ILU(0)	234	2.85	3034	32.91	291	6.56	4939	102.13
AMG(GS)	135	13.16	136	13.48	154	31.70	138	25.78
AMG(ILU)	5364	631.72	1058	115.71	—	—	4849	1024.21
$\hat{B}$	44	6.18	43	5.53	44	11.40	49	11.33
B_{co}	23	4.04	25	3.92	22	7.36	28	7.78
测试问题	模型 5		模型 6		模型 7		模型 8	
预条件子	迭代步	CPU 时间(s)	迭代步	CPU 时间(s)	迭代步	CPU 时间(s)	迭代步	CPU 时间(s)
ILU(0)	—	—	—	—	838	271.46	2039	646.77
AMG(GS)	30	36.70	30	37.07	19	96.03	22	112.79
AMG(ILU)	15	32.16	15	31.58	11	96.72	11	103.52
$\hat{B}$	32	39.72	32	39.87	26	100.78	25	104.29
B_{co}	19	25.33	19	25.54	14	76.92	14	77.88

注:“—”表示此方法在 1000 步迭代内不收敛。

第二节 多阶段预处理方法

针对黑油模型中压力与饱和度变量方程的数学性质，本节将介绍全隐式离散系统的多阶段预处理求解算法，该算法借助辅助空间预条件方法的框架，利用油藏模型的物理与解析性质设计辅助空间解法器（或磨光子）和预条件子，结合 Krylov 子空间方法后可实现线性方程组求解的加速。在设计多阶段预条件子时，仅仅利用了一些非常易于获取的分析和几何信息，这使得它具有较强的普适性，可以方便地运用到其他油藏模型问题的数值模拟中。

在不考虑源汇项的情况下，渗流模型离散后的线性代数方程组形式为：

$$\boldsymbol{A}_{RR}u_R = f_R \tag{7-21}$$

其全隐离散格式的系数矩阵由压力变量、饱和度变量的系数构成，因此式（7-21）可改写为：

$$\begin{pmatrix} \boldsymbol{A}_{pp} & \boldsymbol{A}_{pS} \\ \boldsymbol{A}_{Sp} & \boldsymbol{A}_{SS} \end{pmatrix}\begin{pmatrix} u_p \\ u_S \end{pmatrix} = \begin{pmatrix} f_p \\ f_S \end{pmatrix} \tag{7-22}$$

其中下标 p 表示压力，$S=(S_{\mathrm{w}},S_{\mathrm{o}})^{\mathrm{T}}$ 表示水饱和度和油饱和度；u_p 和 u_S 分别为油压力变量和饱和度变量；$\boldsymbol{A}_{pp}$ 和 $\boldsymbol{A}_{SS}$ 分别为压力和饱和度变量对应的系数矩阵，$\boldsymbol{A}_{pS}$ 和 $\boldsymbol{A}_{Sp}$ 分别为压力与饱和度、饱和度与压力耦合的系数矩阵；f_p 和 f_S 分别为压力和饱和度变量对应的常数项。

一、系数矩阵的解耦方法

在油藏数值模拟中压力和非压力（饱和度、浓度）变量之间往往具有较强的耦合性，在对各类型变量预条件之前，需要通过简单而有效的方法减小主变量之间的耦合程度。解耦就是一种削弱不同主未知量之间强耦合关系的预条件步骤，可以看作是对形如式（7-21）的系数矩阵左乘一个块对角矩阵

$$\widetilde{\boldsymbol{A}} = \boldsymbol{D}^{-1}\boldsymbol{A} \tag{7-23}$$

以减少压力和饱和度未知变量之间的关联性，即减少非对角块 $\boldsymbol{A}_{pS}$ 和 $\boldsymbol{A}_{Sp}$ 在系数矩阵中的影响。

在实际应用中可以显式地构造线性系统 $\widetilde{\boldsymbol{A}}$，然后再应用预条件 GMRES 算法，因此需要计算解耦矩阵 $\boldsymbol{D}$ 的逆矩阵，这可以通过重新对 $\boldsymbol{D}$ 排序实现，重排之后的矩阵为块对角矩阵，每块的大小依赖于每个油藏网格单元上的自由度（组分）数，例如对于标准黑油模型，每块的大小就是 3×3。这样的块对角矩阵非常容易求解。

在式（7-23）中，通过构造不同的矩阵 $\boldsymbol{D}$ 能够得到不同的解耦方法。下面简单介绍几个解耦方法。

1. 半 IMPES 解耦方法

令 $X_i \in R^n$，使得

$$\{\boldsymbol{A}\}_{ii}^{\mathrm{T}} X_i = e_1$$

和矩阵$\hat{\boldsymbol{I}}_{n-1}$

$$\hat{\boldsymbol{I}}_{n-1} = (0\ \boldsymbol{I}_{n-1}) \in R^{(n-1)\times n}$$

定义半 IMPEC 矩阵

$$\boldsymbol{D}_{\mathrm{QIMPES}} = \begin{Bmatrix} \boldsymbol{X}_i^{\mathrm{T}} \\ \hat{\boldsymbol{I}}_{n-1} \end{Bmatrix}$$

2. 全 IMPES 解耦方法

与半 IMPES 方法类似,定义$X_i^M \in R^n$使得

$$\{\boldsymbol{A}_M\}_{ii}^{\mathrm{T}} X_i^M = e_1$$

这里$\boldsymbol{A}_M$是累积项线性化得出的矩阵,定义全 IMPES 矩阵

$$D_{\mathrm{TIMPES}} = \begin{Bmatrix} (X_i^M)^{\mathrm{T}} \\ \hat{\boldsymbol{I}}_{n-1} \end{Bmatrix}$$

3. ABF 解耦方法

交替块分解(Alternating Block Factorization)策略从矩阵角度上看,等价于块对角预条件算法:

$$\widetilde{\boldsymbol{A}} = \boldsymbol{D}^{-1}\boldsymbol{A}$$

其中

$$\boldsymbol{D}^{-1} = \begin{pmatrix} \mathrm{diag}(A_{pp}) & \mathrm{diag}(A_{pS}) \\ \mathrm{diag}(A_{Sp}) & \mathrm{diag}(A_{SS}) \end{pmatrix}^{-1}$$

ABF 解耦策略对于聚集原有矩阵的特征值是比较有效的,可以大大提升 GMRES 迭代法的收敛性。

4. CPR 解耦方法

利用 CPR 解耦方法,解耦矩阵可写为:

$$\boldsymbol{D}_{\mathrm{CPR}} = \boldsymbol{I} + \boldsymbol{e}_1\boldsymbol{e}_1^{\mathrm{T}}(\{\boldsymbol{A}_p\}_{ii}\ \{\boldsymbol{A}\}_{jj}^{-1} - \boldsymbol{I})$$

5. HH 解耦方法

初等反射阵(Householder 变换阵)也可以用来解耦系数矩阵。令

$$\boldsymbol{D}_{\mathrm{HH}} = \boldsymbol{P}_{1,ii}\boldsymbol{P}_{2,ii}\cdots\boldsymbol{P}_{n-1,ii}$$

使得

$$D_{\mathrm{HH}}\{A\}_{ii}=\begin{Bmatrix} A_p^H & 0 \\ A_{Sp}^H & A_S^H \end{Bmatrix}_{ii}$$

式中 $P_{j,ii}$ 为置换矩阵，$j=1,2,\cdots,n-1$。

二、多阶段预条件子

在渗流模型中，由于压力和饱和度变量体现出的数学特点不同，可以考虑为每个未知量引入相应的辅助问题，构造辅助空间预条件子。设子空间 $V_p\subset V$ 和 $V_S\subset V$，其中 V_p 为压力变量的向量空间、V_S 为饱和度变量的向量空间，$\boldsymbol{\Pi}_p:V\to V_p$ 和 $\boldsymbol{\Pi}_S:V\to V_S$ 为限制算子，$\boldsymbol{S}$ 为空间 V 的磨光算子，可定义加性预条件子如下：

$$\boldsymbol{B}=\boldsymbol{S}+\boldsymbol{\Pi}_p\boldsymbol{A}_p^{-1}\boldsymbol{\Pi}_p^{\mathrm{T}}+\boldsymbol{\Pi}_S\boldsymbol{A}_S^{-1}\boldsymbol{\Pi}_S^{\mathrm{T}} \tag{7-24}$$

上标 T 表示矩阵的转置。此处注意到 $\boldsymbol{B}$ 是预条件子，因此不需对每个子问题精确求解。为简化计算难度，在实际计算中可将式(7-24)中的逆矩阵 $\boldsymbol{A}_p^{-1}$ 和 $\boldsymbol{A}_S^{-1}$ 替换为相应的预条件子 $\boldsymbol{B}_p$ 和 $\boldsymbol{B}_S$。

上述加性预条件子诠释了如何将辅助空间预条件方法应用于油藏数值模拟的基本思想。在实际应用中，为了获得更好的稳健性和收敛性，通常使用如下乘法型辅助空间预条件算法：设 $\boldsymbol{A}_p$ 和 $\boldsymbol{A}_S$ 分别为针对压力和饱和度的辅助问题，$\boldsymbol{\Pi}_p$ 和 $\boldsymbol{\Pi}_S$ 为对应的空间转换算子，$\boldsymbol{S}$ 为光滑子，那么可通过下式定义乘法型多阶段预条件子 $\boldsymbol{B}_{\mathrm{MSP}}^1$：

$$\boldsymbol{I}-\boldsymbol{B}_{\mathrm{MSP}}^1\boldsymbol{A}=(\boldsymbol{I}-\boldsymbol{S}\boldsymbol{A})(\boldsymbol{I}-\boldsymbol{\Pi}_p\boldsymbol{B}_p\boldsymbol{\Pi}_p^{\mathrm{T}}\boldsymbol{A})(\boldsymbol{I}-\boldsymbol{\Pi}_S B_S\boldsymbol{\Pi}_S^{\mathrm{T}}A) \tag{7-25}$$

其中 $\boldsymbol{\Pi}_P$ 和 $\boldsymbol{\Pi}_S$ 分别为从 V 到压力变量 p 与饱和度变量 $\boldsymbol{S}$ 的限制矩阵，可定义为：

$$\boldsymbol{\Pi}_p=\begin{pmatrix}\boldsymbol{I}_p\\0\end{pmatrix}\in\mathbb{R}^{N\times N_p},\boldsymbol{\Pi}_S=\begin{pmatrix}0\\\boldsymbol{I}_S\end{pmatrix}\in\mathbb{R}^{N\times N_S}$$

$\boldsymbol{I}_p\in\mathbb{R}^{N_p\times N_p}$ 和 $\boldsymbol{I}_S\in\mathbb{R}^{N_S\times N_S}$ 分别为与压力与饱和度空间同阶的单位算子。

记预条件子 $\boldsymbol{B}_{\mathrm{MSP}}^1$ 为作用于已知向量 $\boldsymbol{g}$ 的数学行为如下：

$$\boldsymbol{w}=\boldsymbol{B}_{\mathrm{MSP}}^1\boldsymbol{g} \tag{7-26}$$

求解黑油模型的乘法型多阶段预条件子 $\boldsymbol{B}_{\mathrm{MSP}}^1$ 对应的算法为算法 7.2。

算法 7.2 求解黑油模型的 $\boldsymbol{B}_{\mathrm{MSP}}^1$ 预条件子算法

Step 1 给定初始向量 $\boldsymbol{x}$

Step 2 按下式求解饱和度辅助问题

$$\boldsymbol{x}=\boldsymbol{x}+\boldsymbol{\Pi}_S\boldsymbol{B}_S\boldsymbol{\Pi}_S^{\mathrm{T}}(\boldsymbol{g}-\boldsymbol{A}\boldsymbol{x}) \tag{7-27}$$

Step 3 按下式求解压力辅助问题

$$\boldsymbol{x} = \boldsymbol{x} + \boldsymbol{\Pi}_p \boldsymbol{B}_p \boldsymbol{\Pi}_p^{\mathrm{T}} (\boldsymbol{g} - \boldsymbol{A}\boldsymbol{x}) \tag{7-28}$$

Step 4 按下式磨光获 $\boldsymbol{w}$

$$\boldsymbol{w} = \boldsymbol{x} + \boldsymbol{S}(\boldsymbol{g} - \boldsymbol{A}\boldsymbol{x}) \tag{7-29}$$

由算法 7.2 可知，预条件子 $\boldsymbol{B}_{\mathrm{MSP}}^{1}$ 的效率是由算子 $\boldsymbol{\Pi}_p$，$\boldsymbol{\Pi}_S$，$\boldsymbol{B}_p$ 和 $\boldsymbol{B}_S$ 和 $\boldsymbol{S}$ 这 5 个要素决定的。由于 $\boldsymbol{\Pi}_p$ 和 $\boldsymbol{\Pi}_S$ 是相对固定的，所以 B_{MSP}^{1} 的效率主要依赖于 $\boldsymbol{B}_p$，$\boldsymbol{B}_S$ 和 $\boldsymbol{S}$ 这 3 个算子的选取（冯春生，2018）。

通过对系数矩阵 $\boldsymbol{A}$ 的分析表明，因渗流模型中偏微分方程的性质不同，矩阵 $\boldsymbol{A}$ 表现出来的代数特点也不同。压力方程是带有间断系数的椭圆型方程，代数多重网格方法或前文所述的复合预条件子是求解相应代数方程组的快速有效方法，即子系统式（7–28）中的 $\boldsymbol{B}_p$ 可取为经典的 V–循环 AMG 方法或复合预条件子。对于子系统式（7–27）中 $\boldsymbol{B}_S$ 和子系统式（7–29）中磨光算子 $\boldsymbol{S}$ 均可令其为一次块 Gauss-Seidel 迭代。

对于饱和度（浓度）方程组的系数矩阵

$$\boldsymbol{A}_{SS} = \begin{pmatrix} \boldsymbol{A}_{S_\mathrm{w}S_\mathrm{w}} & \boldsymbol{A}_{S_\mathrm{w}S_\mathrm{o}} \\ \boldsymbol{A}_{S_\mathrm{o}S_\mathrm{w}} & \boldsymbol{A}_{S_\mathrm{o}S_\mathrm{o}} \end{pmatrix}$$

考虑其双曲型方程的对流占优，即多孔介质中多相流由高压流向低压的性质，通过排列压力未知量可获得矩阵 $\boldsymbol{A}_{SS}$ 的顺风排序。理论上，经过重排序后的矩阵 $\boldsymbol{A}_{SS}$ 接近于一个下三角矩阵，此时采用块 Gauss-Seidel 方法能够快速、准确地求解此类方程组（图 7–1）。

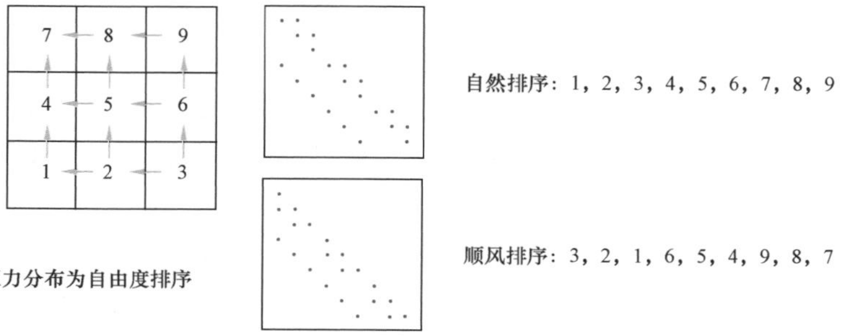

图 7–1　上游加权和顺风排序示意图

左图箭头表示压力由大到小的方向，右上图表示按节点顺序编号时饱和度子矩阵 $\boldsymbol{A}_S$ 的非零结构，右下图表示按压力大小排序后饱和度子矩阵的非零元分布状态

饱和度方程组的具体算法如下：

算法 7.3　饱和度块算法

Step 1　初始化阶段

对变量进行顺风排序

Step 2　求解阶段（乘法型）

```
FOR  j=1,2,…,J DO
    r_{j-1} = f - A u_{j-1}
    e_j = solve(A_j, 0, Π_j^t r_{j-1})
    u_j = u_{j-1} + e_j
END FOR
```

算法 7.2 的一种特殊形式为约束压力残量预条件法(CPR)法,其代数形式如下:

$$\boldsymbol{B}_{\mathrm{CPR}} = \boldsymbol{S}(\boldsymbol{I} - \boldsymbol{AM}) + \boldsymbol{M}$$

其中

$$\boldsymbol{M} = \begin{pmatrix} \boldsymbol{B}_p & 0 \\ 0 & 0 \end{pmatrix} \in \mathbb{R}^{N \times N} \qquad 和 \qquad \boldsymbol{B}_p \approx \boldsymbol{A}_{1p}^{-1}$$

磨光算子 $\boldsymbol{S}$ 通常使用超松弛(SOR)法或不完全 LU 分解;$\boldsymbol{B}_p$ 通常使用 V-循环的 AMG 法。如果令$\boldsymbol{\Pi}_p = [I_p, 0, 0]^{\mathrm{T}}$,则可将 *CPR* 预条件子改写为:

$$I - B_{\mathrm{CPR}}\boldsymbol{A} = (I - \boldsymbol{SA})(I - \boldsymbol{\Pi}_p \boldsymbol{B}_p \boldsymbol{\Pi}_p^{\mathrm{T}} \boldsymbol{A})$$

第三节　含隐式井的多阶段预处理方法

在油藏数值模拟中,井所通过的网格单元上由于打孔进行石油采集,其渗透率相对较高,流体的流动相对较快,油藏中流体流动和井筒内流体流动耦合在一起相互影响大,如果同时对油藏和井部分进行预处理效果较好,但考虑到井方程为关于流量的代数方程,和压力饱和度方程的特点截然不同,将它们耦合在一起可能会破坏系数矩阵的一些性质,传统的预条件方法对带井的系数矩阵效率会差一些,因此如何高效、稳健地求解线性方程组在油藏数值模拟中一直是个难点。

在含有源汇项时,渗流模型离散后的线性代数方程组(7-2)可以写成

$$\begin{pmatrix} \boldsymbol{A}_{\mathrm{RR}} & \boldsymbol{A}_{\mathrm{RW}} \\ \boldsymbol{A}_{\mathrm{WR}} & \boldsymbol{A}_{\mathrm{WW}} \end{pmatrix} \begin{pmatrix} u_{\mathrm{R}} \\ u_{\mathrm{W}} \end{pmatrix} = \begin{pmatrix} f_{\mathrm{R}} \\ f_{\mathrm{W}} \end{pmatrix} \tag{7-30}$$

的形式,其中下角 R 表示油藏部分,W 表示井部分;$\boldsymbol{A}_{\mathrm{RR}}$和 $\boldsymbol{A}_{\mathrm{WW}}$分别为油藏与井部分对应的子矩阵,$A_{\mathrm{RW}}$和 A_{WR}分别为油藏(射孔网格)与井、井与油藏的耦合项。

处理含井问题的一种典型方法为井显式求解法,即油藏方程与井方程分别求解,并通过完井网格单元传递油藏与井变问题的信息交互法。先隐式求解油藏子问题,然后显式求解井子问题,两者交替为对方提供边界条件。与耦合模型相比,解耦模型在降低系数矩阵规模的同时,也降低了求解的难度。解耦模型如图 7-2 所示。

另一种处理井问题的方法是隐式求解方法,下面介绍辅助空间预条件框架下隐式井的加边线性系统构造及求解方法。

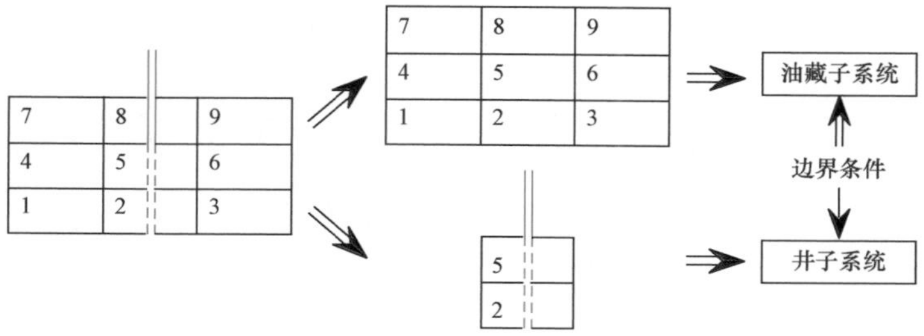

图 7-2 解耦模型示意图(冯春生,2014)

在井及井的穿孔数较少、井方程对油藏方程性态造成的影响不大的情况下,可采用延伸隐式井块方程的方法,在每个隐式井块引入人工辅助饱和变量,使它和油藏单元上的维数相同;方程右侧$\bar{f}\in\bar{V}=\mathbb{R}^{3(N_e+N_w)}$中与之相对应的位置用 0 填补。把油压和井底压力合记为压力变量 p,式(7-22)中系数矩阵 $\boldsymbol{A}$ 中的元素 a_{ij}可改写为如下格式:

$$a_{ij}=\boldsymbol{J}=\begin{pmatrix}J_{pp} & J_{pS}\\ J_{Sp} & J_{SS}\end{pmatrix}\in\mathbb{R}^{3\times3}\qquad(i,j=1,2,\cdots,N)\tag{7-31}$$

其中 S 表示饱和度变量(包括油藏块和隐式井虚参的水和油的物理饱和度)。以图 7-3 所示网格系统为例,井垂直于 8 号网格单元、5 号网格单元和 2 号网格单元,在 2 号网格单元和 5 号网格单元内穿孔,其系数矩阵扩张后,可以得到如图 7-3 右侧所示的每个非零块都是 3×3 矩阵的块稀疏矩阵。扩展系统式(7-22)后得到的系数矩阵,可使用式(7-25)中的预条件子 B_{MSP}^1求解。当隐式井的数量远小于油藏网格单元数($0\leqslant N_w\ll N$)时,采用系数矩阵扩张的方法不会引入太多额外的存储空间和计算成本(冯春生,2018)。

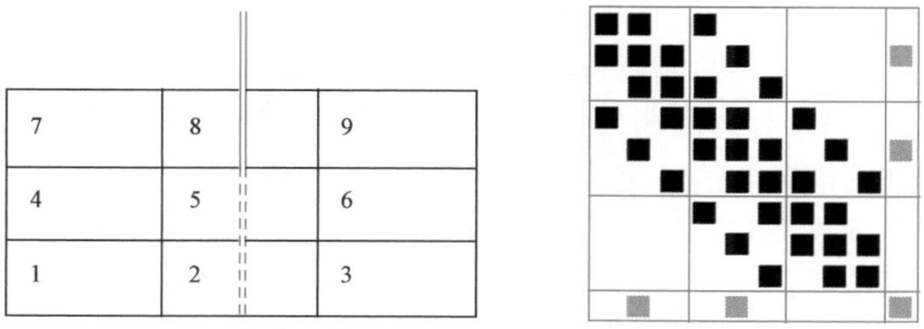

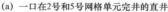

(a) 一口在2号和5号网格单元完井的直井　　(b) 对应的稀疏矩阵结构

图 7-3 油藏网格与对应的稀疏矩阵结构

设 $\boldsymbol{A}_p$,$\boldsymbol{A}_S$ 和 $\boldsymbol{A}_W$分别是针对压力、饱和度(浓度)和井底压力的辅助问题,$\boldsymbol{\Pi}_p$,$\boldsymbol{\Pi}_S$ 和 $\boldsymbol{\Pi}_W$为相应辅助空间的转换算子,$\boldsymbol{S}$ 为光滑算子,可定义加法型的辅助空间预条件子如下:

$$\boldsymbol{B}=\boldsymbol{S}+\boldsymbol{\Pi}_p\boldsymbol{A}_p^{-1}\boldsymbol{\Pi}_p^{\mathrm{T}}+\boldsymbol{\Pi}_S\boldsymbol{A}_S^{-1}\boldsymbol{\Pi}_S^{\mathrm{T}}+\boldsymbol{\Pi}_W\boldsymbol{A}_W^{-1}\boldsymbol{\Pi}_W^{\mathrm{T}}\tag{7-32}$$

在实际计算中,可以对每个辅助问题都采用适合的高效求解器或磨光算法来求解子问题,这样可得到如下的加法型预条件子 B_{MSP}^2:

$$\boldsymbol{B}_{\mathrm{MSP}}^2=\boldsymbol{S}+\boldsymbol{\Pi}_p\boldsymbol{B}_p\boldsymbol{\Pi}_p^{\mathrm{T}}+\boldsymbol{\Pi}_S\boldsymbol{B}_S\boldsymbol{\Pi}_S^{\mathrm{T}}+\boldsymbol{\Pi}_W\boldsymbol{B}_W\boldsymbol{\Pi}_W^{\mathrm{T}}\tag{7-33}$$

为了达到更好的效率和稳健性,可以采用乘法型辅助空间预条件子,仍记为 $\boldsymbol{B}_{\text{MSP}}^{2}$,满足下式:

$$I - \boldsymbol{B}_{\text{MSP}}^{2}\boldsymbol{A} = (I - \boldsymbol{S}\boldsymbol{A})(I - \boldsymbol{\Pi}_{p}\boldsymbol{B}_{p}\boldsymbol{\Pi}_{p}^{\text{T}}\boldsymbol{A})(I - \boldsymbol{\Pi}_{S}\boldsymbol{B}_{S}\boldsymbol{\Pi}_{S}^{\text{T}}\boldsymbol{A})(I - \boldsymbol{\Pi}_{W}\boldsymbol{B}_{W}\boldsymbol{\Pi}_{W}^{\text{T}}\boldsymbol{A}) \quad (7-34)$$

于是,可给出含井问题的多阶段预条件子 $\boldsymbol{B}_{\text{MSP}}^{2}$ 算法如下:

算法 7.4 含井问题的 $\boldsymbol{B}_{\text{MSP}}^{2}$ 预条件算法

Step 1 给定初始向量 $\boldsymbol{x}$

Step 2 按下式求解井辅助问题

$$\boldsymbol{x} = \boldsymbol{x} + \boldsymbol{\Pi}_{W}\boldsymbol{B}_{W}\boldsymbol{\Pi}_{W}^{\text{T}}(g - \boldsymbol{A}\boldsymbol{x}) \quad (7-35)$$

Step 3 按下式求解饱和度辅助问题

$$\boldsymbol{x} = \boldsymbol{x} + \boldsymbol{\Pi}_{S}\boldsymbol{B}_{S}\boldsymbol{\Pi}_{S}^{\text{T}}(g - \boldsymbol{A}\boldsymbol{x}) \quad (7-36)$$

Step 4 按下式求解压力辅助问题

$$\boldsymbol{x} = \boldsymbol{x} + \boldsymbol{\Pi}_{p}\boldsymbol{B}_{p}\boldsymbol{\Pi}_{p}^{\text{T}}(g - \boldsymbol{A}\boldsymbol{x}) \quad (7-37)$$

Step 5 按下式磨光获得 w

$$w = \boldsymbol{x} + \boldsymbol{S}(g - \boldsymbol{A}\boldsymbol{x}) \quad (7-38)$$

当井的比例较大、井与油藏的耦合度及井的非线性较强时,延伸隐式井块方程方法的收敛速度仍不够理想,考虑到隐式井方程与油藏内压力饱和度方程数学性质不同但却强耦合在一起的特点,可以采取油藏和井既要分开,又要同时预处理的方法。

由于井和油藏的耦合只在井筒通过的那些网格单元处,因此可将网格单元分为井穿孔单元和无井穿孔单元两部分,对油藏部分和井部分分别设计相应的预条件方法,并利用井穿孔网格单元完成油藏和井的耦合与信息交换,从而实现高效的预条件方法。

在对井部分进行预条件时,基于以下考虑并非单独对井方程进行预条件,而是把井和井穿孔单元进行统一的预条件:

(1)井和油藏的耦合完全是在这些完井单元上完成的,将井和这些穿孔单元一起进行预条件,就考虑到了井和整个油藏部分的耦合;

(2)对于井和完井网格单元部分进行统一预条件,由于相对于油藏的规模来说,这部分的规模较小,可以采用直接法,这样对井和油藏的耦合做到了精确求解,能有效提高预条件方法的效率。

(3)虽然需要利用完井网格单元的几何信息,但是其余的操作可以完全在系数矩阵上直接完成,预条件算法的实现几乎是纯代数的,实现简单。

对此,下面给出另一种基于辅助子空间法的含隐式井油藏的多段预条件子 $\boldsymbol{B}_{\text{MSP}}^{2}$。

首先,考虑到井块 A_{WW} 包括在井的辅助问题中,其次在油气藏和井之间的耦合只存在于那些完井网格单元中,因此选择的井辅助问题将包含这两部分。换一句话说,因为穿孔数量和井的数目相对单元数量较少，A_{RW}和A_{WR}中非常稀疏，可以按如下方式重新排列系数矩阵(图 7-4)：

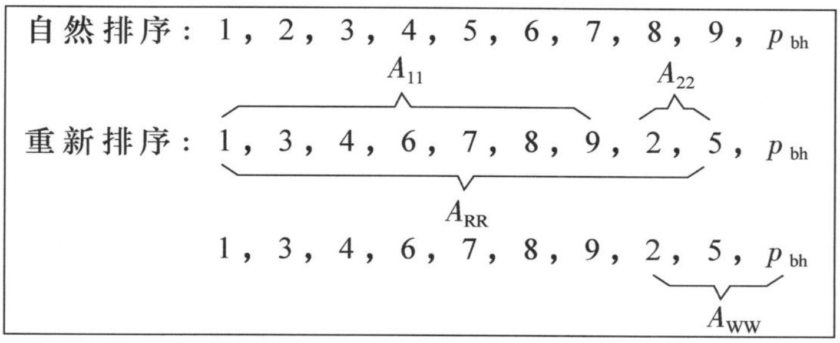

图 7-4　加边矩阵自由度序重排

$$\begin{pmatrix} A_{11} & A_{12} & 0 \\ A_{21} & A_{22} & A_{RW} \\ A_{RW} & A_{WR} & A_{WW} \end{pmatrix} \tag{7-39}$$

于是，可以选择如下的井的辅助问题

$$\boldsymbol{A}_W = \begin{pmatrix} A_{22} & A_{RW} \\ A_{WR} & A_{WW} \end{pmatrix} \tag{7-40}$$

这样选择的井辅助问题充分考虑了油气藏和井之间的强耦合性。通常来说，A_W的规模相对于油藏部分比较小，可以用直接法求解。实际问题中，在含井单元的相邻单元，油藏与井底压力的耦合可能仍然很强，所以可以选择A_W同时包含这些单元。下面给出带井系数矩阵的多阶段预处理算法框架，其中J为油藏部分辅助问题的个数。

算法 7.5　带井系数矩阵的多阶段预处理框架

Step 1　初始化阶段(setup)

[1.1]井部分：

setup_well($\boldsymbol{A}, u_0, b$)

[1.2]油藏部分：

FOR $j=1:J$ DO

形成每个辅助空间对应的矩阵：$A_j = \boldsymbol{\Pi}_j^t A_{RR} \boldsymbol{\Pi}_j$

准备每个辅助空间对应的求解方法：setup(A_j, u_0, b)

END FOR

Step 2　求解阶段(solve)

[2.1]求解井部分：

$u_0 = $ solve_well($\boldsymbol{A}, 0, b$)

[2.2]求解油藏部分,在每个辅助空间上求解:

FOR $j=1:J$ DO

$r_{j-1}=f-\boldsymbol{A}u_{j-1}$

$a_j=\text{solve}(A_j,0,\boldsymbol{\Pi}_j^t b)$

$u_j=\boldsymbol{\Pi}_j a_j$

END FOR

[2.3]更新解:$u=u_0+\sum_{j=1}^{J}u_j$

合理地对各辅助空间子问题的求解方法进行组合,在油藏数值模拟中是至关重要的。由于饱和度块的求解可以达到几乎精确,所以选择先对井进行预条件,然后对饱和度块进行预条件,再次是压力块进行预条件,最后是整体系数矩阵的磨光,针对各个阶段的数学特点采用这种组合排序,在数值模拟中具有很好的稳健性。辅助问题的选择对辅助空间预条件子 $\boldsymbol{B}_{\text{MSP}}^2$ 的综合性能十分关键,如果在辅助问题中保留了原有方程中每个未知量本身的物理性质,就可以对每个辅助问题选择高效的求解器,例如若压力块 $\boldsymbol{A}_p$ 保留了压力方程的椭圆性,就可以采用 AMG 方法或复合 ILU-AMG 方法快速求解压力块代数方程组。

第四节 压缩存储格式

对于油藏问题来说,根据网格类型和未知量排列顺序等因素,系数矩阵的稀疏结构也具有不同的特点。图 7-5 为二维油水两相问题的全隐式油藏模拟中常见的系数矩阵在两种不同未知量排列顺序下的非零元结构示意图。

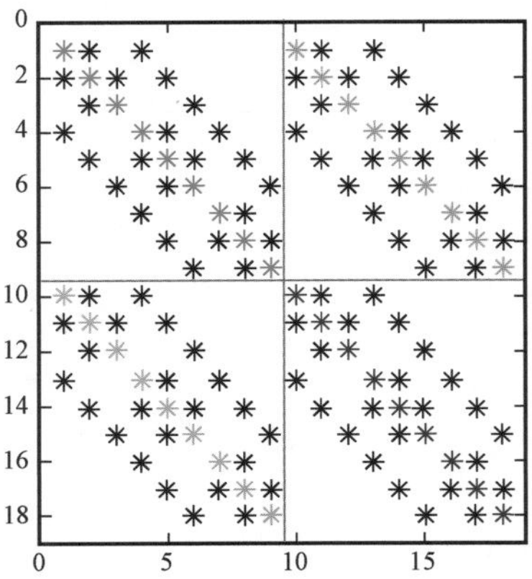

(a) 自由度优先排序

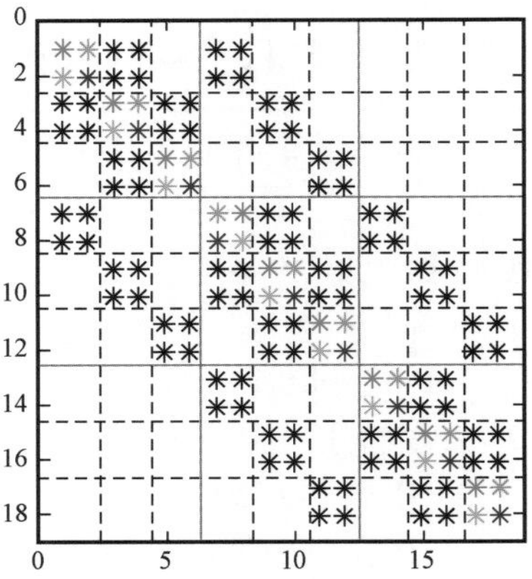

(b) 网格节点优先排序

图 7-5 不同未知量排序下矩阵非零元结构示意图

与其他偏微分方程数值模拟中遇到的线性代数方程组类似,油藏模拟中的系数矩阵规模大且相对稀疏。稀疏矩阵是指非零元素占全部元素的比例很小的矩阵。利用这一性质可以节省大量的存储空间，以避免出现因矩阵规模太大而无法将整个矩阵放入内存的情况。也有一些矩阵非零元素的分布很有规律，利用这些规律可以设计特殊的存储格式降低存储代价，避免存放零元素或避免对这些零元素进行运算，这种矩阵也常被认为是稀疏矩阵。

稀疏矩阵存储格式的选择对于算法的实现效率有至关重要的作用，常用的稀疏矩阵存储格式种类繁多，本节只介绍 CSR 和 BSR（也称为 Block CSR）。图 7-5（b）中的块状结构说明了 BSR 结构对偏微分方程组非常有效，这是因为每个矩阵小块均对应于一个网格单元上的自由度，把它们储存在一起有利于帮助编译器更好地作优化、减少 cache-missing 的概率，从而提高计算效率。

首先介绍稀疏矩阵 $\boldsymbol{A}$ 的 CSR 格式，该格式存储需用到以下变量和数组：

（1）m,n,nz：$\boldsymbol{A}$ 的行数、列数和非零元素个数；

（2）a,ja：a 长度为 nz 的实型数组，ja 长度为 nz 的整型数组，它们分别用以存放 $\boldsymbol{A}$ 的非零元素值和对应的列号值，要求 $\boldsymbol{A}$ 的非零元逐行依次存放；

（3）ia：长度为 $m+1$ 的整型数组，记 $nnz(i)$ 为 $\boldsymbol{A}$ 的第 i 行的非零元个数，则 ia 的分量可写为如下形式：$ia(1)=1, ia(i)=ia(i-1)+nnz(i), i=2,3,\cdots,m+1$。

稀疏矩阵 $\boldsymbol{A}$ 的 BSR 格式存储需用到以下变量和数组：

（1）nb：子块的阶数；显然，当 $nb=1$ 时，BSR 格式就退化为 CSR 格式。

（2）ROW，COL，NZ：分别表示矩阵 $\boldsymbol{A}$ 的块行数、块列数及非零块的总数。这里非零块是指至少包含一个非零元素的块。

（3）val：长度为 $NZ\times nb\times nb$ 的实型数组，用来存放所有非零块中的元素值，非零元按块逐行存放。对于每一个子块，$nb\times nb$ 个非零元素逐行存放，行内的 nb 个元素按照列号从小到大的顺序排列。

（4）$\boldsymbol{IA}$：长度为 $ROW+1$ 的整型数组，记 $NNZ(j)$ 为 $\boldsymbol{A}$ 的第 j 个块行中非零块的个数，则 $\boldsymbol{IA}$ 的分量可写为如下形式：$\boldsymbol{IA}(1)=1, \boldsymbol{IA}(j)=\boldsymbol{IA}(j-1)+NNZ(j), j=2,3,\cdots,ROW+1$。

（5）$\boldsymbol{JA}$：长度为 NNZ 的整型数组，$\boldsymbol{JA}(j)$ 表示 val 中的第 j 块在对应的块稀疏矩阵中的列号。

例：将式（7.41）中的矩阵 $\boldsymbol{A}$ 写成 2×2 子块的 BSR 格式

$$\boldsymbol{A}=\begin{pmatrix} 1.0 & 0.0 & 0.0 & 0.0 \\ 0.0 & 2.0 & 0.0 & 0.0 \\ 0.0 & 3.0 & 4.0 & 0.0 \\ 5.0 & 0.0 & 6.0 & 7.0 \end{pmatrix} \tag{7-41}$$

其对应的 BSR 存储格式为：

$\boldsymbol{IA}=\{0,1,3\}$；

$\boldsymbol{JA}=\{0,0,1\}$；

$val=\{1.0,0.0,0.0,2.0,0.0,3.0,5.0,0.0,4.0,0.0,6.0,7.0\}$。

利用 CSR 存储格式，还可以定义一种分块稀疏矩阵存储格式 block_CSR，该格式包含：

（1）$brow$：矩阵 $\boldsymbol{A}$ 的块行数；

(2)$bcol$:矩阵 $\boldsymbol{A}$ 的块列数;

(3)$blocks$:长度为 $brow \times bcol$ 的数组,$blocks((i-1)*bcol+j)$,$i=1,2,\cdots,brow$,$j=1,2,\cdots,crow$ 表示位置(i,j)对应的块,每一块的存储格式皆为 CSR。

在全隐式油藏模拟计算中,系数矩阵通常具有自然的分块结构,如对式(7-30)中的系数矩阵,可定义 block_BSR 存储格式,该格式包含如下四个成员:

(1)ResRes:BSR 结构体,用来存放 $\boldsymbol{A}_{\mathrm{RR}}$;

(2)ResWel:CSR 结构体,用来存放 $\boldsymbol{A}_{\mathrm{RW}}$;

(3)WelRes:CSR 结构体,用来存放 $\boldsymbol{A}_{\mathrm{WR}}$;

(4)ResRes:CSR 结构体,用来存放 $\boldsymbol{A}_{\mathrm{WW}}$。

第八章　多核环境中求解算法的并行实现

科学与工程计算对计算机性能的需求日益提高,这不仅表现为对 CPU 处理能力的需求增强,更重要的是对内存访问速度的极高要求。在当前的计算机硬件条件下,并行计算是提高大规模科学与工程计算能力效率的重要方法之一,并行可扩展性是影响高性能并行计算机系统运算性能的一个重要指标。本章将讨论并行计算技术提高求解器速度的方法。

第一节　多核处理器环境

并行计算是指在并行机上将一个应用问题分解成多个子任务分配给不同的处理器进行处理,各个处理器之间相互协同并行地执行子任务,从而达到加速求解速度或者求解大规模应用问题的目的。主流的高性能计算机(HPC)多采用多核+多主机+高速互联网络的多主机集群架构,并行算法的实现则以 MPI+OpenMP 混合编程为主——每台主机上 OpenMP 并行,主机之间通过 MPI 通信。

一、OpenMP

对称多处理技术(Symmetric Multi-Processing,SMP)是指在一个计算机上汇集了一组处理单元(多核),所有 CPU 共享内存子系统以及总线结构。在这种架构中,一台电脑由多个处理单元运行操作系统的单一复本,并共享内存和其他系统资源。所有的处理单元可以平等地访问内存、输入输出和中断等。在对称多处理系统中,系统资源被系统中所有 CPU 共享,工作负载可以均匀地分配到所有可用处理器之上,系统将任务队列对称地分布于多个 CPU 之上,从而极大地提高了整个系统的处理能力。但是,SMP 机器的弱点是可扩展性差,对于内存访问要求较高的程序容易出现内存访问瓶颈,从而降低 CPU 的有效性。

OpenMP 是共享存储系统编程的工业标准;它规范了一系列的编译制导、运行库和环境变量来说明共享存储结构的并行机制。它不是一门独立的编程语言,而是对 Fortran 和 C/C++等语言的并行扩展,其目标是为 SMP 系统提供可移植、可扩展的开发接口。随着多核系统的出现和广泛应用,OpenMP 近年来变得越来越普及,这是因为 OpenMP 的编程相对简单,并且充分利用了共享存储体系结构的特点,避免了消息传递的开销。

OpenMP 程序设计模型提供了一组与平台无关的编译指令、指导命令、函数调用和环境变量,可以显式地指导编译器如何以及何时利用应用程序中的并行性。OpenMP 通过对原有的串行代码插入一些指导性的注释,并进行必要的修改,可以快速地实现并行编程,而这些注释的解析由编译器所完成。目前,C/C++和 Fortran 语言都支持 OpenMP,所有 OpenMP 的并行化都是通过使用嵌入到 C/C++或 Fortran 源代码中的编译制导语句来完成的。

OpenMP 使用派生/连接(Fork-Join)并行执行模型,如图 8-1 所示,一个 OpenMP 并行程序从一个单个线程开始执行,在程序某点需要并行时程序派生(Fork)出一些额外(可能为零个)线程组成线程组,被派生出来的线程称为组的从属线程,并行区域中的代码在不同的线程中并行执行,程序执行到并行区域末尾,线程将会等待直到整个线程组到达,然后将它们连接(Join)在一起。在该点处线程组中的从属线程终止而初始主线程继续执行直到下一个并行区域到来。一个程序中可以定义任意数目的并行块,因此,在一个程序的执行中可派生/连接(Fork-Join)若干次。

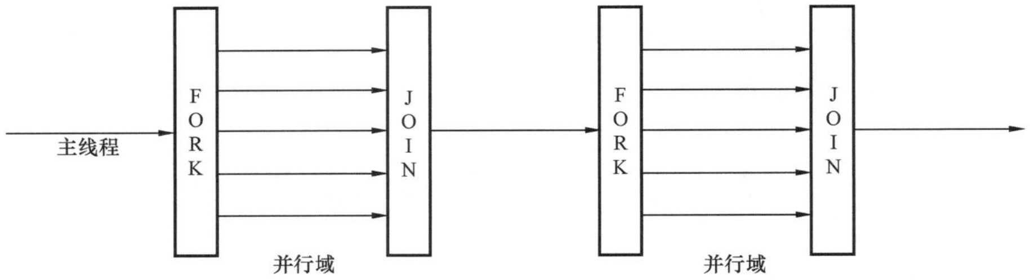

图 8-1　派生/连接(Fork-Join)并行执行模型

二、基本 OpenMP 编译指导语句及常用命令

在 OpenMP 中编译指导语句是用来表示开始并行运算的特定注释,在编译器编译程序时,编译指导语句能够被并行编译程序识别,串行编译程序则忽略这些语句。并行编译程序根据这些指导语句将相关代码转换成在并行计算机中运行的代码,一条编译指导语句由命令/指令(directive)和子句列表(clause list)组成。编译指导语句格式为:

#pragma omp directive-name[clause[[ ]clause]...]new-line

{　Structured-block　}

OpenMP 的所有编译指导语句以#pragma omp 开始,其中 directive 部分包含 OpenMP 的主要命令,包括 parallel,for,parallel for,reduction,section,sections,single,master,critical,flush,ordered,barrier 和 atomic 等,这些指令用来分配任务,或者用来同步。directive-name 后面的可选子句 clause 给出了相应的编译指导语句的参数,子句可以影响到编译指导语句的具体行为,每一个编译指导语句都有一系列适合它的子句,其中有 6 个指令 master,critical,flush,ordered,atomic和 barrier 不能跟相应的子句。new-line 表示换行,表示一条编译指导语句的终止。编译指令不能嵌入 C/C++或 Fortran 语句中,同样 C/C++或 Fortran 语句也不能嵌入编译指令中。

1. 共享任务结构的命令

共享任务结构是将并行区的代码分配给线程组的各成员来执行,它们主要有 for,sections,single 命令。for 指令是将一个 for 循环分配给多个线程来执行,它一般与 parallel 命令合起来使用。sections 指令将指定的代码分配给线程组中的各线程并行执行,先用 section 将 sections 区块划分为几个不同的段,然后每个线程执行其中一段。single 指令用来限定某块程序只有一个线程去执行它,除非使用了 nowait 子句,否则在此线程执行期间其他线程处于等待状态,

直到遇到 single 构造块结束处隐含的 barrier。

2. 同步结构的命令

同步结构的命令用来控制执行过程中各线程的同步，主要有 master，critical，flush，barrier，ordered 和 atomic 命令。其中，master 命令指定代码段只能由主线程来执行；critical 命令指定代码段在同一时刻只能由一个线程来执行，如果另一个线程的执行也到达该代码段，那么它将被阻塞直到前一个线程退出临界区；barrier 用来同步一个线程组中的所有线程；atomic 命令指定特定的存储单元将被原子地自动更新，不允许多个线程同时执行更新操作；ordered 指定并行区域的循环按串行顺序执行。

3. 子句

OpenMP 使用数据作用域子句来指定变量的作用范围。OpenMP 属于共享内存编程模型，在多线程代码中大部分数据都可以共享，共享内存给程序中数据的共享带来了极大的便利。在默认情况下，OpenMP 将全局变量、静态变量设置为共享属性。私有变量包括：循环计数迭代变量、循环体内的自动变量和并行域中调用的子程序中的堆栈变量。

下面以向量内积为例给出 OpenMP 制导语句的使用规则。

串行向量内积代码：

```
int main( int argc,char * argv[  ]){
    double sum;
    double a[256],b[256];
    int n=256;
    for(i=0;i<n;i++){
        a[i]=i * 0.5;
        b[i]=i * 2.0;
    }
    sum=0;
    for(i=1;i<=n;i++){
        sum=sum+a[i] * b[i];
    }
    printf(sum=%f,sum);
}
```

对应的 OpenMP 多核并行向量内积代码：

```
int main(int argc,char * argv[  ]){
    double sum;
    double a[256],b[256];
    int status;
    int n=256;
```

```
    for(i=0;i<n;i++){
        a[i]=i*0.5;
        b[i]=i*2.0;
    }
    sum=0;
#pragma ompfor reduction(+:sum)
    for(i=1;i<=n;i++){
        sum=sum+a[i]*b[i];
    }
    printf(sum=%f\\n,sum);
}
```

从以上实例可见，在 OpenMP 并行编程模式下，并行代码共用了所有的串行代码，因此仅需在串行代码的基础上插入一些并行制导语句来告知编译器这部分代码采用多线程并行模式执行，同时将变量值规约求和并赋值给变量 sum。每个线程分配多少任务，以及将局部求和变量 sum 累加到全局变量 sum 均留给编译器来决定。除了通常的变量的声明和初始化，没有别的需要程序员指定的，这个代码片段说明了 OpenMP 多核并行编程通常非常简便。

第二节　经典迭代法的多核并行化

典型的串行与并行程序执行过程如图 8-2 所示，图 8-2(b)将图 8-2(a)中每一步的计算任务划分成 4 个子任务通过 4 个线程或进程在 4 个处理器核上并行执行，同时处理器与处理器之间需要适当的通信(如水平方向节点间的箭头所示)保持线程或进程之间任务的协调与同步。

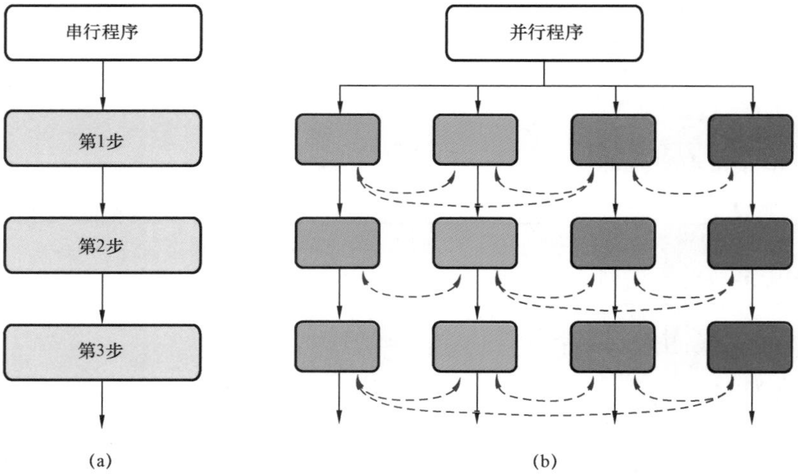

图 8-2　串行与并行程序执行过程示意图

并行算法的总体工作量可以定义为该算法执行时所使用的处理器总数与执行时间的乘积。当然,这是在假定每个处理器的运行时间皆相等的理想条件下并行算法的工作量,计算时希望最快串行算法的运行时间与之比越大越好,最理想的比值显然是 100%。

一、稀疏矩阵运算的多核并行化

矩阵向量乘积是迭代法中最常用的线性代数运算,定义如下:

$$\boldsymbol{Ax} = \boldsymbol{y} \tag{8-1}$$

其中矩阵 $\boldsymbol{A}=(a_{ij})_{N\times N}$,向量 $\boldsymbol{x}=(x_1,x_2,\cdots,x_N)^{\mathrm{T}}$,$\boldsymbol{y}=(y_1,y_2,\cdots,y_N)^{\mathrm{T}}$。矩阵向量乘积的串行算法如下:

算法 8.1 矩阵乘向量串行算法

```
FOR   i=0,1,2,…,N−1  DO
      y[i]=0.0
      FOR   j=0,1,2,…,N−1  DO
            y[i]=y[i]+a[i][j]×x[j]
      END FOR
END FOR
```

设一次乘法和加法运算时间为一个单位时间,则上述算法的时间复杂度为 $O(N^2)$。对于稀疏矩阵与向量乘积的时间复杂度为 $O(nnz)$,其中 nnz 为矩阵的非零元个数。

下面介绍上述矩阵向量乘积的并行化算法。设处理器个数为 p,首先对矩阵 $\boldsymbol{A}_{n\times n}$ 按行划分为 p 块,这些行块依次记为 $A_1,A_2,\cdots,A_p$,每个子块中起始自由度(未知元)的整体编号分别为 $N_1,N_2,\cdots,N_{p+1}$,其中第 i 个子块中自由度的个数为 $L_i=N_{i+1}-N_i$,$i=1,2,\cdots,p$(要求所有 L_i 尽可能相等)。同样,将向量 $\boldsymbol{y}$ 相应地划分为 p 个子向量,并依次记为 $\boldsymbol{y}_1,\boldsymbol{y}_2,\cdots,\boldsymbol{y}_p$。然后在各处理器并行计算

$$y_i = A_i\boldsymbol{x} \tag{8-2}$$

图 8-3 为线程数 $p=4$ 时对应的并行矩阵向量乘法按行划分示意图。

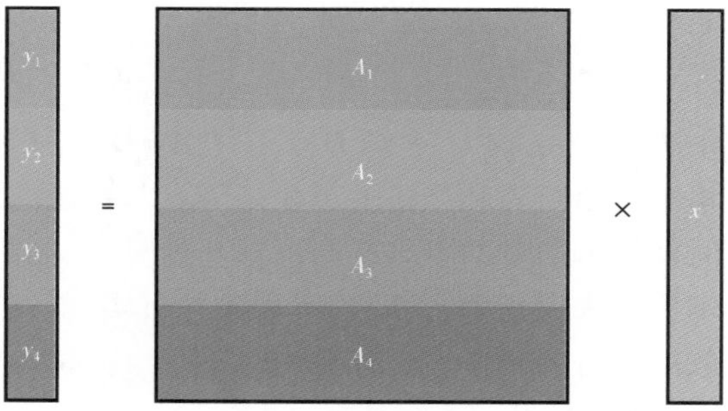

图 8-3 并行矩阵与向量乘积示意图

矩阵乘向量并行算法如下:

算法 8.2 矩阵乘向量并行算法

输入:$A_{N\times N}$,$x_{N\times 1}$

输出:$y_{N\times 1}$

```
在各处理器上并行执行以下代码
获取处理器编号 myid 和行起始编号 N_myid
FOR   i=N_myid to i=N_myid+1 -1   DO
  y[i]=0.0
  FOR   j=0,1,2,…,N-1   DO
    y[i]=y[i]+a[i][j]×x[j]
  END FOR
END FOR
并行结束
```

设一次乘法和加法运算时间为一个单位时间，可知算法 8.2 的并行计算时间为 $T_p=\frac{N^2}{p}$。若处理器个数和向量维数相当，则其时间复杂度为 $O(N)$。

当然这只是最理想的情况，实际情况要复杂很多。首先，在油藏模拟计算中处理的都是稀疏矩阵，而不是满矩阵，如何平衡负载比较复杂；其次，这里没有考虑并行计算所带来的额外管理开销，以及处理器等待同步等造成的时间浪费。

二、经典迭代法的多核并行化

首先，讨论加权 Jacobi 迭代公式

$$\boldsymbol{x}^{m+1}=\boldsymbol{x}^m+\omega\boldsymbol{D}^{-1}(\boldsymbol{f}-\boldsymbol{A}\boldsymbol{x}^m)\qquad(0<\omega\leqslant 1)\tag{8-3}$$

其中 $\boldsymbol{D}$ 为矩阵 $\boldsymbol{A}$ 的对角矩阵，ω 可取为 $4/3\rho$，ρ 为矩阵 $\boldsymbol{A}$ 的谱半径。特别地，当取 ω 为 1 时对应一般 Jacobi 迭代法。Jacobi 迭代法的多核并行计算与矩阵向量的多核并行化类似，是天然并行的迭代算法。

Gauss-Seidel 方法的迭代公式为：

$$\boldsymbol{x}^{m+1}=\boldsymbol{B}\boldsymbol{x}^m+\boldsymbol{F}\tag{8-4}$$

其中 $\boldsymbol{B}=(\boldsymbol{D}-\boldsymbol{L})^{-1}\boldsymbol{U}$，$\boldsymbol{F}=(\boldsymbol{D}-\boldsymbol{L})^{-1}\boldsymbol{f}$，$\boldsymbol{A}=\boldsymbol{D}-\boldsymbol{L}-\boldsymbol{U}$，这里 $\boldsymbol{D}$，$-\boldsymbol{L}$ 和 $-\boldsymbol{U}$ 分别为矩阵 $\boldsymbol{A}$ 的对角矩阵、严格下三角矩阵和严格上三角矩阵。与一般的 Jacobi 算法相比，在迭代过程中 Gauss-Seidel 能及时使用解向量的更多刷新值参与计算，因而具有更好的逼近性，得到了广泛的应用。但该算法本质上来说是串行算法，不利于并行实现。若要实现 Gauss-Seidel 算法的并行化，得到一个高效的并行光滑算子，需要引入多色 Gauss-Seidel 算法。在结构网格中常用的多色 Gauss-Seidel 算法是红黑 Gauss-Seidel 算法（GS(c)，c 为颜色数）。图 8-4 分别给出了两色与四色 Gauss-Seidel 算法结点分组规则的示意图。

由图 8-4 可见，每个颜色分组内各结点间相互独立（结点间无直接边相连，即结点对应的矩阵行之间不存在数据依赖关系），因此可以对该颜色组内结点并行磨光。以二维结构网格上的有限差分方程为例，依据图 8-4 给出如下两种多色 Gauss-Seidel 磨光序。

两色 Gauss-Seidel 算法（GS(2)）：基于图 8-4(a)，先并行磨光所有红点①，然后并行磨光所有黑点②。

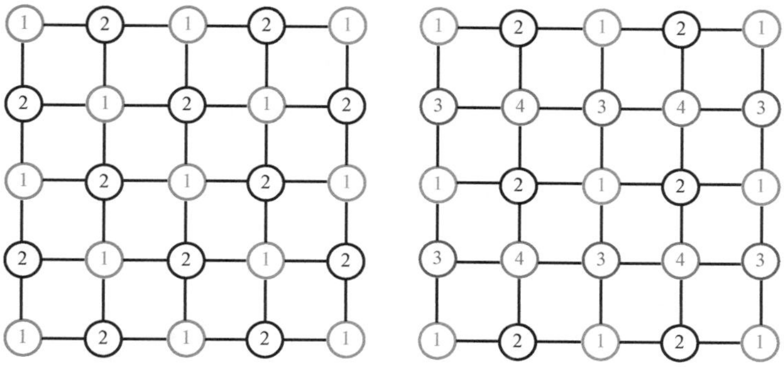

图 8-4 两色(a)与四色(b)结点分组规则(冯春生,2018)

四色 Gauss-Seidel 算法(GS(4)):基于图 8-4(b),先并行磨光所有红点①,接着并行磨光所有黑点②,再并行磨光所有蓝点③,最后并行磨光所有粉点④。

两色和四色 Gauss-Seidel 算法可以重构算法的串行行为,其中 GS(2)仅适用于五点格式,而 GS(4)可适用于九点格式。

对于非结构网格,上述带有几何性质的红黑高斯磨光并行是很难实现的,此时可采用基于矩阵稀疏性的代数(稀疏图染色)多色高斯磨光算法完成所有节点的染色计算。

算法 8.3 矩阵代数图染色算法

Step 1 初始化所有节点颜色属性值 $Color[i]=0, i=1,2,\cdots,N$。

Step 2 对节点 i 循环,其颜色属性值 $Color[i]$ 取为与其所有邻居节点的属性值不等的最小正整数值,即:

$$Color[i] = \min\{k > 0 \mid k \neq Color(j), \forall j \in Adj(i)\}, i = 1,2,\cdots,N$$

算法 8.3 中具有相同颜色属性值的节点同属于一个组。

第三节 代数多重网格法的多核并行化

本节主要讨论代数多重网格 Setup 阶段的并行优化,分别提出了关于 OpenMP 并行生成插值算子与粗网格算子的高效算法,可以证明当稀疏矩阵 $\boldsymbol{A}$ 的带宽较小时,新算法能节约大量辅助存储空间(Wu 和 Xu,2014)。

一、多层迭代法的多核并行化

设 $\boldsymbol{A} \in \mathbb{R}^{N \times N}$ 为对称矩阵。记矩阵 $\boldsymbol{A}$ 对应的邻接图为 $G_A(V,E)$,其中 V 为节点集合(即未知数集合),E 为边的集合(即除对角线外矩阵非零元表示的相邻关系)。设节点 V 集分裂为

粗节点集合 C 和细节点集合 F,即:

$$V = C \cup F \text{ 和 } C \cap F = \varnothing$$

粗节点集合的节点数为 n_c。设 F^C 为细节点到粗节点的映射。

定义 $N_i = \{j \in V: A_{ij} \neq 0, j \neq i\}$;对于 $\theta \in [0,1)$,同时定义

$$S_i(\theta) = \{j \in N_i: -A_{ij} \geqslant \theta \cdot \max_{k \neq i}(-A_{ik})\}$$

令 $D_i^{F,s} = S_i(\theta) \cap F$, $D_i^{C,s} = S_i(\theta) \cap C$ 和 $D_i^w := N_i \backslash (D_i^{C,s} \cup D_i^{F,s})$,定义

$$F_i = \{j \in D_i^{F,s}: i \text{ 和 } j \text{ 无共同依赖的粗节点 } C - vertices\}$$

若 $A_{ii}A_{ij}>0$,令 $\hat{A}_{ij}=0$ 否则令 $\hat{A}_{ij}=A_{ij}$。

定义 $\boldsymbol{P}=(P_{ij_c}) \in \mathbb{R}^{N\times N_c}$为标准插值算子对应的矩阵,其非零元由下式定义:

$$P_{ij_c} = \begin{cases} \dfrac{-1}{A_{ii} + \sum\limits_{k \in D_i^w \cup F_i} A_{ik}} \left(A_{ij} + \sum\limits_{k \in D_i^{F,S} \backslash F_i} \dfrac{A_{ik}\hat{A}_{kj}}{\sum\limits_{m \in D_i^{C,S}} \hat{A}_{km}} \right) & (i \in F, j \in D_i^{C,s}, j_c = F^C[j]) \\ 1.0 & (i \in C, j_c = F^C[j]) \\ 0.0 & (\text{其他情形}) \end{cases} \tag{8-5}$$

由于矩阵 $\boldsymbol{P}$ 通常十分稀疏,考虑采用 CSR 格式存储。在插值算子的生成过程中,为了快速定位非零元所在的列号,往往需要被称为 $\boldsymbol{M_P}$ 的整型辅助数组。事实上,为生成 $\boldsymbol{P}$ 的第 i 行的元素需定义:对于 $0 \leqslant j \leqslant N-1$,有:

$$M_P[j] := \begin{cases} J_{j_c} & (j \in D_i^{C,s}, j_c = F^C[j]) \\ -2-i & (j \in D_i^{F,s} \backslash F_i) \\ -1 & (\text{其他}) \end{cases} \tag{8-6}$$

其中 J_{j_c}为非零元 P_{ij_c}在 CSR 矩阵 $\boldsymbol{P}$ 的列号存储数组中的位置。在 OpenMP 实现过程中,需要为每个 OpenMP 线程分配一个辅助数组 $\boldsymbol{M_P}$,其长度为 N。所有线程上辅助数组 $\boldsymbol{M_P}$ 的总长度为 $N_T \times N$,这里 N_T 为总的 OpenMP 线程数。当 N_T 较大时,辅助数组 $\boldsymbol{M_P}$ 的内存开销非常大,下面讨论如何减少其开销。

设 $b_n = b_l + b_r$ 为矩阵 $\boldsymbol{A}$ 的带宽,其中 b_l 和 b_r 分别为其左带宽与右带宽。当节点集 V 依序且负载平衡地分配在各 OpenMP 线程上时(即各线程上的节点数差异不超过 1),在每个线程上 $\boldsymbol{M_P}$ 的实际使用长度远小于 N(图 8-5)。

考虑到 $\boldsymbol{A}$ 为带状矩阵,可以得到其长度 L_P^t 和下界 $M_l^t(\boldsymbol{P})$的如下估计:

$$L_P^t \leqslant \min\left(N, \frac{N}{N_T} + 2b_n\right) \quad \text{和} \quad M_l^t(\boldsymbol{P}) \geqslant \max\left[0, \frac{N}{N_T}(t-1) - 2b_n\right] \tag{8-7}$$

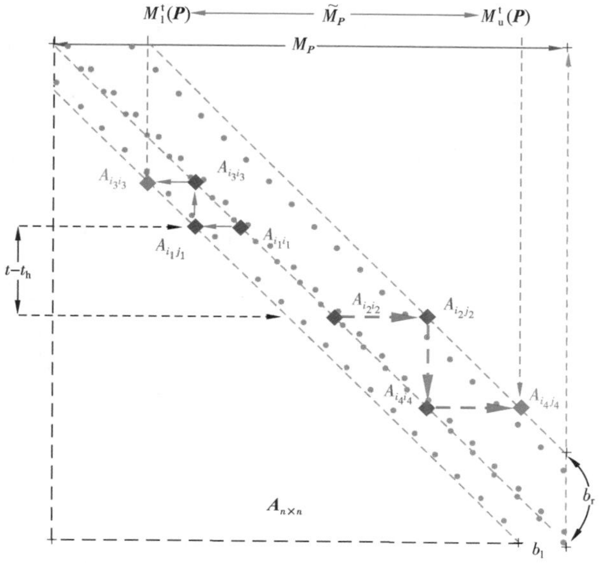

图 8-5 稀疏矩阵 $\boldsymbol{A}$ 对应的插值矩阵 $\boldsymbol{P}$ 生成示意图

这里 $M_l^t(\boldsymbol{P})$ 和 $M_u^t(\boldsymbol{P})$ 分别为 t-th OpenMP 线程上矩阵 $\boldsymbol{A}$ 的非零元列号指标的的下界与上界

多重网格法中的粗网格算子通常使用 Galerkin 方式生成：$\boldsymbol{A}^c=(A_{ij}^c)_{N_c\times N_c}=\boldsymbol{P}^T\boldsymbol{A}\boldsymbol{P}$，其中

$$A_{ij}^c=\sum_{k_1}\sum_{l_1}P_{k_1i}A_{k_1l_1}P_{l_1j}\qquad(i,j=1,\cdots,N_c)\tag{8-8}$$

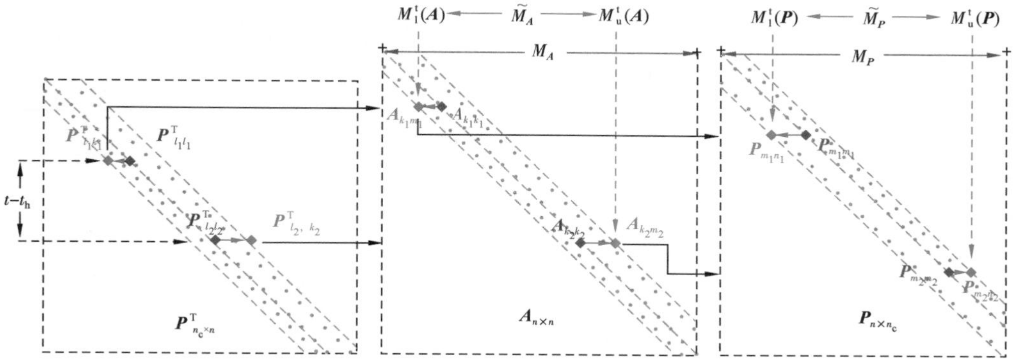

图 8-6 Galerkin 方式的粗网格算子 $\boldsymbol{A}^c=\boldsymbol{P}^T\boldsymbol{A}\boldsymbol{P}$ 生成

$M_l^t(\boldsymbol{P})$ 和 $M_u^t(\boldsymbol{P})$ 分别为 t-th OpenMP 线程上矩阵 $\boldsymbol{A}$ 的非零元对应的列号的下界与上界

类似于插值算子的生成过程，为每个线程分配两个辅助数组 $\boldsymbol{M_A}$ 和 $\boldsymbol{M_P}$（图 8-6）。$\boldsymbol{M_A}$ 的长度为 n，$\boldsymbol{M_P}$ 的长度为 n_c。通过研究稀疏带状矩阵对应粗网格算子的生成特点，得到 $\boldsymbol{M_A}$ 和 $\boldsymbol{M_P}$ 长度的近似公式，其中实际长度 L_A^t 和偏移量 $M_l^t(\boldsymbol{A})$ 可以通过下式计算：

$$L_A^t\leqslant\min\left(N,\frac{N}{N_T}+2b_n\right)\qquad 和\qquad M_l^t(\boldsymbol{A})\geqslant\frac{N}{N_T}t-b_n\tag{8-9}$$

如果不考虑矩阵 $\boldsymbol{A}$ 的带宽小于列数 N,则需要使用两个长度为 $N\times N_{\mathrm{T}}$ 的辅助数组。然而,由式(8-9)知需要使用两个长度为 $N+2b_nN_{\mathrm{T}}$ 的辅助数组。当 $n\gg b_n$ 且 N_{T} 较大时,通过使用上述估计式可以节约大量内存。事实上,这将同样减少因内存初始化造成的时间开销。

由上面介绍知多线程版 AMG 初始化阶段的辅助数组往往会浪费大量的内存空间,但通过采用式(8-7)和式(8-9)所提供的上下界估计,当矩阵带宽较小线程数较大时,可以在经典插值算子和粗网格算子生成过程中节约大量辅助数组内存的开销。令 Length($\boldsymbol{M_P}$)表示辅助数组 $\boldsymbol{M_P}$ 的总长度,令 Length($\boldsymbol{M_A}$)表示辅助数组 $\boldsymbol{M_A}$ 的总长度。表 8-1 给出了这两个辅助数组的对比实验结果。数值实验表明,当线程数为 12 时,针对最细网格层,这种改进使内存开销节约了 87%。

表 8-1　压力方程的 AMG 初始化阶段最细网格层上的辅助内存量

	Length(M_P)			Length(M_A)		
N_{T}	$N_{\mathrm{T}}\times n$	L_{P}	节约(%)	$N_{\mathrm{T}}\times n$	L_{A}	节约(%)
2	2188844	1200022	45.1	2188844	1147222	47.6
4	4377688	1305622	70.2	4377688	1252822	71.3
6	6566532	1411222	78.5	6566532	1358422	79.3
8	8755376	1516822	82.7	6566532	1464022	83.3
12	13133064	1728022	86.8	13133064	1675222	87.2

二、基于自适应线程数的 Gauss-Seidel 磨光算子

为了使并行 Gauss-Seidel 磨光保持其串行程序的迭代次数,可在并行 Gauss-Seidel 磨光算子设计中采用自适应线程数。针对压力方程、饱和度方程和整体矩阵磨光算法,分别使用不同的线程数,具体情况由下述算法给出:

算法 8.4　set_GS_threads($nts, iters, nts1, nts2, nts$)

- 如果 $iter\leqslant 8$,则

$$nts1 = nts;\quad nts2 = nts;\quad nts3 = nts;$$

- 否则如果 $iter\leqslant 12$,则

$$nts1 = nts;\quad nts2 = \min(6, nts);\quad nts3 = \min(4, nts);$$

- 否则如果 $iter\leqslant 15$,则

$$nts1 = \min(3, nts);\quad nts2 = \min(3, nts);\quad nts3 = \min(2, nts);$$

- 否则如果 $iter\leqslant 18$,则

$$nts1 = \min(2, nts);\quad nts2 = \min(2, nts);\quad nts3 = \min(1, nts);$$

- 否则

$$nts1 = 1; \quad nts2 = 1; \quad nts3 = 1;$$

算法 8.4 输入总线程数 nts 和当前迭代次数 $iters$ 返回 $nts1$，$nts2$ 和 $nts3$，其中 $nts1$，$nts2$ 和 $nts3$ 分别为压力子系统、饱和度子系统和整体矩阵 OpenMP 并行 Gauss-Seidel 磨光中使用的线程数。

第四节 辅助空间预条件法的多核并行化

本节以油藏方程线性代数系统的多核并行求解为例，讨论辅助空间预条件法的 OpenMP 多核并行化。

一、预条件子并行化

首先简要回顾第七章的多阶段预处理方法。考虑方程

$$\boldsymbol{A}_{\mathrm{RR}}\boldsymbol{u}_{\mathrm{R}} = \boldsymbol{f}_{\mathrm{R}} \tag{8-10}$$

的求解算法，其中 $\boldsymbol{A}_{\mathrm{RR}}$，$\boldsymbol{f}_{\mathrm{R}}$ 和 $\boldsymbol{u}_{\mathrm{R}}$ 的元素已按如下顺序排列：

$$\boldsymbol{A}_{\mathrm{RR}} = \begin{pmatrix} A_{p,p} & A_{p,S_\mathrm{w}} & A_{p,S_\mathrm{o}} \\ A_{S_\mathrm{w},p} & A_{S_\mathrm{w},S_\mathrm{w}} & A_{S_\mathrm{w},S_\mathrm{o}} \\ A_{S_\mathrm{o},p} & A_{S_\mathrm{o},S_\mathrm{w}} & A_{S_\mathrm{o},S_\mathrm{o}} \end{pmatrix}_{3N_\mathrm{e}\times 3N_\mathrm{e}}, \quad \boldsymbol{u}_{\mathrm{R}} = \begin{pmatrix} u_p \\ u_{S_\mathrm{w}} \\ u_{S_\mathrm{o}} \end{pmatrix}_{3N_\mathrm{e}\times 1}, \quad \boldsymbol{f}_{\mathrm{R}} = \begin{pmatrix} f_p \\ f_{S_\mathrm{w}} \\ f_{S_\mathrm{o}} \end{pmatrix}_{3N_\mathrm{e}\times 1}$$

这里 u_p 对应油压力项，u_{S_w} 对应水饱和度项，u_{S_o} 对应油饱和度项，N_e 为油藏网格单元数。记 $\boldsymbol{g}$ 为已知向量，$\boldsymbol{w}$ 为预条件子 $\boldsymbol{B}$ 对 g 作用一次以后得到的向量，且

$$\boldsymbol{g} = \begin{pmatrix} \boldsymbol{g}_p \\ \boldsymbol{g}_S \end{pmatrix}, \quad \boldsymbol{g}_S = \begin{pmatrix} g_{S_\mathrm{w}} \\ g_{S_\mathrm{o}} \end{pmatrix}, \quad \boldsymbol{w} = \begin{pmatrix} w_p \\ w_S \end{pmatrix}, \quad \boldsymbol{w}_S = \begin{pmatrix} w_{S_\mathrm{w}} \\ w_{S_\mathrm{o}} \end{pmatrix}$$

设上述离散系统的预条件子为 $\boldsymbol{B}_{\mathrm{MSP}}^1$，其预条件作记用作

$$\boldsymbol{w} = \boldsymbol{B}_{\mathrm{MSP}}^1\boldsymbol{g} \tag{8-11}$$

其中

$$\boldsymbol{I} - \boldsymbol{B}_{\mathrm{MSP}}^1\boldsymbol{A} = (\boldsymbol{I} - \boldsymbol{S}\boldsymbol{A})(\boldsymbol{I} - \boldsymbol{\Pi}_p\boldsymbol{B}_p\boldsymbol{\Pi}_p^{\mathrm{T}}\boldsymbol{A})(\boldsymbol{I} - \boldsymbol{\Pi}_S\boldsymbol{B}_S\boldsymbol{\Pi}_S^{\mathrm{T}}\boldsymbol{A}) \tag{8-12}$$

这里 $\boldsymbol{\Pi}_p$ 和 $\boldsymbol{\Pi}_S$ 分别为从 $\boldsymbol{g}$ 到压力变量 p 与饱和度变量 S 的限制算子，$\boldsymbol{\Pi}_p$ 和 $\boldsymbol{\Pi}_S$ 对应的矩阵可由下式定义

$$\boldsymbol{\Pi}_p = \begin{pmatrix} \boldsymbol{I}_p \\ 0 \end{pmatrix} \in \mathbb{R}^{N\times N_p} \quad 和 \quad \boldsymbol{\Pi}_S = \begin{pmatrix} 0 \\ \boldsymbol{I}_S \end{pmatrix} \in \mathbb{R}^{N\times N_S} \tag{8-13}$$

此处 $I_p \in \mathbb{R}^{N_p \times N_p}$ 和 $I_S \in \mathbb{R}^{N_S \times N_S}$ 分别为与压力与饱和度同阶的单位矩阵。

下面给出生成 $\boldsymbol{w}$ 的预条件件算法:

算法 8.5　求解黑油模型的 $\boldsymbol{B}_{\mathrm{MSP}}^1$ 预条件子算法

Step 1　给定初始向量 $\boldsymbol{x}$

Step 2　按下式求解饱和度辅助问题 $\boldsymbol{x}=\boldsymbol{x}+\boldsymbol{\Pi}_S\boldsymbol{B}_S\boldsymbol{\Pi}_S^{\mathrm{T}}(\boldsymbol{g}-\boldsymbol{A}\boldsymbol{x})$　(8-14)

Step 3　按下式求解压力辅助问题 $\boldsymbol{x}=\boldsymbol{x}+\boldsymbol{\Pi}_p\boldsymbol{B}_p\boldsymbol{\Pi}_p^{\mathrm{T}}(\boldsymbol{g}-\boldsymbol{A}\boldsymbol{x})$　(8-15)

Step 4　按下式磨光获 $\boldsymbol{w}$,$\boldsymbol{w}=\boldsymbol{x}+\boldsymbol{S}(\boldsymbol{g}-\boldsymbol{A}\boldsymbol{x})$　(8-16)

由上述算法得到的结果即为 $\boldsymbol{g}$ 经预条件子 $\boldsymbol{B}_{\mathrm{MSP}}^1$ 作用一次以后得到的向量 $\boldsymbol{w}$。记上述预条件子的串行版为 $\boldsymbol{B}_S$,相应的 OpenMP 并行版为 $\boldsymbol{B}_p$。为描述多核并行环境下 $\boldsymbol{B}_p$ 的预条件行为,首先引入以下记号

NT:求解过程中设定的总线程数(可以并发使用的总线程数量)。

nts:饱和度项进行并行多阶段预处理算法时使用的线程数(本函数使用的并发线程数量)。

ntp:压力项进行并行多阶段预处理算法时使用的线程数(本函数使用的并发线程数量)。

ntg:整体系数矩阵进行并行预条件时使用的线程数(本函数使用的并发线程数量)。

OMP_HOLDS:串并行阈值参数(这是对问题规模的阈值,如果问题规模较小,则使用串行算法以避免并行带来的额外开销)。

此处引入 *nts*,*ntp* 和 *ntg* 是因为有的函数并行实现会降低算法效率,甚至导致算法发散。

下面给出 OpenMP 编程环境下的一些 $\boldsymbol{B}_{\mathrm{MSP}}^1$ 预条件算法。

算法 8.6　自适应线程数的 OpenMP 版 $\boldsymbol{B}_{\mathrm{MSP}}^1$ 预条件算法

若 $N \leqslant OMP\_HOLDS$,则调用串行算法 8.5 计算　(8-17)

若 $N > OMP\_HOLDS$,则做以下各步

Step 1　若 $NT>nts$,则令 $nt=nts$,否则令 $nt=NT$

使用 *nt* 个线程,并行求解式(8-14)(当 $NT=8$ 时,建议取 $nts=4$)

Step 2　若 $NT>ntp$,则令 $nt=ntp$,否则令 $nt=NT$

使用 *nt* 个线程,并行求解式(8-15)(当 $NT=8$ 时,建议取 $nts=4$)

Step 3　若 $NT>ntg$,则令 $nt=ntg$,否则令 $nt=NT$

使用 *nt* 个线程,并行求解式(8-16)(当 $NT=8$ 时,建议取 $nts=2$)

上述算法主要是对整体矩阵 $\boldsymbol{A}$ 的块 Gauss 预条件,现有文献对 Gauss 迭代法有大量的研究,包括对串行和并行实现的研究,形成的共识是由于算法本身的逻辑顺序为串行,并行实现会降低磨光效果(更加接近于 Jacobi 算法),所以计算时需要在算法效果和并行效率之间作出平衡,以达到最佳的效果。

当所模拟的问题为结构网格时，可以结合单层结构网格信息及红黑 Gauss-Seidel 磨光算法获得带红黑序磨光的并行快速辅助子空间预条件件算法。

算法 8.7 基于单层结构网格信息的 OpenMP 版 $\boldsymbol{B}_{\mathrm{MSP}}^{1}$ 预条件件算法

若 $N \leqslant OMP\_HOLDS$，则调用串行算法 8.5 计算式(8-17)
若 $N > OMP\_HOLDS$，则做以下各步
Step 1 使用 NT 个线程，调用并行红黑序 Gauss-Seidel 算法求解式(8-14)
Step 2 使用 NT 个线程，调用基于红黑序 Gauss-Seidel 算法的并行 AMG 法求解式(8-15)
Step 3 使用 NT 个线程，对整体系数矩阵使用并行红黑序块 Gauss 磨光求解式(8-16)

和算法 8.6 相比，算法 8.7 能在预条件件各运算环节中利用全部的线程(处理器核)并能基本重构串行预条件件子，具有更好的并行扩展性。但由于算法 8.7 需要利用单层结构网格信息，在实际应用问题中存在一定的局限性。为克服算法 8.7 的不足，通过利用稀疏矩阵代数图的邻接关系，引入图节点分类染色算法，可以得到基于代数图节点分组的多色 Gauss-Seidel 磨光算法，并将其应用于基于辅助子空间技术的多阶段预条件件子算法中。具体算法如下：

算法 8.8 基于代数图节点分组的 OpenMP 版 $\boldsymbol{B}_{\mathrm{MSP}}^{1}$ 预条件件算法

若 $N \leqslant OMP\_HOLDS$，则调用串行算法 8.5 计算式(8-17)
若 $N > OMP\_HOLDS$，则做以下各步
Step 1 使用 NT 个线程，调用基于代数图多色分组技术的并行 Gauss-Seidel 算法求解式(8-14)
Step 2 使用 NT 个线程，调用基于代数图多色分组技术的并行 AMG 法求解式(8-15)
Step 3 使用 NT 个线程，调用基于代数图多色分组技术的并行 Gauss-Seidel 算法求解式(8-16)

二、预条件件 Krylov 子空间迭代法并行化

下面介绍求解线性方程组的两种预条件件 Krylov 子空间迭代法：PGMRES 法和 PBiCGstab 法，预条件件子为多阶段预条件件子。为区别起见，分别用 $\boldsymbol{B}_{\mathrm{MSP}}^{s}$ 和 $\boldsymbol{B}_{\mathrm{MSP}}^{p}$ 表示串行版和并行版预条件件子。串行版 PGMRES 法如下。

算法 8.9 串行版 PGMRES(k)法

Step 1 选择 x_0 和适当的回头数 k，计算 $r_0 = b - \boldsymbol{A}x_0$，令 $p_1 = r_0 / \| r_0 \|$

Step 2 利用 Arnoldi 过程得到 $P_k = (p_1, p_2, \cdots, p_k)$，$\widetilde{H}_k = (h_{i,j})$，$i = 1, \cdots, k+1$，$j = 1, \cdots, k$。具体步骤如下：

FOR $j=1,2,\cdots,k$ DO

[2.1]计算 $\bar{p}=\boldsymbol{A}B_{\text{MSP}}^{s}\overrightarrow{p_j}$

[2.2]计算 $h_{i,j}=(\bar{p},p_i)$, $i=1,2,\cdots,j$

[2.3]计算 $\tilde{p}_{j+1}=\bar{p}-\sum_{i=1}^{j}h_{i,j}p_i$

[2.4]计算 $h_{j+1,j}=\|\tilde{p}_{j+1}\|$,若 $h_{j+1,j}=0$ 则令 $k=j$,转至 Step 3

[2.5]计算 $p_{j+1}=\tilde{p}_{j+1}/h_{j+1,j}$

END FOR

Step 3 求解以下极小化问题

$$\|\beta\boldsymbol{e}_1-\widetilde{H}_k y\|=\min_{z\in\mathbb{R}^k}\|\beta\boldsymbol{e}_1-\widetilde{H}_k z\|,$$

得到 y,其中 $\beta=\|p_1\|$,$\boldsymbol{e}_1=(1,0,\cdots,0)^{\mathrm{T}}\in\mathbb{R}^{k+1}$

Step 4 令 $x_k=x_0+B_{\text{MSP}}^{s}P_k y_k$

Step 5 计算 $r_k=b-\boldsymbol{A}x_k$

Step 6 若 $\|r_k\|$ 达到精度要求,则算法结束;否则令 $x_0=x_k$,$p_1=r_k/\|r_k\|$,转至 Step 2

在算法 8.9 的基础上,将所有基本线性运算,如稀疏矩阵向量乘积、向量内积和向量对应范数等,改为相应的 OpenMP 并行版,同时将 $\boldsymbol{B}_{\text{MSP}}^{s}$ 替换为 $\boldsymbol{B}_{\text{MSP}}^{p}$ 可得 OpenMP 并行版 PGMRES(k)方法。

算法 8.10 ILU(k)方法

Step 1 选择 x_0 和适当的回头数 k,计算 $r_0=b-\boldsymbol{A}x_0$,令 $p_1=r_0/\|r_0\|$(并行矩阵向量乘法)

Step 2 利用 Arnoldi 过程得到 $P_k=(p_1,p_2,\cdots,p_k)$,$\widetilde{H}_k=(h_{i,j})$,$i=1,\cdots,k+1$,$j=1,\cdots,k$。具体步骤如下:

FOR $j=1,2,\cdots,k$ DO

[2.1]计算 $\bar{p}=\boldsymbol{A}B_{\text{MSP}}^{p}\overrightarrow{p_j}$(并行矩阵向量乘法)

[2.2]计算 $h_{i,j}=(\bar{p},p_i)$, $i=1,2,\cdots,j$(并行向量内积)

[2.3]计算 $\tilde{p}_{j+1}=\bar{p}-\sum_{i=1}^{j}h_{i,j}p_i$

[2.4]计算 $h_{j+1,j}=\|\tilde{p}_{j+1}\|$,若 $h_{j+1,j}=0$ 则令 $k=j$,转至 Step 3

[2.5]计算 $p_{j+1}=\tilde{p}_{j+1}/h_{j+1,j}$

END FOR

Step 3 求解以下极小化问题

$$\|\beta\boldsymbol{e}_1-\widetilde{H}_k^0 y\|=\min_{z\in\mathbb{R}^k}\|\beta\boldsymbol{e}_1-\widetilde{H}_k^0 z\|$$

得到 y,其中 $\beta=\|p_1\|$,$e_1=(1,0,\cdots,0)^T\in\mathbb{R}^{k+1}$

Step 4 令 $x_k=x_0+\boldsymbol{B}^p_{\text{MSP}}P_k y_k$

Step 5 计算 $r_k=b-\boldsymbol{A}x_k$(并行矩阵向量乘法)

Step 6 若 Pr_kP 达到精度要求,则算法结束;否则令 $x_0=x_k$,$p_1=r_k/P_{r_k}P$,转至 Step 2

串行 PBiCGstab 算法如下:

算法 8.11 串行版 PBiCGstab 算法

Step 1 计算残量 $r_0:=b-\boldsymbol{A}x_0$

Step 2 r_0^* 随机化处理

Step 3 $p_0=r_0$

Step 4 $j=0$

Step 5 循环进行下面的操作,直至收敛

[5.1] $v_j=\boldsymbol{B}^s_{\text{MSP}}p_j$

[5.2] $q_j=\boldsymbol{A}v_j$

[5.3] $\alpha_j=\dfrac{(r_j,r_0^*)_{l2}}{(q_j,r_0^*)_{l2}}$

[5.4] $s_j=r_j-\alpha_j q_j$

[5.5] $t_j=\boldsymbol{B}^s_{\text{MSP}}s_j$

[5.6] $\omega_j=\dfrac{(\boldsymbol{A}t_j,s_j)_{l2}}{(\boldsymbol{A}t_j,\boldsymbol{A}t_j)_{l2}}$

[5.7] $x_{j+1}=x_j+\alpha_j v_j+\omega_j t_j$

[5.8] $r_{j+1}=s_j-\omega_j\boldsymbol{A}t_j$

[5.9] $\beta_j=\dfrac{\alpha_j}{\omega_j}\times\dfrac{(r_{j+1},r_0^*)_{l2}}{(r_j,r_0^*)_{l2}}$

[5.10] $p_{j+1}=r_{j+1}+\beta_j(p_j-\omega_j q_j)$

[5.11] $j=j+1$

方便起见,上面算法的 Step 2 中的 r_0^* 一般就取为 r_0。

在串行算法 8.11 的基础上,将所有的基本线性运算,如稀疏矩阵向量乘积、向量内积和向量对应范数等,改为相应的 OpenMP 并行版,同时将 $\boldsymbol{B}^s_{\text{MSP}}$ 替换为 $\boldsymbol{B}^p_{\text{MSP}}$,于是可得 OpenMP 并行版 PBiCGstab 法。

算法 8.12 OpenMP 并行版 PBiCGstab 算法

Step 1 计算残量 $r_0:=b-\boldsymbol{A}x_0$(并行矩阵向量乘法)

Step 2 r_0^* 随机化处理

Step 3 $p_0=r_0$

Step 4 $j=0$

Step 5 循环进行下面的操作,直至收敛

[5.1] $v_j=\boldsymbol{B}_{\mathrm{MSP}}^{p}p_j$

[5.2] $q_j=\boldsymbol{A}v_i$ (并行矩阵向量乘法)

[5.3] $\alpha_j=\dfrac{(r_j,r_0^*)_{l2}}{(q_j,r_0^*)_{l2}}$ (并行向量内积)

[5.4] $s_j=r_j-\alpha_j q_j$ (并行向量加法运算)

[5.5] $t_j=\boldsymbol{B}_{\mathrm{MSP}}^{p}s_j$

[5.6] $\omega_j=\dfrac{(\boldsymbol{A}t_j,s_j)_{l2}}{(\boldsymbol{A}t_j,\boldsymbol{A}t_j)_{l2}}$ (并行矩阵向量乘法)

[5.7] $x_{j+1}=x_j+\alpha_j v_j+\omega_j t_j$ (并行向量加法运算)

[5.8] $r_{j+1}=s_j-\omega_j\boldsymbol{A}t_j$ (并行矩阵向量乘法)

[5.9] $\beta_j=\dfrac{\alpha_j}{\omega_j}\times\dfrac{(r_{j+1},r_0^*)_{l2}}{(r_j,r_0^*)_{l2}}$ (并行向量内积)

[5.10] $p_{j+1}=r_{j+1}+\beta_j(p_j-\omega_j q_j)$ (并行向量加法运算)

[5.11] $j=j+1$

上述关于油藏问题的多核并行算法的讨论,可平行推广到含井问题对应的预条件子 $\boldsymbol{B}_{\mathrm{MSP}}^{2}$ 和相应的 PGMRES 和 PBiCGstab 的 OpenMP 多核并行程序设计上。

三、数值实验

1. 两组分 SPE10 标准算例

考虑一个描述大规模严重非均质水驱油藏生产动态的国际标准算例黑油模型 SPE10,该模型是 PUNQ 项目的简化模型,其设计目的是考察粗化算法的能力和精度,其规模为 1200ft×2200ft×170ft。在油田的中心有一口注入井,在其四个角上分别有一口采出井,总模拟时间为 2000 天。

该模型构造比较简单,不带断层,油水井界面统一,模型总节点数为 60×220×85 = 1122000。油藏埋深为 12000ft,初始油藏压力 8000psi(绝),地面油密度 53lb/ft^3,地下原油黏度为 3mPa·s,油藏地饱压差大,开发过程中只有油水两相流动。该模型具有严重非均质性,渗透率范围为 0.00066~20000mD,平均渗透率为 364.52mD,油层渗透率极差为 23.3mD,垂向与平面渗透率的比值 K_V/K_H 变化较大,其中,河道的 K_V/K_H 为 0.3,而基底的 K_V/K_H 为 0.001。平均孔隙度和最大的孔隙度分别是 0.1749 和 0.5,河道和基底差别比较大。图 8-7 为部分单层孔隙度。

预条件子算法 7.2 的性能依赖于各子问题解法器(或磨光子)的选择,此处考虑预条件子的三种不同选取方法:(1)算法 7.2 中的原始预条件子记为 $\boldsymbol{B}_{\mathrm{MSP}}$;(2)在 $\boldsymbol{B}_{\mathrm{MSP}}$ 的基础上去掉整

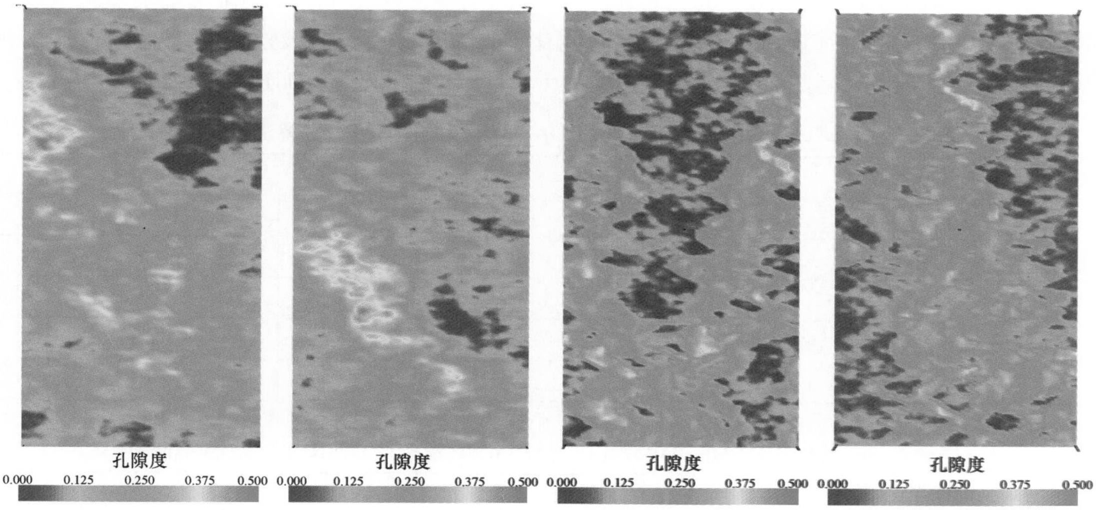

图 8-7 SPE10 算例部分单层孔隙度分布

体矩阵的磨光得到的简单预条件子记为 $\boldsymbol{B}_{\mathrm{CPR}}$；(3)在 $\boldsymbol{B}_{\mathrm{MSP}}$ 的基础上取 B_S 得到另一种简化版记为 $\boldsymbol{B}_{\mathrm{TRIG}}$。收敛准则是相对残量的欧几里得范数小于 10^{-4}。表 8-2 给出了上述几种预条件子的综合性能。

从表 8-2 可见，预条件子 $\boldsymbol{B}_{\mathrm{MSP}}$ 的每个部分在迭代法的收敛方面发挥着非常重要的作用，去掉 $\boldsymbol{B}_S$ 或 $\boldsymbol{S}$ 不仅平均线性迭代次数增加，还会引起非线性迭代次数的增加。虽然关于预条件子的各部分选择对所有问题而言不是最优的，但是对于 SPE10 这个极富有挑战而言的标准算例是十分高效稳健的。

表 8-2 SPE10 算例三种预条件 GMRES 对比结果

预条件	时间步	Newton 步	总线性步	平均 Newton 步	平均线性步	计算时间(min)
$\boldsymbol{B}_{\mathrm{MSP}}$	161	254	2508	1.58	9.87	41.58
$\boldsymbol{B}_{\mathrm{CPR}}$	161	286	3773	1.78	13.19	53.50
$\boldsymbol{B}_{\mathrm{TRIG}}$	161	269	4462	1.67	16.59	59.19

下面考察 OpenMP 预条件 GMRES 法的加速性能。此处只对模拟器中最耗时的线性解法器代码进行了 OpenMP 并行化。在数值模拟中，首先在某 Dell 桌面电脑上进行，其配置为 Intel Core i7 3.33GHz CPU(4 cores)和 8GB DDR3 RAM，为描述方便记该实验环境为 Platform A，其中 Intel Core i7 采用了 hypre-threading(HT)技术——通过复制处理器的某些部分提高并行性能。然而，一些实验表明，对于某些应用程序 HT 可能会造成效率的降低。在实验中禁用了 i7 处理器的 HT 功能。

表 8-3 给出了总牛顿步、平均线性迭代次数、墙上时间(min)和并行加速比(单核墙上时间与多核墙上时间的比值)等结果。当使用 4 个线程时，在 4 核 i7 CPU 上的加速比为 1.52。

众所周知，并行算法的并行效率往往依赖于算法的实现和硬件环境，下面利用另一个计算平台 Platform B(HP Z800 工作站)与 Platform A 作比较，其硬件配置为 Intel Xeon X5590 CPU

(4 cores)和 24GB DDR3 RAM。Intel Xeon X5590 的单核性能比 Intel i7 CPU 差很多。可以预测,当使用单核计算时,Platform B 的模拟时间比 Platform A 更长。数值实验结果验证这一预测,见表 8-3 和表 8-4。另外,也注意到 Platform B 具有更好的并行加速比,见表 8-4。

表 8-3 SPE10 算例在 Platform A 上 OpenMP 预条件 GMRES 解法器性能对比

OpenMP 线程数 N_T	1	2	4
总牛顿步数	254	262	260
平均线性迭代次数	9.87	10.19	10.00
总时间(min)	42.17	32.60	30.45
线性解法器时间(min)	35.36	25.61	23.23
并行加速比(线性解法器)	1.00	1.38	1.52

表 8-4 SPE10 算例在 Platform B 上 OpenMP 预条件 GMRES 解法器性能

OpenMP 线程数 N_T	1	2	4	8
总时间(min)	59.08	41.25	32.78	32.40
线性解法器时间(min)	46.13	30.28	20.82	20.42
并行加速比(线性解法器)	1.00	1.52	2.22	2.26

2. 三组分 SPE10 标准算例

本实验目的主要考察求解方法对 SPE10 标准算例的计算效率。为了测试的需要,通过修改流体属性将 SPE10 修改成三相黑油算例,每个线性代数系统的总未知数个数 $N=3.3M$,压力方程的规模为 $N_P=1.1M$。采用预条件 GMRES 法求解相应的线性代数系统,迭代法的终止准则为相对残量小于 10^{-4}。

表 8-5 说明,预条件子 $\boldsymbol{B}_{MSP}$ 的每个部分在迭代法的收敛率方面发挥着非常重要的作用。

表 8-5 三种预条件 GMRES 求解三相 SPE10 问题的求解效率

预条件	时间步	Newton 步	总线性步	总计算时间(h)	平均 Newton 步	平均线性步
$\boldsymbol{B}_{MSP}$	736	997	32829	6.60	1.35	32.92
$\boldsymbol{B}_{CPR}$	796	1253	57723	20.15	1.57	41.50
$\boldsymbol{B}_{TRIG}$	805	2045	103249	17.47	2.54	46.34

接下来,对三组分 SPE10 标准算例进行 OpenMP 多核并行数值实验并分析其并行性能。实验平台为某 HP 工作站,具体配置为 two Intel Xeon X5676(3.07GHz,12 cores) and 96GB RAM,实验平台软件环境为 Cent OS 6.2 and GCC 4.4.6(带“ - O2”优化参数)。

选取 2000 天数值模拟中的 4 个代表线性代数系统进行数值实验。它们源自不同时间层(每个时间层相差 5 天)的第一个牛顿迭代步。通过利用这些算例,测试三个不同预条件子 $\boldsymbol{B}_{MSP}$,$\boldsymbol{B}_{CPR}$ 和 $\boldsymbol{B}_{TRIG}$ 的性能。算法 8.5 所提出的预条件子的性能依赖于各子问题解法器(或磨光子)的不同选取方式。本实验仅考虑三者取为简单情形的性能。

表 8-6 至表 8-8 分别给出了三种预条件子的总迭代次数和墙上时间,其中 N_T 为 OpenMP

线程数。进一步地，列出了每个方法相应的 OpenMP 加速比，可以看到这三个方法的迭代次数非常稳健，相对于串行版达到 3 倍左右的加速比。数值实验结果表明 $\boldsymbol{B}_S$，$\boldsymbol{B}_p$ 和 $\boldsymbol{S}$ 每个部分均具有非常重要的作用，舍弃三者之一将造成 20%～30%的 CPU 运算时间损失。对于更难的问题，这种舍弃将带来更严重的后果。

表 8-6　$\boldsymbol{B}_{\mathrm{MSP}}$方法的迭代次数、总时间和 OpenMP 加速比

	第 1 套系统			第 2 套系统			第 3 套系统			第 4 套系统		
N_{T}	迭代次数	总时间(s)	加速比	迭代次数	总时间(s)	加速比	迭代次数	总时间(s)	加速比	迭代次数	总时间(s)	加速比
1	32	31.32	—	34	32.79	—	34	32.77	—	32	31.49	—
2	32	17.72	1.77	34	18.48	1.77	34	18.46	1.78	32	17.68	1.78
4	32	13.44	2.33	34	13.19	2.49	34	13.14	2.49	32	12.60	2.50
8	33	11.02	2.84	34	11.20	2.93	34	11.18	2.93	32	10.80	2.91
12	33	10.99	2.85	34	11.27	2.91	34	10.84	3.02	32	10.77	2.92

表 8-7　$\boldsymbol{B}_{\mathrm{CPR}}$方法的迭代次数、总时间和 OpenMP 加速比

	第 1 套系统			第 2 套系统			第 3 套系统			第 4 套系统		
N_{T}	迭代次数	总时间(s)	加速比	迭代次数	总时间(s)	加速比	迭代次数	总时间(s)	加速比	迭代次数	总时间(s)	加速比
1	45	39.01	—	45	38.90	—	43	37.36	—	42	36.56	—
2	45	21.95	1.78	45	21.90	1.78	43	21.00	1.78	42	20.67	1.77
4	45	15.42	2.53	45	15.44	2.52	44	15.19	2.46	42	14.56	2.51
8	45	13.12	2.97	45	13.09	2.97	44	12.86	2.90	42	12.35	2.96
12	45	13.19	2.96	45	13.18	2.95	43	12.66	2.95	42	11.93	3.07

表 8-8　$\boldsymbol{B}_{\mathrm{TRIG}}$方法的迭代次数、总时间和 OpenMP 加速比

	第 1 套系统			第 2 套系统			第 3 套系统			第 4 套系统		
N_{T}	迭代次数	总时间(s)	加速比	迭代次数	总时间(s)	加速比	迭代次数	总时间(s)	加速比	迭代次数	总时间(s)	加速比
1	49	41.69	—	49	41.48	—	48	40.96	—	44	37.75	—
2	49	23.42	1.78	48	22.93	1.81	48	22.87	1.79	44	21.25	1.78
4	49	16.67	2.50	49	16.62	2.50	48	16.30	2.51	44	15.37	2.46
8	49	14.30	2.91	48	13.94	2.98	48	13.91	2.95	44	12.92	2.92
12	48	14.00	2.98	48	13.99	2.97	47	13.58	3.02	44	12.99	2.91

3. 实际油田问题一

首先考虑规模较小的实际油田模型。该问题的模拟区域为非规则区域，具有 5209 个网格节点，井的数目随着开采的进程逐步增加，最高峰时有 104 口井。由于井的数目的相对油藏网格单元数比例较大、完井网格单元数也较多，所以井方程和油藏方程的耦合比较强，对传统的预条件方法和线性求解器形成很大的挑战性。在整个油藏数值模拟计算过程中,选取较难求解、并带有不同隐式井数的 Jacobian 矩阵进行数值比较。取初始解为零,迭代的收敛准则是相对误差小于等于 10^{-10}。图 8-8 给出了线性迭代次数与 CPU 求解时间的测试对比结果。

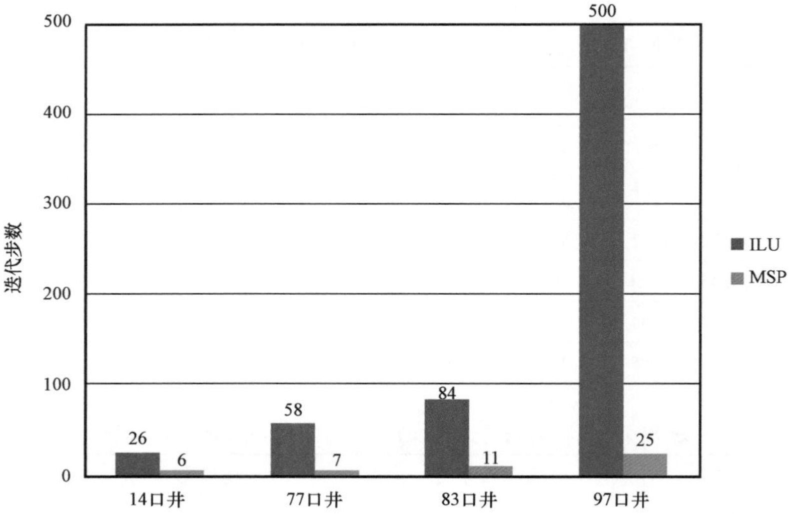

(a)

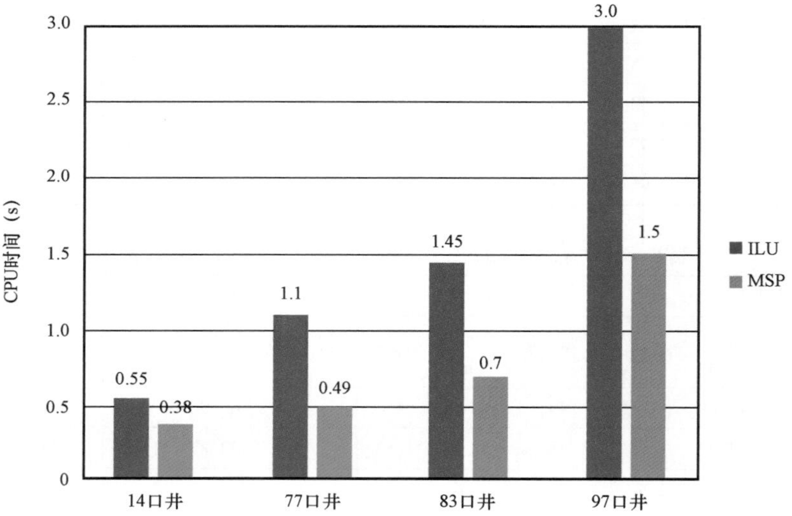

(b)

图 8-8 两种预条件方法(ILU 和多节段预处理方法)迭代步数比较结果(a)和 CPU 时间比较结果
由于 ILU 对 97 口井的问题在 500 步以内达不到所要求的收敛准则,所以未显示其全部 CPU 时间(b)

利用 ILU(0)和多阶段预处理方法分别作为 BiCGstab 迭代法的预条件子,对比两种预条件子的效率。从数值结果看到,随着井的数目增多,ILU 方法的效果越来越差,当井数达到 97 口时,该方法在 1000 步之内没有收敛;对比而言,多阶段预处理算法对井的处理是非常有效的,随着井的增多,迭代步数略有增长,但是总体还是非常稳健的,且比 ILU 方法的迭代步数少很多。在 CPU 时间方面,多阶段预处理方法也比 ILU 方法有较大的优势。由数值实验结果可知,多阶段预处理方法对井的处理是非常有效的,能有效求解更复杂情形下的一般井和复杂井,具有良好的通用性。

4. 实际油田问题二

下面考虑一个非均质边底水高含水复杂断块油藏,该油藏共有 6 个小断块(分别为 A 块、B 块、C 块、D 块、E 块和 F 块,如图 8-9(a)所示),纵向上各断块油水层间互出现,没有统一的油水界面;由于天然能量不足,开发过程中主要靠注水补充能量;开采历史近 30 年,先后共有 242 口井投入开发,开发过程中油藏经历了多次开发层系和井网调整,目前处于高含水和高采出程度阶段。

在此算例中,网格单元数为 417480,模拟时间为 30 年。该数值模拟的墙上时间为 85min(总共 1396 时间层,5497 牛顿步)。图 8-9(b)给出了关于剩余油分布的模拟结果。图 8-10 和图 8-11 给出了新一代油藏数值模拟软件 HiSim 模拟器的模拟结果(含油率、产油率、含水率和注水率)与实际观测数据的对比情况。

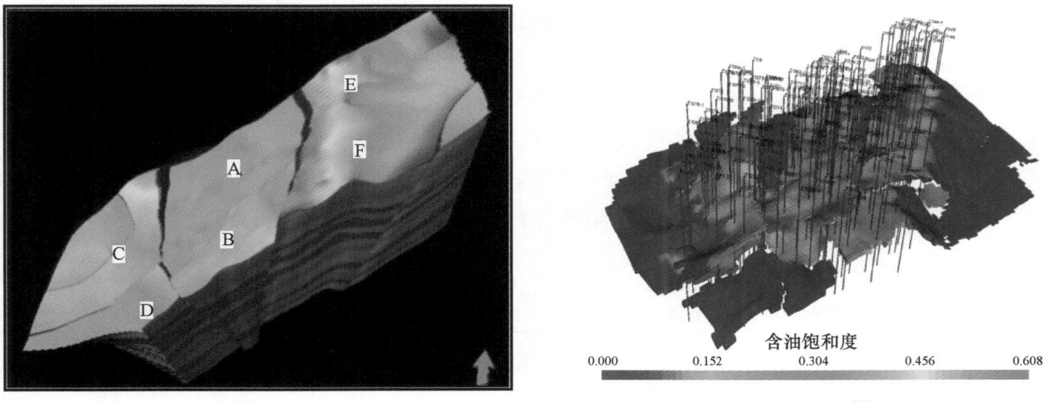

(a) (b)

图 8-9 地质构造图和剩余油分布现场观测数据

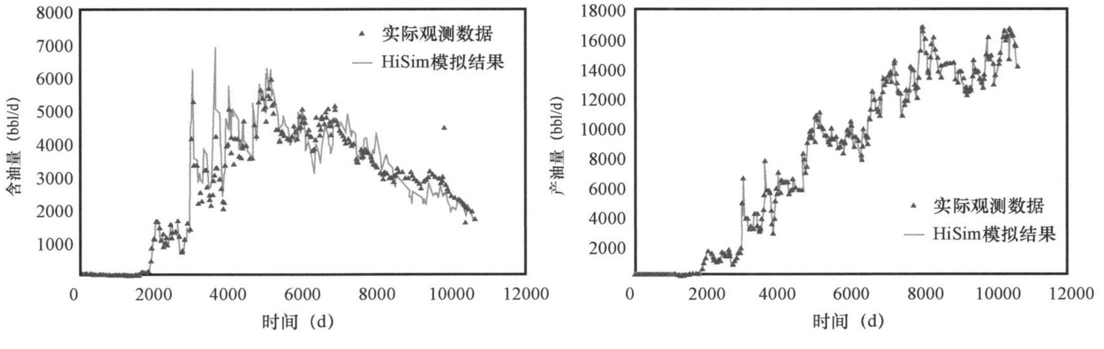

图 8-10 HiSim 仿真结果(含油量及产油量)和现场观测数据比较

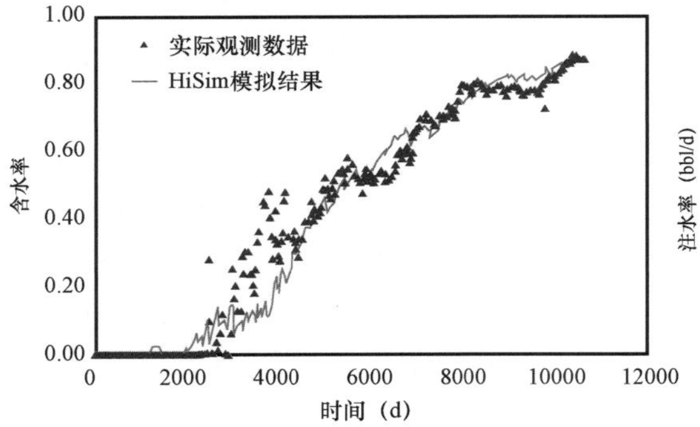

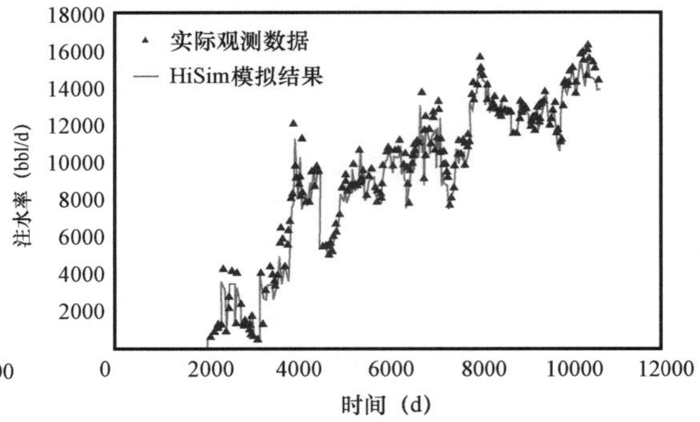

图 8-11　HiSim 仿真结果(含水率及注水率)和现场观测数据比较

由测试结果可见,数值模拟结果与实际观测数据具有较好的吻合性。由此算例知,本书中所提出的算法对具有多种油水接触、强各向异性、有断层和复杂注水过程的油藏是相当稳健和有效的。

最后考察不同磨光算法对并行求解效率的影响。表 8-9 和表 8-10 分别给出了 Platform B 上基于自然序 Gauss-Seidel 磨光和代数图分组多色磨光的 OpenMP 预条件 GMRES 解法器性能。从表中数据结果可知,在单线程情形下,基于自然序 Gauss-Seidel 磨光的预条件 GMRES 解法器具有较好的求解效率;而在多线程情况下,基于代数图分组多色磨光的 OpenMP 预条件 GMRES 解法器具有更好的求解效率和并行加速效果。这一点说明当一个算法从串行环境移植到并行环境时,必须考虑到算法的特点和其并行效果,不能单纯地依靠算法的串行收敛速度和加速比来衡量算法的优劣。

表 8-9　Platform B 上自然序 GS 磨光的 OpenMP B_{MSP}-GMRES 解法器性能对比

OpenMP 线程数 N_T	1	2	4	8
总牛顿步数	5700	7088	7854	8146
平均线性迭代次数	5.53	5.89	5.80	7.15
墙上时间(min)	117	138	142	147
线性解法器时间(min)	69	79	87	84
并行加速比(线性解法器)	1.00	0.87	0.79	0.82

表 8-10　Platform B 上基于多色 GS 磨光的 OpenMP B_{MSP}-GMRES 解法器性能

OpenMP 线程数 N_T	1	2	4	8
总牛顿步数	5839	5813	5889	5972
平均线性迭代次数	6.56	6.54	6.60	6.45
墙上时间(min)	153	109	100	101
线性解法器时间(min)	104	73	49	52
并行加速比(线性解法器)	1.00	1.43	2.10	2.01

本节的数值模拟均在一台 Dell 台式机上进行,其配置为 Intel Core i7 3.33GHz CPU(4 cores)和 8GB DDR3 RAM。

参考文献

谷同祥,安恒斌,刘兴平,等,2015. 迭代方法和预处理技术(上册)//信息与计算科学丛书[M].北京:科学出版社.

谷同祥,安恒斌,刘兴平,等,2015. 迭代方法和预处理技术(下册)//信息与计算科学丛书[M].北京:科学出版社.

冯春生,2014. 油藏数值模拟中面向异构体系的多水平法及高效解法器研究[D].湘潭:湘潭大学.

冯春生,2018. 异构并行多水平法及油藏数值模拟应用[M].湘潭:湘潭大学出版社.

哈利德·阿齐兹,安东尼·赛特瑞,2004. 油藏数值模拟[M]. 袁士义,王家禄,译. 北京:石油工业出版社.

韩大匡,陈钦雷 993. 油藏数值模拟基础[M]. 北京:石油工业出版社.

李淑霞,谷建伟,2009,油藏数值模拟基础[M]. 东营:中国石油大学出版社.

皮斯曼 D W,孙长明,1982. 油藏数值模拟基础[M]. 刘青年,译. 北京:石油工业出版社.

吴锡令,2004. 石油开发测井原理[M]. 北京:高等教育出版社.

杨胜来,魏俊之,2004. 油层物理学[M]. 北京:石油工业出版社.

张烈辉,2005. 油气藏数值模拟基本原理[M]. 北京: 石油工业出版社.

Baker A,Jessup E,Kolev T V,2009. A Simple Strategy for Varying the Restart Parameter in GMRES[J]. Journal of Computational and Applied Mathematics,230(02):751-761.

Beggs H D,Robinson J R,1975. Estimating the Viscosity of Crude Oil Systems. Journal of Petroleum Technology.

Breit V S,Mayer E H,Carmichael J D,1979. An Easily Applied Black Oil Model OF Caustic Waterflooding [R]. SPE 7999.

Chen Z,Huan G,Ma Y,2006. Computational Methods for Multiphase Flows in Porous Media. Philadelphia:Society for Industrial and Applied Mathematics.

Chen Z,2000. Formulations and Numerical Methods for the Black Oil Model in Porous Media. SIAM J. Numer. Anal. , 38(2):489-514.

Daniel J W,1967. The Conjugate Gradient Method for Linear and Nonlinear Operator Equations[J]. SIAM Journal on Numerical Analysis,4(01):10-26.

Darcy H,1856. Les Fontaines Publiques de la Ville de Dijon. Dalmont,Paris:647.

King P R,1989. The Use of Renormalization for Calculating Effective Permeability. Transp. Porous Media,4.

Liesen J,Rozloznik M,Strakos Z,2002. Least Squares Residuals and Minimal Residual Methods[J]. Siam Journal on Scientific Computing,23:1503-1525.

McCain William D,1990. The Properties of Petroleum Fluids[M]. PennWell Books.

Meijerink B J A,Vorst H A Van Der,1977. An Iterative Solution Method for Linear Systems of which the Coefficient Matrix is a Symmetric M-Matrix. Math. Comp. ,31(137):148-162.

Morton K W,Mayers D F,2005. Numerical Solution of Partial Differential Equations:An Introduction[M]. New York, NY,USA:Cambridge University Press.

Paige C. Saunders M,1975. Solution of Sparse Indefinite Systems of Linear Equations[J]. SIAM J. Numer. Anal.,12 (4):617-629.

Peaceman D W,2018. 油藏数值模拟基础[M].吴淑红,雷征东,译.北京:石油工业出版社.

Peaceman D W,1991. Presentation of a Horizontal Well in Numerical Reservoir Simulation[R]. SPE 21217.

Peng D Y,Robinson D B,1976. A New Two-Constant Equation of State. Industrial & Engineering Chemistry Fundamentals,15(01):59-64.

Saad Y,2003. IterativeMethods for Sparse Linear Systems(Second. ,p. xviii+528). Philadelphia,PA:Society for Industrial and Applied Mathematics.

Saad Y,Schultz M H,1986. A Generalized Minimal Residual Algorithm for Solving Nonsymmetric Linear Systems [J]. SIAM Journal on Scientific and Statistical Computing,7(03):856-869.

Stone H L,1970. Probability Model for Estimating Three-Phase Relative Permeability[J]. Society of Petroleum Engineers,22(02):214-218.

Timothy A D,2006. Direct Methods for Sparse Linear Systems[R]. Vol. 2. SIAM.

Trottenberg U,Oosterlee C W,Schuller A,2000. Multigrid[M]. Elsevier.

Timothy A D, Hu Y, 2011. The University of Florida Sparse Matrix Collection [R]. ACM Transactions on Mathematical Software 38,1,Article 1.

Turner K,Walker H F,1992. Efficient High-Accuracy Solutions with GMRES[J]. Siam Journal on Scientific and Statistical Computing,13:815-825.

Vorst H Van der,1992. Bi-CGSTAB:A Fast and Smoothly Converging Variant of Bi-CG for the Solution of Nonsymmetric Linear Systems[J]. SIAM Journal on Scientific and Statistical Computing,13(02):631-644.

Wallis J R,Kendall R P,Little T E,1985. Constrained Residual Acceleration of Conjugate Residual Methods[R]. SPE Reservoir Simulation Symposium.

Wallis J R,1993. A New High-Performance Linear Solution Method for Large-Scale Reservoir Simulation[R]. SPE Symposium on Reservoir Simulation.

Weiss C,2001. Data Locality Optimization for Multigrid Methods on Structured Grids (Doctoral dissertation,Technische Universität München).

Wu S,Xu J, et al,2014. A Multilevel Preconditioner and its shared Memory Implementation for a New Generation Reservoir Simulator[J]. Petroleum Science,11:540-549.

Xu J,Zikatanov L,2002. The Method of Alternating Projections and the Method of Subspace Corrections in Hilbert Space[J]. Journal of the American Mathematical Society,15(03):573-597.

Xu J,Zikatanov L,2004. On an Energy Minimizing Basis for Algebraic Multigrid Methods[J]. Computing and Visualization in Science,7(3-4):121-127.

Xu J, 1992. Iterative Methods by Space Decomposition and Subspace Correction [J]. SIAM REVIEW, 34 (04): 581-613.